공간과 생활

SPACE AND LIVING

이승한, 김철수, 정병두, 신규철 공저

계명대학교 출판부

공간과 생활

초판 1쇄 발행 2013년 3월 5일
초판 2쇄 발행 2014년 9월 30일

지은이 이승한, 김철수, 정병두, 신규철

펴낸이 신일희
펴낸곳 계명대학교출판부
출판등록 제347-1998-1호(1970. 9. 1)
주 소 대구광역시 달서구 달구벌대로 1095
대표전화 053-580-6233
팩 스 053-580-6235
홈페이지 www.kmupress.com
ISBN 978-89-7585-624-2 93530 정가 16,000원

머리말

인간은 감각을 통하여 공간이나 장소를 체험하며, 인간의 모든 활동은 생활공간 속에서 이루어진다. 여기에서 생활공간이란 크게는 우주공간이나 국토공간에서 작게는 방이나 가구공간에 이르기까지 실로 다양하며, 이들 크고 작은 공간들은 서로 유기적인 관계를 갖고 있는 것이 특징이다.

한 나라의 발전은 그 나라의 사회기반시설의 확충에 의하여 좌우되며, 생활터전의 문제는 곧 공간의 문제이다. 인간 삶에 절대적으로 필요한 3대 공간인 거주공간, 생산활동공간, 이동공간의 확보는 주택부족, 교통혼잡, 환경훼손 등의 문제로 나타난다. 따라서 인간은 살기 좋은 생활공간을 만들기 위하여 사회기반시설을 확충하고 지하공간 및 수변공간 등의 개발에 온갖 노력을 경주하고 있다. 이는 새로운 교통 · 통신수단의 발달과 토목 · 건축기술의 개발에 따라 무한한 가능성이 있는 것으로 여겨지고 있다.

이 책은 우리의 삶과 관련되어 있는 생활공간의 실체를 이해하고, 나아가 미래의 생활양식의 변화에 대응하면서 생활의 질을 향상시키기 위해서는 공간이 어떻게 이용되어져야 하는가에 대한 내용을 포괄적으로 담고 있다. 책의 구성은 생활 공간의 위계와 특성에 따라 11개의 장으로 이루어져 있으며, 크게는 토목공간 · 도시공간 · 교통공간 · 건축공간으로 구성되어 있다. 2, 3, 4장은 토목공간으로 국토공간과 사회기반시설 및 사회기반시설물에 대한 내용을 담고 있으며, 5장과 6장은 도시공간의 구성요소와 기능, 현대도시의 공간 및 환경 등을 다루고 있다. 7, 8장은 교통공간의 이해로 현재와 미래의 교통과 생활공간과의 관계에 대하여 언급하였고, 9장과 10장은 건축공간과 주거공간에 대한 내용을 담고 있으며, 마지막 11장에는 미래의 생활여건 변화를 전망하고, 매력있는 생활공간 창출을 위한 비전과 과제를 제시하고 있다.

끝으로 전공분야가 다른 여러 교수들에 의해 집필되었기 때문에 세부적인 내용 구성이나 문장의 표현방식에 다소간 차이가 있으나, 이러한 점들은 앞으로 계속적인 보완작업에 의해 정리되리라 믿는다.

2013. 01

저자 일동

목차

집필진

이승한 2, 3, 4장
김철수 1, 5, 6, 11장
정병두 7, 8장
신규철 9, 10장

저자 소개

• 이승한 | 공학박사
계명대학교 공과대학 토목공학과 교수

• 김철수 | 공학박사
계명대학교 건축학대학 도시계획학과 교수

• 정병두 | 공학박사
계명대학교 공과대학 교통공학과 교수

• 신규철 | 공학박사
계명대학교 건축학대학 건축공학과 교수

제 1 장

공간과 인간생활

1.1 공간의 개념

1.1.1 공간의 어원과 개념

가. 공간의 어원

일반적으로 공간이라는 말은 끝없이 펴져가는 허공이라는 뜻으로서 영어로는 space에 가깝다. 지적 영역이 좁았던 옛날 사람들에게 공간은 초인간적인 신의 섭리가 작용하는 신비로운 무한의 공간(우주)이었다. 독일어에서 공간을 의미하는 raum이라는 단어는 영어의 방(room)의 뜻을 가지고 있는데, 이는 원래 경작을 하기 위해 삼림을 벌채하고 만든 빈터를 가리켰다. 즉 자연 그대로의 공간이 아니라 인위적으로 만들어진 한정된 공간을 의미한다.

한편, 동양에서 공간의 개념은 공+간의 복합어로 만들어졌다. 공(空)은 하늘(天)과 땅(地) 사이의 하늘 · 허공을 나타내는데, 허공이므로 만지거나 측정할 수 없는 것이며, 따라서 3차원의 존재는 아니다. 간(間)은 기둥이나 벽으로 둘러싸인 공간의 크기를 나타내는 도량의 단위(한 평은 사방 6척) 또는 시간의 단위를 나타낸다. 우리가 인간을 사람(人)에 사이(間)를 붙여 사람과 사람의 사이라는 의미로 사용하고 있는 것도 흥미롭다.

나. 공간의 개념과 의미

공간이란 보통의 물리적인 의미의 공간이나 시간의 개념이 아니라 공간과 시간이 밀접하게 결부되고, 다시 인간의 감정이 작용된 공+간의 합일 속에서만이 진정한 공간의 의미를 갖게 된다.

공간이라는 용어와 유사하게 사용되는 개념으로는 장소 · 경관 · 환경 등이 있다. 일반적으로 공간이 물리적인 형태를 가진 존재로서의 의미가 강하다면, 장소(place)란 여기에 인간의 활동과 결부되어 어떤 시간 속에서 체험이 가능한 공간이라 할 수 있고, 경관(landscape)이란 주로 시각적으로 인식할 수 있는 외부공간 속의 물적 대상이라고 할 수 있다.

그리고 환경(environment)이란 감각하는 주체인 자기를 제외한 모든 물적 · 비물적 대상을 의미하며, 환경은 시각뿐만 아니라 청각 · 후각 · 촉각 등으로 느낄 수 있는 가장 넓은 개념으로 이해할 수 있다. 그러나 도시를 포함하는 모든 인간의 활동공간은 장소와 경관과 환경의 의미를 동시에 내포하는 개념이기 때문에 이를 엄격히 구분하기는 곤란하다고 할 수 있다.

다. 공간과 물체

모든 사물(물체)은 그 크고 작음을 불문하고 근본적으로 형태를 갖고 있기 때문에, 사물은 유한한연장으로서의 공간이다. 이렇게 하여 사물과 연장(=공간)을 동일시하는 관념이 성립하게 된다.

그러나 물체와 공간을 동일시한다면, 우선 거기에서 적어도 두 가지의 중요한 문제가 나온다. 첫째는, 공간은 물체와 같기 때문에 공간은 반드시 어떤 물체로 채워져 있는 실공간(實空間)이 되고, 아무것도 채워져 있지 않아 비어있는 허공간(虛空間)이 될 수 없다. 그런데 물체가 운동을 할 때에는 그 물체는 허공간 속을 움직이고 있을 것이다. 즉 운동이라고 하는 것이 성립하기 위해서는 허공간이 되어야만 가능해진다.

둘째는 공간은 당연히 분할할 수 있다. 즉 이 우주에 존재하는 어떠한 물체도 그것을 어디까지나 분할할 수 있는 것이고, 이 분할에는 결코 한계가 없다고 하는 것이다. 그것은 물질이나 물체로 이루어진 자연의 세계에는 궁극적인 구성단위라고 하는 것이 존재하지 않는다는 것을 의미한다. 단위라고 하는 것은 원래 분할할 수 없는 것이기 때문이다.

즉, 공간이 물체와 동일한 것이 아니고, 물체로부터 구별되는 무엇인가라고 한다면, 그것은 물체가 존재하는 장소가 될 것이다, 원래 '있다' 혹은 '존재한다'라고 하는 단어는 대개 인간이 마음으로 느낄 수 있는 모든 관념속에서 가장 기본적인 것이다.

1.1.2 공간의 형성과 의미

우리는 보편적으로 어떤 물체에 의해 한정되고 비균질적인 특성에 의해 주변과 구별됨으로써 비로소 공간을 체험하게 된다. 마치 사건들로 인해 시간의 개념이 일어나는 것과 같다. 즉 무한적이고 균질적인 공간과 시간이라는 것은 추상적인 개념이며, 기본적으로는 인간생활과 무관한 것이다.

그러나 공간은 실제로 우리의 생활에 있어서 추상적인 개념이 아니라 방 · 건물 · 광장 등과 같이 물체가 존재하여 인간이 지각할 수 있도록 유한성과 비균질성이 있을 때 의미가 있다. 예컨대, 야외에 가서 돗자리를 폄으로써 자연 속에 가정적인 공간이 생기지만, 그것을 걷어내면 원래의 들판으로 되돌아가 버린다. 또 빗속을 연인이 함께 걸을 때 우산을 폄으로써 두 사람만의 작은 세계가 만들어지지만 우산을 접으면 두 사람의 공간은 없어지고 만다.

자료 : Yoshinobu Ashihara, 1970:17

〈그림 1.1〉 공간의 형성

우리는 항상 생활공간 속에서 어떤 방법으로든지 사람 및 물체와 관계를 맺고, 그 관계 속에서 의미와 가치를 느끼며 산다. 공간이 물체에 있어서는 그저 위치하거나 운동하는 물리적 공간에 불과하지만 인간에 있어서는 사고 · 감정 · 행동 등과 관련되는 의미 있는 생활공간인 것이다. 전자는 물리학이나 기하학에서 다루어지는 공간이지만, 후자는 인간의 생활양식과 밀접하게 관련되어 있기 때문에 공간의 의미를 제대로 파악하기 위해서는 먼저 우리가 공간과 깊이 관계를 맺으며 체험하고 있는 생활 그 자체를 이해해야 한다.

또한, 공간은 사람의 감각이나 성장배경에 의해서도 크게 달라 질 수 있다. 예를 들어 가상적인 두 인물에 대해 생각해 보자. 한 사람은 대도시지역 출신이고, 다른 한 사람은 시골지역 출신이다. 이 두 사람이 아주 낙후된 어떤지방으로 여행 와서 굽어진 길을 따라 펼쳐진 좋은 풍광을 눈여겨본다고 가정해보자. 한 사람은 방치된 농장건물들과 낡은 가옥들이 경관을 해치고 있다고 언짢아 할 것이다. 그러나 다른 한 사람은 전원풍의 쾌적한 풍경이라고 생각할 수도 있다. 이 예에서 두 사람이 보고 있는 실제의 물리적 풍경은 동일하지만 지각적 경험과 평가는 크게 다를 수 있다.

1.1.3 공간과 인간

우리들이 살고 있는 공간은 단순히 그릇만은 아니다. 우리들이'거주하다'라고 할 때 거기에 생활(生活)이라는 함축된 의미가 내재되어 있고, 그것에 의해 공간(空間)은 환경(環境)이 된다. 사람이 살고 있는 집과 빈집을 비교하면 물리적인 건물로서는 똑같더라도 그것의 상태는 전혀 다르다. 즉 인기척이 없는 빈 집은 환경이 아니지만 사람이 살고 있는 집은 환경이다.

이렇게 하여, 공간이 진정한 의미로써 환경이 되는 것은 공간이 인간적인 의미를 가지는 것, 간단히 말하면 공간이 인간화(人間化)되는 것에 있다. 따라서 공간의 인간화는 무엇보다도

'마음'으로 행하여지고 있다. 본래 인간은 신체만으로 살아가는 것이 아니고 마음에 의해 살아가고 있다. 즉, 인간은 마음으로 인간화된 공간이라는 환경 속에서 만이 살아가는 것이다.

공간의 인간화라고 하더라도, 그것은 결코 추상적이고 일반적인 방식으로 이루어지는 것은 아니다. 어떤 개인의 환경에는 그 개인의 특수성이, 어떤 집단의 환경에는 그 집단의 특수성이 특유한 분위기와 색깔이 반영되어 있을 것이다.

여기서 우리 인간의 일상생활 속에 있는 구체적인 사례를 근거로 하여 생각해 보자. 가정에서도 직장에서도 우리들이 개인으로서 거의 정해져 있는 장소를 자리(position, chair)라고 부른다. 그래서 가정에서도 가장(家長)의 앉는 자리는 다른 가족 구성원들의 자리와 구별되어져 있고, 직장에서도 활동이며 역할에 따라서 자리가 구별되어져 있다. 이와같은 형태로써의 공간의 인간화는 전인류에 거의 공통적이고 보편적인 현상이라고 말할 수 있다.

1.1.4 공간과 시간

공간과 시간, 그리고 경험은 주로 무의식적으로 이루어진다. 우리는 움직일 수 있기 때문에 공간을 의식하게 되고, 이때 공간과 시간을 동시에 체험한다(Tuan, 1977). 즉 우리의 생활은 공간 · 시간 · 운동에 의해 이루어지는 활동의 종합체이며, 그리고 사는 공간은 반드시 시간을 동반한다. 원래 인간이 산다는 것, 그 자체가 공간과 시간과의 관계를 전제로 하여 성립되는 것이다. 결국 살기 위해서는 반드시 얼마간의 장소가 있어야만 하며, 또 산다는 것은 하나의 과정이고, 그것은 시간적인 경과이기 때문이다.

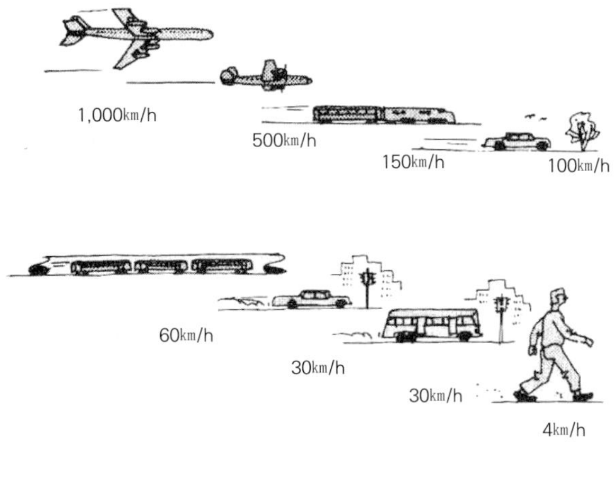

〈그림 1.2〉 교통수단별 속도비교

그러나 오늘날 로켓이 지구궤도를 선회하고 인간이 달에서 걷게 됨에 따라 세계는 축소되고 우리가 느끼는 생활공간의 범위는 점점 확대되어 가고 있다. 또한 교통 및 정보통신 수단의 발달에 따라 시간 개념, 역시 과거와는 다른 속도감을 가지며 많은 것을 빠르게 변화시키고 있다.

1.2 공간의 지각과 체험

1.2.1 공간의 지각

가. 시각

(1) 시력

사람의 시력이 1.2~1.5 정도이면 눈이 좋다고 하고 있지만 민족과 생활방식에 따라 다르다. 예컨대, 대만의 원주민족은 2.0이 보통이고 3.0인 사람도 적지 않다. 또 아프리카의 수렵민족 중에도 문명인으로서는 생각할 수 없을 정도의 시력을 가지고 있는 사람들이 있다고 한다.

시력이란 눈의 해상력(解像力)으로 밝기와 대상의 대비(contrast)에 의해 좌우된다. 밝으면 시력은 향상되고 어두우면 시력이 저하된다. 따라서 순간적으로 사물을 인식해야 할 경우와 섬세한 일을 함 경우에는 충분한 밝기를 유지해야 한다.

석양이 지는 것을 옛날에는「재앙이 스며드는 순간」이라고 했으며, 지금도 교통사고가 많이 발생한다. 이것은 조도저하에 의해서 시력이 저하되기 때문일 것이다.

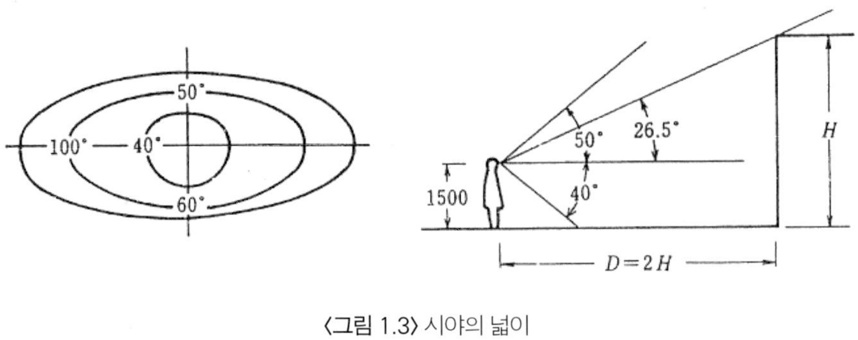

〈그림 1.3〉 시야의 넓이

(2) 시야

시야에는 정시야와 동시야가 있다. 정시야는 안구를 고정한 상태로 보이는 범위이고, 동시야는 머리를 고정시켜 안구만을 자유롭게 움직여 볼 수 있는 범위이다. 인간이 무리 없이 머리를 움직이는 범위에 대해, 일본의 마사미(江山正美)는 실험 결과를 통해 좌우 각 45°, 합계 90°, 상하 각각 15°, 30°, 합계 45° 라고 했다. 시야는 좌우로 넓고 상하로 좁다. 특히 아래쪽으로 넓은 것은 지면을 보고 걷기 때문이라고 했다.

시야는 광장의 크기와 관계가 있다. 즉 일반적으로 광장의 척도는 한쪽 끝에서 보아 수평방향으로는 60도 확산시키고, 수직방향으로는 건물의 높이(H)와 안쪽 폭(D)과의 비율 D/H를 3~2(각도로 환산하면 18~27도)로 하는 것이 좋다고 전해지고 있다.

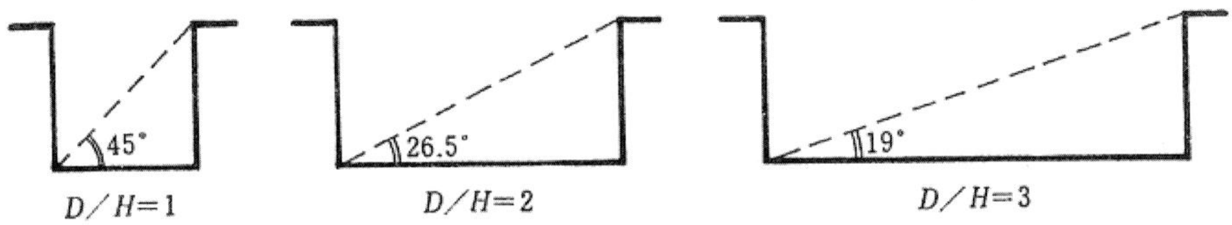

〈그림 1.4〉 광장의 단면

나. 청각(소리)

도시의 적정 인구는 연설이 들리는 범위라고 플라톤은 말하였다. 이것은 5,000인 정도로, 말하자면 의사전달(communication)의 한계가 도시의 한계라는 것이다. 중세 유럽에서는 교회의 종소리가 들리는 범위가 도시를 결정짓는 범위라고 했다. 유명한「밀레의 만종」에는 멀리에서 들려오는 종소리를 잘 묘사하고 있다.

옛날도 지금도 인간에 있어서는 소리가 중요한 의사전달의 수단이다. 따라서, 외계의 음을 완전히 차단시키는 것이 실내 환경으로서 가장 좋은 것인가는 한번쯤 생각해 보아야 한다. 새소리에 일어나고, 세탁물을 거두어들이는 소리로 저녁을 알 수 있는 생활 습성은 버릴 필요가 없다. 이러한 소리는 시각이란 계절의 변화상을 알려주고 생활 리듬을 나타내 주기 때문이다.

그러나 소리가 정말로 중요한 역할을 하는 것은 이러한 일상생활의 장에서보다 오히려 비상시일 것이다. 예컨대 화재가 발생했을 때 자동화재경보 장치가 있어도 제 역할을 다하지 못하는 경우가 많다. 이럴 때 소리에 의해 화재 사실을 알았다는 예도 많다.

다. 후각(냄새)

만약 인간이게 예리한 후각이 남아 있다고 하면 어떻게 되었을까? 어떠한 사건이 일어나고 끝이 났다고 해도 냄새는 오랫동안 남는 특징이 있다. 이것은 시각과 청각과는 기본적으로 다른 것으로 불안과 스트레스가 높아질 요인이 될 것이다.

인간의 의사전달 수단이나 공간의 표시로서 냄새를 적극적으로 이용할 수 있다. 예컨대, 커피의 향기는 커피점의 강력한 표시가 될 수 있다. 슈퍼마켓의 빵 판매장소는 대부분 입구 근처에 있고, 꼬챙이구이는 연기와 함께 냄새를 확산시킴으로써 손님을 끌어들인다. 이 경우 상점의 문이 주렴(헝겊으로 늘어뜨린 모양)으로 장식되어 있다면 더욱 효과적이다. 이외에 냄새로 인한 유인효과가 있는 음식으로서는 옥수수구이, 오징어구이, 생선구이, 카레 등이 있다.

라. 촉각

(1) 마감재료

촉각이라고 하면 손으로 느끼는 것만을 생각할지는 모르지만, 사람이 건축에 접하는 빈도가 가장 높은 부분은 발바닥일 것이다. 바닥에서의 점자블록과 요철패턴은 발의 촉감을 정보전달의 수단으로 이용한 것이기 때문에 시각 장애자를 위하여 이미 넓게 채용되고 있다.

바닥 마감재료는 직접 몸에 닿는 것이기 때문에 선택에 신중을 기하여야 한다. 경고한 바닥은 피로가 빨리 오고, 그렇다고 부드러울수록 좋은 것은 아니다. 예컨대, 모래언덕을 걷는 것은 대단한 피로를 가져온다. 이러한 점에서 볼 때 고무타일, 융단, 나무판 등은 아주 좋은 재료이다.

(2) 텍스쳐

텍스쳐(texture)라는 용어는 본래 직물의 바탕 · 나뭇결 · 기질 등의 의미를 가지고 있고, 건축용어로서는 재질감, 질감, 만져본 감각을 나타내는 경우가 많다. 말하자면「촉감」의 의미로 표면의 거침, 매끄러움, 단단함, 유연함뿐만 아니라 무거운 것과 가벼운 것, 따뜻한 것과 차가운 것과 같은 온도 감각에도 관련이 된다. 질감이 다르면 같은 색채라도 다르게 보이며, 색채는 윤기의 유무에 의해서도 상당한 차이를 나타낸다.

(3) 온도감각

양변기를 사용하는 사람의 말을 인용하면 차가운 감촉이 싫다고 하는 경우가 있다. 그러면 누군가가 사용한 직후는 따뜻해져 있기 때문에 좋다고 할지 모르지만 먼저 사요한 사람의「온기」가 남아 있다는 것은 더욱 불쾌하다고 한다. 이와 같은 느낌을 의자에서도 느끼는 사람이 있을 것이다. 이것은 공간의 점유욕과도 관계가 있다고 생각되지만 그 사람이 접촉형(contact type)인가, 비접촉형(noncontact type)인가에 좌우될 것이다. 접촉형의 사람인 경우에는 타인의 체온을 감지하는 것은 반드시 불쾌감을 준다고는 할 수 없을 것이다.

접촉하여 느끼는 온도감각은 주로 재료의 열전도율에 좌우된다. 목재나 다다미는 따뜻하고, 금속은 차갑게 느끼는 것은 이러한 이유에서이다. 피부에 접하는 재료는 열전도율이 적은 것일수록 좋을 것이다.

1.2.2 공간의 체험

인간의 경험은 시각을 비롯하여 촉각 · 청각 · 후각 등의 감각기능과 마음(생각) 등에 의해 지각된다. 우리가 시각을 통해 사물을 본다는 것은 단순히 빛의 자극들을 기록하는 것이 아니라 본다(I see)는 것은 곧 이해한다(I understand)는 뜻으로 이해하듯이 그 환경이나 공간에 대한 자극 · 체험의 의미있는 기초들을 제공한다. 즉 인간적 공간의 조직은 특이하게 대부분 시력에 의존하여, 다른 감각들은 시각적 공간을 확대하고 풍부하게 하는 보조적 역할을 한다고 볼 수 있다.

촉각은 능력과 협력함으로써 비거리화적(nondistancing)감각들은 공간적 및 기하학적 성격에 대한 우리의 이해를 크게 풍부하게 해준다. 물체를 만지는 사람은 그 질감뿐만 아니라 크기나 형상의 그 기하학적 성질들도 느낀다. 피부는 다른 감각들의 도움없이 단지 움직이는 능력과 신체의 구조에만 의존하면서 공간을 체험할 수 있다.

거리감과 공간감은 청각에 큰 영향을 받는다. 소리는 볼 수 없는 머리 뒤의 지역들을 포함하여 인간의 공간적 의식을 확대한다. 더욱 중요한 것은, 소리는 공간적 경험을 극화하는 것이다. 소리없는 공간은 그 내부에 활동의 가시적 흐름이 있더라도 조용하고 생명이 없는 듯이 느껴진다. 그것은 마치 소리가 나간 TV 화면이나 눈(雪)의 담요로 덮힌 도시 속에 있는 것과 같다. 특히 눈으로 물체를 볼 수 없는 시각 장애인들에게 모든 소리들은 공간적 상황을 판단하는 결정적인 실마리를 제공해준다.

다음은 후각(냄새)이다. 인간의 코는 훨씬 더 쇠퇴한 기관이지만 우리는 위험이나 매력의 자원을 찾기 위해 눈에 의존한다. 그러나 뛰어난 시각세계의 지탱과 함께 인간의 코도 방향을 구분할 수 있고, 냄새의 강도를 통해 상대적 거리를 측정할 수 있다. 특히 육식동물들은 먹이를 뒤쫓아 가는데 그들의 날카로운 후각에 의존한다.

1.3 인체와 공간

1.3.1 인체의 공간적 의미

인간은 그의 신체나 다른 사람과의 친근한 경험에서부터 공간을 구성하기 때문에 그것은 그의 생물학적 요구들이나 사회적 관계들에 부합되며 적합하게 된다.

인간의 신체는 공간속에 존재하고 공간을 차지할 뿐만 아니라 의지를 통해 공간을 지배한다. 인체는 살아있는 신체이고, 공간은 인간적으로 해석된 공간이다.

포유동물 가운데, 인체는 쉽게 직립자세를 유지하는 독특한 존재이다. 직립된 인간은 행동할 태세가 된다. 공간은 인간 앞에 전개되며, 그리고 인체의 구조와 일치하게 전후좌우 축으로 즉각 분화된다. 수직수평, 꼭대기바닥, 전후, 좌우는 공간에 나타나는 신체의 좌표와 위치이다.

인체에서부터 투영된 공간은 앞과 오른쪽으로 치우친다. 미래는 앞이고"위"이며, 과거는 뒤이고 "아래"이다.

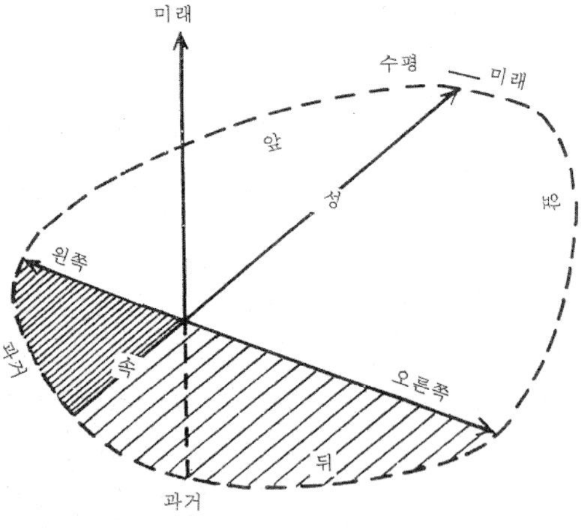

자료 : Y. Fu Tuau, Space and place, 9. 46

〈그림 1.5〉 시야의 넓이

한편 사람이 서있는 자세는 독단적이고 엄숙하고 초연하다. 수그린 자세는 우리의 생물학적 조건의 수용을 의미하면서 종속적이다. 인간은 그 자신이 똑바로 섰을 때 그 신장 전체를 추측한다. stand라는 단어는 status, estate, institute 들을 포함하는 많은 연관된 단어들의 어근이며, 그것들은 모두 성취와 질서를 의미한다.

1.3.2 인체와 공간적 상징성

가. 위-아래

공간적 전치사는 그것들이 인체의 부분들에서 유추된 명사든 아니든 반드시 인간중심적이다. 수직축의 양 극단인 위(high)와 아래(low)는 대부분의 언어들에 있어서 극히 논쟁이 일어나기 쉬운 단어들이다. 뛰어나거나 훌륭한 것은 무엇이거나 물리적 높이와 연관된다. 실제로 "뛰어남(superior)"은"더 높은(higher)"것을 의미하는 라틴어에서 나왔다.

사회신분은 "크거나 작게"보다는 "높거나 낮게"명명된다. 신은 하늘에 거주한다. 성격에서 하나님은 간혹 하늘과 동일시된다.

건축에 있어서, 중요한 건물들은 고단에 건설되며, 필요한 기술적 기능이 있는 곳에서 그것들은 보다 높게 되려는 경향이 있다. 이것은 아마도 기념비들의 지속적인 진리일 것이다.

나. 중심

중심의 위세는 잘 성립된다. 어느 곳에서나 사람들은 그들 자신의 고국을 "중앙의 장소" 또는 세계의 중심으로 여긴다. 어떤 사람들 가운데는, 지리적으로는 타당하지 않지만 그들이 세계의 꼭대기에 살거나 또는 그들의 신성한 장소가 지구의 정상부라고 믿기도 한다. 중국 베이징의 중심인 자금성은 도시에서 지위가 가장 높은 위치를 상징한다.

이슬람의 전통은 가장 성스런 지성소인 카아바신전(Kaaba:메카에 있는 회교도가 가장 존숭하는 신전)이 세계의 중심 및 배꼽일 뿐만 아니라 세계의 가장 높은 지점이라고 가르친다. 카아바신전의 공간적 위치는 북극성에 대응한다. "지구의 어떤 곳도 메카(Mecca)보다 하늘에 더 가깝지 않다.

다. 전-후(앞-뒤)

위아래의 양극성 이외에, 인체의 형상과 자세는 그 둘러싸는 공간을 전후, 좌우로 정의한다. 전면(前面)공간은 기본적으로 시각적이다. 그것은 우리가 비시각적인 것을 통해서만 경험할 수 있는 배면공간보다 훨씬 크며 생생하다. 전면공간은 그것이 보이기 때문에 밝다, 뒤쪽 공간은 태양이 비치더라도 보이지 않기 때문에 어둡다.

시간적인 면에서, 전면공간은 미래로, 뒤쪽 공간은 과거로 지각된다. 또한 앞쪽이 신성(神

聖)이라면 뒤쪽은 세속(世俗)을 의미한다. 약자들은 그들의 지배자들의 뒤에, 그리고 그림자 속에 배회한다. 전통적 중국에 있어서 황제는 남쪽을 바라보고 서며 정오의 태양광선을 충분히 받는다. 따라서 양(陽)은 남성적이고 밝음을 뜻하며 신체의 앞을 양이라 한다. 이와 역으로, 황제의 등과 그의 뒤쪽 지역은 음(陰), 여성, 어둠, 속(俗)인 것이다.

또한 대부분의 건물들은 분명히 한정된 앞 · 뒤 공간들을 갖는다. 사람들은 똑같은 건물에서 일할 수 있으나 상이한 세계를 경험한다. 관리인과 수위들은 뒤 쪽, 서어비스문으로 들어와서 건물의 "좁은 길"을 따라 움직인다. 반면 간부들과 그 비서들은 정문으로 들어와 넓은 로비와 밝은 통로를 통해 그들의 찬란한 가구가 비치된 사무실에 들어간다.

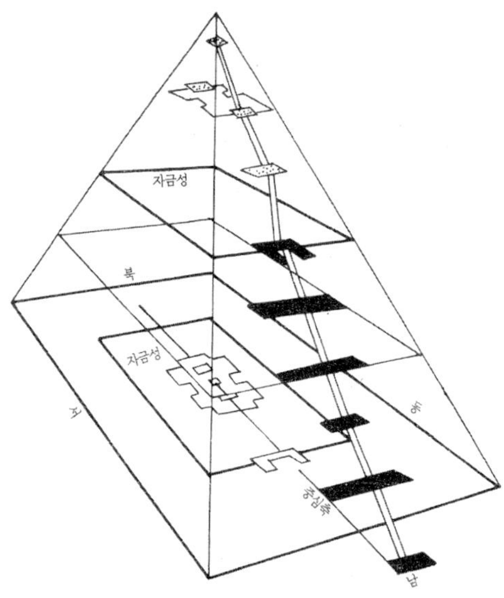

출처 : 정영철 역, 공간과 장소(space and place), 태림문화사, 199, p51

〈그림 1.6〉 베이징의 자금성

라. 좌-우

사람들은 수평과 수직, 앞과 뒤를 혼동하지 않으나, 그것들에서 이끈 공간들과 마찬가지로 신체의 좌우는 쉽게 혼동된다. 우리의 경험상, 움직이는 동물들에게 있어서 전후가 기본적이고 좌우는 부차적이다.

오른쪽은 왼쪽보다 훨씬 우수한 것으로 여겨진다. 오른쪽은 성스런 힘, 모든 효과적 행위의 원리, 좋고 합법적인 모든 것의 기원을 의미하는 것으로 인식된다. 왼쪽은 그 반대로 세속,

부정, 반대감정 병존, 연약한 것을 의미 한다. 사회공간에서, 주인의 오른쪽은 상석이다.

음양(陰陽)의 2분법에서 좌측은 양(陽)이고 남성에 속하고 우측은 음(陰)이고 여성에 속한다. 그 근본 이유는 중국의 사회적 · 우주적 공간이 황제(하늘과 땅을 중재하는)에 집중되기 때문이다. 황제는 남쪽, 태양을 바라본다. 따라서 그의 좌측은 동, 태양이 솟아오르는 장소, 남성, 양이 된다. 그의 우측은 서, 해가 지는 곳, 여성, 음이 된다.

1.4 공간의 현대적 의미

1.4.1 공간의 경제성과 생산성

흔히 '공간은 돈이다(Space is money)'라고 말한다. 특히 도시공간은 일반적으로 인구가 밀집해 있고, 많은 활동기능이 집중되어 있기 때문에 그렇지 않아도 공간에 대한 수요는 지나치게 많고, 실제로 이용 가능한 공간은 다른 여러 가지 필요한 기능에 따라서 우선적으로 점유되고 있다. 수요과대와 공급과소라고 하는 불균형은 토지공급 가격을 높이고 있다.

원래는 인간의 이득과 손해와 상관없었던 토지도 그 생산성이나 경제성이 사람들의 경제적인 관심을 불러일으키면 갑자기 거래나 투기의 대상이 되고 그것에 의해 가격이 계속 상승한다고 하는 것은 경제학상의 상식이 되었다.

1.4.2 공간의 권력성과 경쟁성

현대사회에서 재산이나 이득은 당연히 그것을 지킨다든지 손에 넣으려고 하는 노력의 대상이기 때문에 언제나 공간을 둘러싼 권리문제가 존재한다(Space is power). 이런 경우의 권리는 인권처럼 만인에 대해 평등하게 인정되는 것은 아니고 특정한 소수인에게 귀속되는 것이 보통이다.

인간에게 있어서 공간은 재산이기 때문에 한편으로는 인간은 공간과 관련된 자신의 권리를 주장하고, 이것을 지키려고 하며, 다른 한편에서는 그것을 둘러싼 싸움도 옛날부터 끊이지 않았다. 유사이래 현재까지 동 · 서양을 불문하고 지구상 모든 곳에서 보이는 국경분쟁 등에서도 알 수 있다. 따라서 공간은 권리를 매개로 하여 힘과 연결된다. 경우에 따라서는 국가의 영토와 같이 공간이 주권이 미치는 범위로서의 힘 그 자체의 증명이 된다.

공간에 대한 권리 요구는 요즘 들어 점점 확대되고 지구표면(육상, 수상, 수중)뿐만 아니라, 옛날 같으면 생각할 수도 없었던 지하나 공중까지 이르고 있다. 대도시 지하철공사가 지하권(地下權) 때문에 늦어진다든지 하는 것은 결코 처음 듣는 일은 아니고, 이와 같은 일은 공중권(空中權)과 관련해서도 생겨날 가능성은 있다.

이렇게 모든 공간에서 인간의 권력의지가 침투하고 있는 것이야 말로 현대에 있어서의 인간과 공간과의 관련에 대한 가장 심각한 문제라고 말할 수 있다.

1.4.3 공간의 혼잡성

인간은 권리로서 혹은 재산으로서 공간을 소유하거나 점유하는 것이 아니다. 더욱 근본적인 점에서 인간은 다른 생물과 같은 생명을 가진 물체이고, 일정한 부피를 가진 육체이기 때문에 존재하는 데에 있어 이미 그만큼의 공간을 차지하고 있다. 따라서 우리들은 정지하고 있건 움직이고 있건 살아있는 한 머무르고, 일하고, 먹고, 놀고, 자는 등 생활의 모든 것에 있어서, 아니 죽은 후에 조차도 최소한 자신의 육체의 크기와 같은 양의 공간을 항상 차지하고 있다.

또한 우리들이 생활하기 위해서 맨 몸만 아닌 의복 · 기구 · 주거 등 여러 가지 필수품이 필요하고, 그것들은 각각 일정한 공간을 차지한다. 인구가 증가하고 인간의 욕망이 다양화되고 생활이 윤택해져 물건이 많아지고 문명이 발달하여 기술제품이나 교통수단이 증가하면 인간과 인간이 사용하는 물건에 의한 공간점유율은 한없이 높아진다.

따라서 지상공간에서는 혼잡함이 점점 더 심해질 수밖에 없는데, 그 대표적인 예가 도시이다. 공간의 협소화에서 오는 혼잡함과 혼란은 도시의 숙명이라고 해야 할 것이다. 도시의 교통수요는 증가일로를 걷기 때문에 그를 위한 도로 · 철도 등 교통공간도 당연히 혼잡함이 심해진다. 버스나 지하철은 이것을 이용하는 사람으로 혼잡함과 동시에 다수의 교통기관이 일정한 공간속에서 북적거리게 된다.

지금까지 우리들의 일상생활 속에서 경험된 공간의 상황, 말하자면 현대의 공간 현상을 특히 재산 · 권력 · 혼잡이라고 하는 세 가지 점에서 생각해 보았다. 물론 현대의 인간생활과 관련된 공간문제는 여기에서 끝나는 것은 결코 아니다.

참고문헌

1) 공간과 생활 교재 편찬위원회, 공간과 생활, 계명대학교 출판부, 1993.

2) 김철수, 도시공간의 이해, 기문당, 2006

3) 김한수 옮김, 공간디자인의 원점, 기문당, 1996.

4) 대한건축학회, 건축공간론, 기문당, 2010.

5) 일본건축학회, 공간학사전, 기문당, 2010.

6) 최재석 옮김, 공간과 인간, 도서출판 국제, 1999.

7) Yi Fu-Tuan, Space and Place, University of Minnesota Press, 1979.

8) NorbergSchulz, C., Existence, Space & Architecture, New York: Praeger Publisher, 1976.

9) Ashihara, Y., Exterior Design in Architecture, Van Nostrand Reinhold co., 1970.

제 2 장

국토공간

2.1 우리나라의 국토환경

2.1.1 자연환경

가. 위치와 영역

우리나라는 유라시아대륙 동단에 위치하며 육지부 남북길이 약 1,100㎞, 동서 평균 폭 약 300㎞의 반도와 그 부근에 산재하는 3,300여개의 섬(남한)으로 구성되어 있다.

2010년 12월 31일 현재 우리나라의 남 · 북한 면적은 전체 22만 3천352㎢이며, 남한의 면적은 전체의 약 45%에 해당하는 100,214㎢에 이른다.

국토의 남북 끝단은 제주특별자치도 서귀포시 대정읍 마라도 남쪽 북위 33° 06′43″에서 함북 온성군 유포면 풍서리 북쪽 북위 43° 00′42″으로 약 10°의 범위를 차지하고 있다. 또한, 동서 끝단은 경북 울릉군 울릉읍 독도 동쪽 동경 131° 52′22″에서 평북 신도군 비단섬 서쪽 동경 124° 10′51″으로 약 8°의 범위를 차지하고 있다.

〈표 2.1〉 국토의 위치

구분	경도 및 위도상의 극점(GRS 80좌표)	
	지명	극점
극동	경상북도 울릉군 울릉읍 독도 동도 동단	동경: 131° 52′22"
극서	평안북도 신도군 비단섬 서단	동경: 124° 10′51"
극남	제주특별자치도 서귀포시 대정읍 마라도 남단	북위:33° 06′43"
극북	함경북도 온성군 유포면 풍서리 북단	북위:43° 00′42"

자료:국토지리정보원

나. 지 형

우리나라는 전체 면적의 3/4이 산지로서 해발고도 1,000m가 넘는 높은 산이 북쪽과 동쪽에 치우쳐 있어 지형이 동쪽으로 급경사를 이루면서 동해안에 이르지만, 서쪽으로 완만한 경사를 이루면서 서해안에 이른다.

하천은 지형관계로 황해 및 남해 쪽으로 큰 하천이 완만히 흐르는데 반하여, 동해로 유입하는 하천은 길이가 짧은 급류가 많다. 강수량은 여름에 많고 겨울에는 적어 계절에 따른 강수량의 변화가 다른 나라 하천에 비하여 큰 편이다. 따라서 수력발전과 각종 용수공급에 불리하여 하천의 중 · 상류에 댐을 건설할 필요성이 많다.

우리나라의 평야는 낮고 평평한 구릉성 침식평야가 넓게 펼쳐져 있어 도시가 발달하고 있다. 대하천 하구에 생성된 범람원과 넓은 삼각주는 대부분 중요한 농경지로 이용되고 있으며, 대표적인 평야로는 김포평야, 안성평야, 논산평야, 호남평야, 나주평야, 김해평야 등이 있다.

우리나라의 국토는 삼면이 바다로 둘러싸인 반도로 해안선의 길이는 도서포함 남한 12,733㎞, 북한 3,590㎞이며 동 · 서 · 남 삼면의 해안은 각각 그 특색을 달리한다.

동해안은 급사면이 해저와 연속되어 수심이 깊고 해안선이 단조로우며, 사구와 석호가 발달되어 있고, 해수욕장으로 이용되는 반월형의 사빈해안 등이 있다.

남해안은 해안선이 복잡한 리아스식 해안을 이루고, 남해에는 2,300개 이상의 많은 섬이 분포되어 있어 다도해를 이룬다. 서해안은 해저지형이 비교적 평탄하고 조차가 매우 커서 곳곳에 넓은 간석지가 형성되어 있다.

다. 기 후

우리나라는 온대성 기후대에 위치하여 봄, 여름, 가을, 겨울의 사계절이 뚜렷하게 나타난다.

30년 이상 연속 관측한 우리나라 47개 지점의 평년값(1981년~2010년 평균)을 〈표 2.2〉에 나타내었다. 전국의 연평균기온은 12.7℃이며, 계절평균기온은 봄에 10~15℃, 여름에 22~25℃, 가을에 11~19℃ 그리고 겨울에 -3~8℃의 분포를 보인다. 겨울에는 한랭 건조한 대륙성 고기압의 영향을 받아 춥고 건조하며, 여름에는 고온 다습한 북태평양고기압의 가장자리에 들어 무더운 날씨를 보이고, 봄과 가을에는 이동성 고기압의 영향으로 맑고 건조한 날이 많다.

〈표 2.2〉 우리나라의 연평균기온과 계절평균기온

구분		평균기온
연평균기온	전국	12.7℃
	중부	10~13℃
	남부	11~15℃
	제주	16~17℃
계절평균기온	봄	10~15℃
	여름	22~25℃
	가을	11~19℃
	겨울	-3~8℃

전국 연강수량은 1,227㎜이며, 이 가운데 50% 정도인 501~940㎜가 여름철에 내리며, 겨울철에는 56~183㎜로 적게 내린다.

〈표 2.3〉 우리나라의 연평균기온

구분		강수량
연강수량	전국	1,227mm
	중부	1,187~1,464mm
	남부	1,032~1,840mm
	제주	1,498~1,923mm

월강수량은 7월이 289.1㎜로 가장 많고 12월이 25.4㎜로 가장 적은 몬순 기후의 특성을 나타낸다.

바람은 일반적으로 겨울에 북서풍, 여름에 남서풍이 불며, 해안지방에서는 해륙풍이 불기도 한다.

태풍은 열대 북태평양 서쪽 해양에서 연평균 25.6개가 발생하는데, 우리나라에는 6월~10월에 걸쳐 3.1개의 태풍이 직 · 간접적으로 영향을 준다.

2.1.2 인문 · 사회적 환경

가. 인구 및 인구변화

2011년 7월 1일 현재 우리나라 인구는 48,989천명이며, 남자 24,592천명, 여자 24,396천명이다.

우리나라 인구는 1970년의 32,241천명에서 1980년 38,124천명, 1990년 42,869천명, 2000년 47,008천명으로 계속 증가하고 있다. 앞으로, 우리나라의 인구는 2018년 49,340천명으로 최고 정점을 이룬 뒤 감소하기 시작하여 2030년에는 48,635천명이 될 것으로 전망된다.

인구성장률은 1960년대 초반에 3% 수준에서 출산률 저하로 점차 낮아져 2011년에는 0.23%까지 낮아졌다. 인구밀도는 1970년에 328명/㎢에서 1982년 401명/㎢으로 400명을 넘어섰고, 이후 계속 높아져 2011년 현재 490명/㎢으로 다른 국가에 비해 매우 높은 수준이다.

〈표 2.4〉 총인구 및 인구성장률 추이 (단위 : 천명, %)

구분	1970	1980	1990	2000	2010	2011
총 인 구	32,241	38,124	42,869	47,008	48,875	48,989
남 자	16,309	19,236	21,568	23,667	24,540	24,592
여 자	15,932	18,888	21,301	23,341	24,334	24,396
성 비	102.4	101.8	101.3	101.4	100.8	100.8
인구성장률[1)]	2.21	1.57	0.99	0.84	0.26	0.23
인구밀도(명/㎢)	328	389	434	473	489	490

1) 인구성장률은 전년대비 인구증가율임
자료 : 통계청「장래인구추계」, 2006

2011년 우리나라 인구는 세계인구 69억 7천만명의 0.7%를 차지하며, 인구규모면에서 세계 26위이다. 인구밀도는 490명/㎢으로 도시국가 및 소규모 국가를 제외하면 방글라데시, 대만에 이어 세계 3위를 차지하고 있어 대표적인 인구 과밀국가이다.

〈그림 2.1〉은 항아리형인 2011년 우리나라 인구 피라미드를 나타내고 있다.

인구 구성은 0-14세의 유소년인구 7,643천명(15.6%), 15-64세의 생산가능인구 35,808천명(73.1%), 65세이상 노년인구 5,537천명(11.3%)으로 구성되어 있다.

생산가능인구가 부양해야 할 부양비는 유소년부양비 21.3, 노년부양비 15.5, 총부양비 36.8로 나타나고 있다.

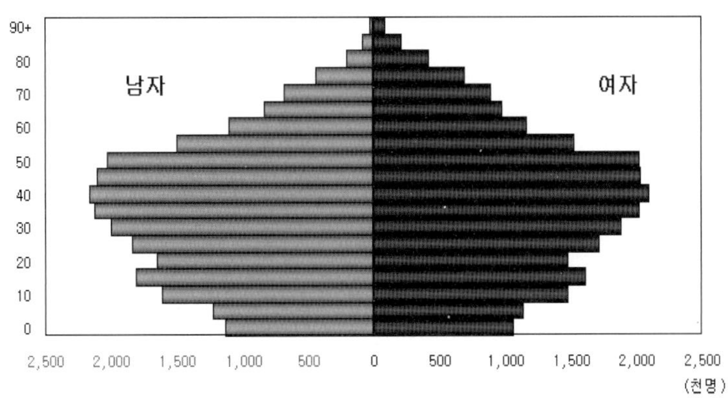

자료 : 통계청, 「장래인구추계」, 2006
〈그림 2.1〉 2011 인구 피라미드

나. 지역별 인구분포 변화 추이

2011년 지역별 인구분포는 경기도가 11,818천명으로 24.1%를 차지하고, 서울은 10,039천명으로 20.5%를 차지하는 것으로 나타났다. 수도권 인구는 2010년 24,336천명(49.8%)에서 196천명이 증가한 24,532천명(50.1%)으로 나타났다.

2010년에 비해 2011년 인구가 늘어난 지역은 인천(15천명), 광주(1천명), 대전(9천명), 울산(4천명), 경기(181천명), 충남(7천명), 경남(3천명)등 8개 지역이며, 인구가 감소한 지역은 부산(25천명), 대구(13천명), 강원(9천명), 충북(2천명), 전북(20천명), 전남(22천명), 경북(15천명) 등 7개 지역이다.

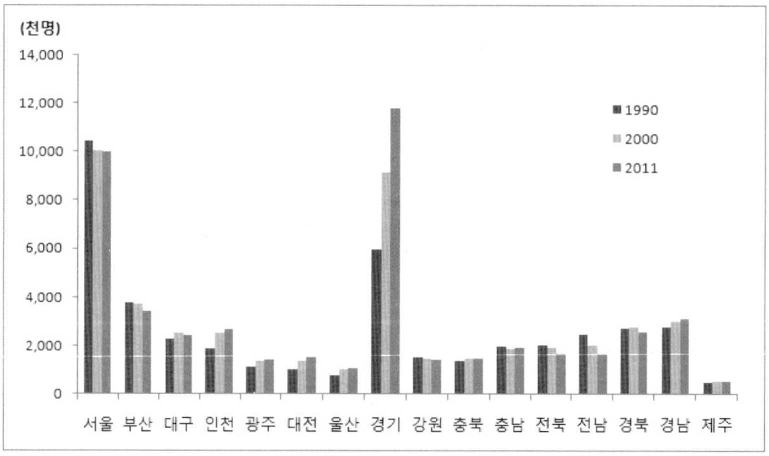

자료 : 통계청,「시도별 장래인구추계」, 2007

〈그림 2.2〉 지역별 인구분포 변화 추이

다. 도시화 추세

지난 1960년대 이후의 도시화 추세를 살펴보면 〈표 2.5〉와 같다. 도시화율은 전국인구에 대한 도시지역내 거주인구의 비율로 정의되며 1960년 39.1%에 불과하였으나 1970년에는 50.1%, 2010년 말 현재 90.9%의 도시화율을 기록하였다.

〈표 2.5〉 도시화 추세 (단위 : 천명, %)

구분 \ 연도별	1960	1970	1980	1990	2000	2008	2009	2010
전국인구	24,989	31,435	37.449	43,520	47,964	49,540	49,773	50,516
· 도시인구	9,784	15,750	25,738	34,634	42,375	44,835	45,182	45,933
· 비도시인구	15,205	15,685	11,711	8,886	5,579	4,705	4,591	4,583
도시화율	39.1	50.1	68.7	79.6	88.3	90.5	90.8	90.9

주) 도시인구는 2000년까지는 도시계획구역내에 거주하는 인구이며, 그 이후는 도시지역내 거주하는 인구임.
자료 : 국토해양부, 도시정책관실

도시규모별 인구분포는 〈표 2.6〉과 같다. 2010년에는 시급 도시가 82개이며, 특별시 · 광역시 등 7대도시에 인구 50.2%가 살고 있어 대도시 집중현상을 보여주고 있다. 다음으로 24.0%가 50만 이상 도시에 살고 있으며, 10만미만의 도시에도 1.9%가 살고 있다.

〈표 2.6〉 도시규모별 현황

인구규모별		도시수	인구(명)	%	면적(㎢)	%
합 계		82	46,263,647	100.0	44,900.48	100.0
특별시		1	10,312,545	22.3	605.25	1.3
광역시		6	12,922,480	27.9	4,780.98	10.6
지방도시	소 계	75	23,028,622	49.8	39,514.25	88.1
	50만 이상	15	11,129,631	24.0	5,862	13.1
	30 - 50만	10	3,734,132	8.1	5,069	11.3
	20 - 30만	16	4,021,212	8.7	9,365	20.9
	10 - 20만	23	3,280,549	7.1	14,433	32.1
	10만미만	11	863,098	1.9	4,785	10.7

주) '10. 12. 31 기준 현황("시"급 이상 도시만을 대상, 제주시 및 서귀포시 포함)
자료 : 행정안전부 자치제도과

2.2 국토계획

2.2.1 국토계획의 목표

가. 국토계획의 목표

고대국가의 성립에서부터 현재에 이르기까지 인류는 각종 개발사업을 추진하여 왔다. 나라를 지배하는 사람에 따라 그 나라에서 행한 대규모 토목사업이 여러 가지 형태로 나타나 그 유적이 현재까지 많이 남아 있어 국토 개발의 역사는 중앙집권국가의 역사와도 같다고 할 수 있으며, 이 중에서 특히 규모가 크고 역사적 의의가 큰 것은 그 시대의 과학기술력, 경제력을 결집시켜 이루어 놓은 것으로 건설과정 또는 완성 후에 사회와 경제에 각종 큰 영향을 주고 있다.

예를 들어 「모든 길은 로마로 통한다.」라는 말처럼 제정 초기에 로마로 연결되는 7개의 중요도로가 있었고, 이것은 그 당시 로마에 교통망이 잘 발달되어 있었음을 말하여 주고 있다. 당시 로마인은 최선단의 토목기술을 갖고 있는 민족으로서 도로뿐만 아니라 수도 등의 정비를 잘 이루어 그들이 몇 백년을 두고 번영하여 온 배경을 갖고 있었다.

여기에서 국토개발은 나라의 통치, 자원의 이용, 교통수송의 개선으로 나누어지며 토지의 이용도를 제고시켜 국토의 효율적 이용에 있다고 할 수 있다. 토지는 인간의 거주와 생산활동 및 이동이라는 3대 공간의 확보와 활용을 위하여 절대적으로 필요 불가결한 것이다. 거주공간은 도시와 취락으로 형성되고, 생산공간은 주로 공장과 농지로 이루어지며, 이동공간은 교통망으로 나타난다. 거주공간은 편리하고 안전해야 하고, 생산공간은 경제적이고 능률적이어야 하며, 이동공간은 신속하고 안전하여야 한다. 이와 같은 목적에 잘 부합되게 국토를 만드는 것이 국토개발의 목표이다.

또한 국토개발은 시대의 정치형태, 경제, 공학기술의 수준에 따라 동일 목적이라도 다른 형태로 나타나게 된다. 단일 목적을 위한 개발도 있지만 여러가지 목적이 복합되어진 것도 있다. 시대의 흐름에 따라 최근의 국토개발은 목적이 복합화되어 가는 일반적 경향을 나타내고 있어 인구, 경제, 사회, 토지, 기타 모든 국토에 관련한 요소를 종합한 개발이므로 국토종합개발이라 한다.

나. 국토이용계획 체계

우리나라는 인구밀도가 490명/㎢로 높을 뿐만 아니라 국토면적의 3/4정도가 산지이기 때문에 토지자원이 매우 부족한 실정이다.

이에 우리나라는 국토를 이용 · 개발 및 보전함에 있어서 미래의 경제적 · 사회적 변동에 대응하여 국토가 지향하여야 할 발전방향을 설정하고 이를 달성하기 위해 국토계획을 수립하고 있다. 국토이용계획체계를 〈그림 2.3〉에 나타내었다. 국토기본법에 의하여 전국토를 대상으로 하는 국토종합계획과 지역단위를 계획으로 하는 도종합계획, 시군종합계획, 지역계획 및 부문별 계획을 수립하여 시행하고 있다.

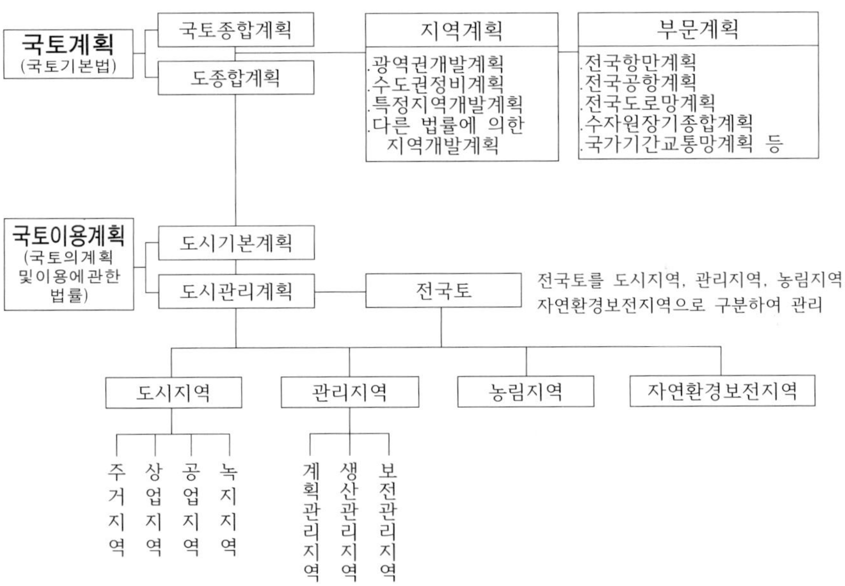

〈그림 2.3〉 국토이용계획 체계

아울러 토지자원이 한정되어 있는 우리나라는 국토의 효율적인 이용과 선계획-후개발의 국토이용체계를 구축하기 위하여 「국토의 계획 및 이용에 관한 법률」(2003.1.1.)을 시행하고 있다. 이 법률 시행은 경제성장과정에서 발생한 토지수요의 급격한 증가, 도시의 과밀화와 그에 따른 난개발 등 토지이용상 발생하는 여러 문제를 종합적으로 조정하면서 국토를 계획적으로 관리하게 되었다.

2.2.2 국토의 확장

가. 국토확장의 의의

한 나라의 국토가 갖추어야 할 요건은 면적이 넓어야 하고, 자연자원이 풍부하여야 하며, 국토이용의 효율성이 높아야 한다. 우리는 좁은 국토에 많지 않은 자원을 갖고 있다. 더욱이 남북분단으로 10만㎢의 영토에 4천9백만에 가까운 인구가 살고 있어 복지사회 실현을 위하여 온갖 지혜와 노력을 경주하여야 한다. 이를 위하여 생산과 거주 및 위락시설 공간이 비약적으로 증대되고 있어 국토확장의 필요성이 부각되고 국토의 효율적 이용이 검토되고 있다.

즉 국토를 확장하여야 할 필요성은 토지에 대한 수요의 증대와 공급의 부족에서 연유된다. 이는 우리나라의 높은 인구밀도와 생산공간에 대한 수요의 증대 및 국토의 자연환경을 보호해야 하는데 있다.

나. 국토확장의 방법

국토는 자연적으로 주어진 것이기 때문에 원칙적으로 확장이 불가능하지만 제한된 범위 내에서 그 방법이 고려될 수 있다.

첫 번째 방법으로는 타국의 영토를 쟁취하거나 병합하는 방법이지만 오늘날 현실적인 관점에서 고려될 수 없으며, 다만 남북통일에 의한 원래의 우리 국토인 22만㎢을 확보하는 것이 우리들의 소망인 것이다.

두 번째 방법으로 해안 매립에 의한 국토의 확장이다. 1960년대 98,437㎢가 90년 현재 99,274㎢로 837㎢만큼 국토가 확대된 것은 바로 이러한 간척 사업에 의한 것이다.

해안 매립에 의한 국토 확장의 대표적인 예로 민간 최초의 대단위 간척사업으로 완성한 서산간척지 사업이 있다. 1993년 6월 완성된 태안군 남면과 홍성군 서부면을 연결하는 서산방조제를 통하여 4,717만 1천평이 매립되었으며 간척 면적은 3,329만 9천평에 이른다. 이것은 여의도 면적의 48배가량이 되는 면적이고 그 중에서 농경지는 66%인 3,061만평으로 우리나라 전체 논 면적의 1%를 차지하는 면적이다.

세 번째 방법으로는 국토를 중층화(重層化)하는 것이다. 앞의 두 방법이 평면적 확장방법이라면 이것은 입체적인 확장방법이라고 할 수 있다. 도시에 지하철이나 지하상가를 만들고 고층건물을 짓는 것은 바로 국토의 연면적을 넓히는 것이 된다. 즉 지하공간의 이용 및 지상의 다층화는 그 만큼 국토면적을 넓혀 놓은 결과가 된다.

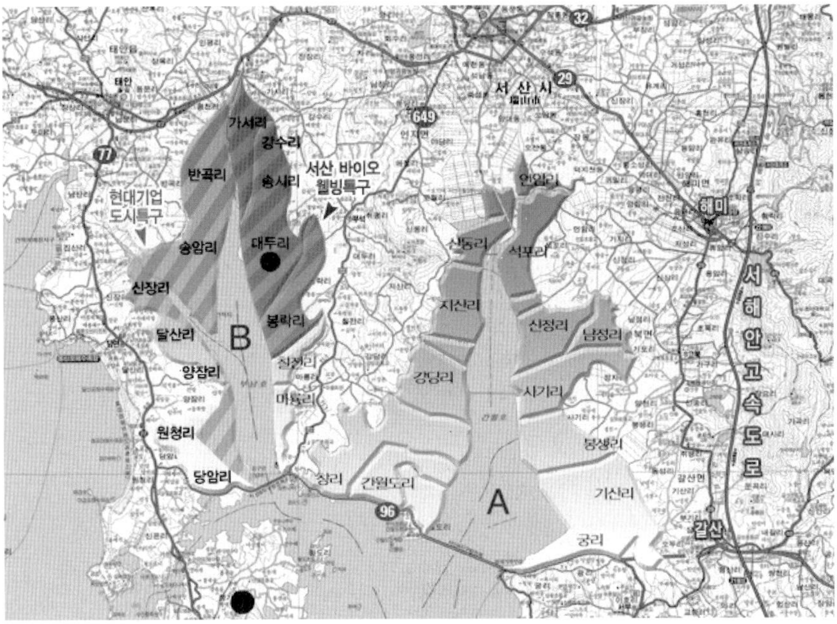

자료출처 : 현대산업개발

〈그림 2.4〉 서산간척지 개요도

우리는 국토확장을 위하여 남북통일에 전력을 기울이는 한편, 간척 · 매립에 의한 평면적 국토확장과 지상 및 지하공간의 중층화에 의한 입체적 국토확장에 힘을 기울여야 하겠으며 이들 방법을 동시에 추구해 나아가야 할 것이다. 제시한 방법 이외에도 해상 또는 수중 도시의 건설 및 우주개발 등을 들 수 있다.

2.2.3 국토종합계획

가. 국토종합계획의 의의

국토기본법에서 국토계획은 국토의 이용 · 개발 및 보전에 있어서 미래의 경제적 · 사회적 변동에 대응하여 국토가 지향하여야 할 방향을 설정하고 이를 달성하기 위한 계획을 말한다.

국토계획은 국토종합계획, 도종합계획, 시군종합계획, 지역계획 및 부문별 계획 등 다섯 가지로 구분된다. 이 중 국토종합계획은 도종합계획과 시군종합계획의 기본이 되며, 부문별계획, 지역계획과 조화를 이루어야 한다.

국토종합계획은 국민의 거주, 생산, 여가활동을 국토공간상에 적정 배치하고 국토자원을 효율적으로 이용, 보전하기 위한 국토개발의 장기적인 정책방향과 지침을 제시하는데 목적을 두는 국가계획이다.

인구의 팽창과 생활수준의 향상에 따른 쾌적한 생활환경의 제공과 산업의 발전은 반드시 필요하다. 그 수단으로서 여러 가지 형태의 개발이 행하여지고 있는데 자원, 토지, 교통, 에너지, 기술, 경제, 사회 등이 그 대상이 된다.

국토종합계획을 세울 경우 우선 사회, 경제의 모든 지표를 설정한다. 이들 제 지표는 상정한 목표 지점에 있어서의 것으로, 이들을 실현시키는데 필요한 사회 투자, 관계의 계획이 세워진다. 또한 계획의 대상은 금후의 추가 투자이기 때문에 계획을 세우는 기준시점에 있어서의 기존 시설량, 또는 자본 축적량을 조사하여 놓지 않으면 안된다. 물론 현재와 목표시점 사이에는 산업구조가 변화하고, 또한 생활양식도 변할 가능성이 있기 때문에 이들의 구조변화를 예측하는 것도 필요하다.

나. 국토종합계획의 추진

우리나라는 1960년대까지 경제개발계획 또는 개별 사업계획에 의거하여 국토개발사업을 추진하였으나, 국토를 종합적 시각에서 개발 · 관리할 필요성이 있어 1970년대부터는 국토종합개발계획이 수립 · 시행되어 왔다. 1970년대 및 1980년대의 국토계획의 수립과 집행을 통하여 국토기반이 크게 정비되었는데 그 중 산업기반의 구축, 간선 교통망의 형성, 수자원 종합개발, 국민 휴양공간의 확보, 국토이용관리체계의 확립 등을 주요 성과로 꼽을 수 있다. 그러나 수도권과 지방, 지역간, 도시 계층간, 도농간의 격차가 상존하고 있으며, 이에 따른 과밀 · 과소지역의 발생으로 인하여 사회적 부담의 가중 등 국토이용의 비효율화가 초래 되었다. 또한 국가기반시설인 도로, 항만시설의 부족으로 국내외 물동량의 교통 체증이 증폭되고 있으며, 주택, 상 · 하수도, 환경 등 국민 생활환경 부분의 상대적 낙후로 인해 안정적, 지속적인 국가발전이 제약을 받아 왔다.

우리나라 국토종합계획은 해방이후 지금까지 지속되면서 몇 가지 특성을 가지고 변천되어 왔는데, 국토 계획적 관점에서 그 시대적 특성을 보면 아래 표와 같다.

〈표 2.7〉 국토계획의 시대적 배경에 따른 변화 추이

시대 구분	시대적 특성	시대상황	국토계획의 추진상황	계획의 지향점
1950 년대	혼란기	· 해방공간과 한국동란으로 국토의 피폐 · 지역 불균형시작	· 50년대말에 국토개발 정책이 논의된 정도	
1960 년대	발아기	· 50년대부터 누적된 국가 전반적인 분야의 불안정성 계속	· 국토건설종합 계획법 제정 · 제1, 2차 경제개발 5개년 계획구상 시도	· 산업구조의 근대화
1970 년대	부흥기	· 60년대 추진한 산업 구조의 변화로 효율성은 증대되었으나 사회적 불균형 노정	· 제1차 국토종합개발 계획의 추진 · 제3, 4차 경제개발 5개년 계획실시	· 국토의 효율적 이용 · 환경보전 · 대도시인구집중 억제
1980 년대	성숙기	· 고도성장 달성 · 대도시 인구집중 · 난개발, 부동산 투기 심화	· 제2차 국토종합개발 계획 실시 · 제5, 6차 경제개발 5개년 계획실시	· 개발가능성 전체확대 · 인구의 지방 분산 · 자연환경 보존
1990 년대	안정기	· 국토개발의 불균형 심화 · 지가상승 · 환경오염의 확산 · 기반시설의 미약	· 제3차 국토종합개발 계획의 추진 · 제7차 경제개발 5개년 계획 실시	· 수도권과밀억제 · 지역격차해소 · 환경보존 · 국가경쟁력 고도화 · 국토기반시설의 확충
2000 년대	총체적 융합기	· 다양성의 시대 · 고도의 첨단과학 및 지식정보화 시대 도래 · 세계적 경쟁력의 시대 · 지방화 본격적 시작 · 지구환경문제와 에너지 · 자원위기 도래	· 제4차 국토종합계획 추진(수정계획 포함) · 제1차 국가균형발전 5개년계획 추진 · 지역발전 5개년계획 추진 · 광역경제권 · 초광역권 개발 추진 · 저탄소 녹색성장 추진	· 세계화 및 동북아 성장에 적극대응 · 지방화 및 지식정보화 · 남북한 경제협력과 국토통합 촉진 · 국토의 지속가능성

자료 : 국토해양부 국토정책국

우리나라의 국토개발계획을 시기적으로 보면 다음과 같다.

(1) 제 1 차 국토계획(1972년~1981년)

국토의 이용관리의 효율화, 개발기반의 확충, 국토자원의 개발과 자연의 보호 · 보전 및 국민생활환경의 개선을 기본목표로 수립 · 시행되어 국가 경제발전의 추진체로 동남해안의 공업 벨트가 형성되었다. 국토를 한강, 금강, 낙동강, 영산강 수계자원을 기준으로 하여 4대권으로 구분하고, 다시 8개 중권, 17개 소권으로 권역화하였다.

(2) 제 2 차 국토계획(1982년~1991년)

제 1 차 국토계획 결과에서 나타난 양극화 현상을 지양하고 국토의 균형적 발전을 이룩할 목적으로 수립, 시행되었으며 그 일환으로 수도권 성장억제 정책이 추진되었다.

(3) 제 3 차 국토계획(1992년~2001년)

제 3 차 국토개발은 국토개발과 국민생활의 안정기반인 균형성, 효율성, 쾌적성을 제고하고 국민적 여망인 국토통일에 기여함을 목적으로 하였다. 인구의 지방 정착 유도, 개발 가능성의 전국적 확대, 국민 복지 수준의 제고 및 국토 자연환경보전을 기본목표로 하였다.

(4) 제 4차 국토종합계획(2000년~2020년)

제 4 차 국토개발은 21세기 여건변화에 주도적으로 대응하고, 국가의 융성과 국민 삶의 질 확보를 위한 새로운 국토비전과 전략 수립의 필요에 의해 실시되었다. 개방형의 π형 연안 국토축과 10대 광역권을 개발하여 지역균형발전을 촉진하였으며, 국토환경의 적극적인 보존을 위해 개발과 환경의 조화전략을 제시하였다.

(5) 제 4 차 국토종합계획 수정계획(2011년~2020년)

제 4 차 국토계획(2000년~2020년)수립 이후 진행되고 있는 새로운 국내외 여건변화에 대응하기 위해 「약동하는 통합국토」를 기조로 하는 국토종합계획 수정계획(2006년~2020년)을 마련한 바 있으며, 이후 기후변화 대응 및 저탄소 녹색성장 전략마련, 글로벌 경쟁체제 심화에 대응 등 새로운 전략마련을 위해 제4차 국토종합계획 수정계획을 재수정하여 「글로벌 녹색국토」를 비전으로 하는 수정계획(2011년~2020년)을 마련하였다.

〈표 2.8〉 국토종합계획의 변천

구분	제1차 국토계획 (1972~1981)	제2차 국토계획 (1982~1991)	제3차 국토계획 (1992~1999)	제4차 국토계획 (2000~2020)
1인당 GNP	319불(1972)	1,824불(1982)	7,007불(1992)	10,841불(2000, GNI)
배경	ㅇ 국력의 신장 ㅇ 공업화 추진	ㅇ 국민생활환경의 개선 ㅇ 수도권의 과밀완화	ㅇ 사회간접자본시설의 미흡에 따른 경쟁력 약화 ㅇ 자율적 지역개발전개	ㅇ 21세기 여건변화에 주도적으로 대응 ㅇ 국가의 융성과 국민의 삶의 질을 확보하기 위한 새로운 국토비전과 전략 필요
기본목표	ㅇ 국토이용관리 효율화 ㅇ 사회간접자본 확충 ㅇ 국토자원개발과 자연보전 ㅇ 국민생활환경의 개선	ㅇ 인구의 지방정착 유도 ㅇ 개발가능성의 전국적 확대 ㅇ 국민복지수준의 제고 ㅇ 국토자연환경의 보전	ㅇ 지방분산형 국토 골격 형성 ㅇ 생산적 · 자원절약적 국토이용체계 구축 ㅇ 국민복지 향상과 국토환경 보전 ㅇ 남북통일에 대비한 국토기반의 조성	ㅇ 더불어 잘사는 균형국토 ㅇ 자연과 어우러진 녹색국토 ㅇ 지구촌으로 열린 개방국토 ㅇ 민족이 화합하는 통일국토
개발전략 및 정책	ㅇ 대규모 공업기반 구축 ㅇ 교통통신, 수자원 및 에너지 공급망 정비 ㅇ 부진지역 개발을 위한 지역기능 강화	ㅇ 국토의 다핵구조 형성과 지역생활권 조성 ㅇ 서울 · 부산 양대 도시의 성장억제 및 관리 ㅇ 지역기능 강화를 위한 교통 · 통신 등 사회간접자본 확충 ㅇ 후진지역의 개발 촉진	ㅇ 지방의 육성과 수도권 집중억제 ㅇ 신산업지대 조성과 산업구조의 고도화 ㅇ 종합적 고속교류망의 구축 ㅇ 국민생활과 환경 부문의 투자증대 ㅇ 국토계획의 집행력 강화 및 국토이용 관련제도 정비 ㅇ 남북교류지역의 개발 관리	ㅇ 개방형 통합국토축 형성 ㅇ 지역별 경쟁력 고도화 ㅇ 건강하고 쾌적한 국토환경 조성 ㅇ 고속교통 · 정보망 구축 ㅇ 남북한 교류협력 기반 조성
특징 및 문제점	ㅇ 거점개발방식의 채택 ㅇ 경부축 중심의 양극화 초래	ㅇ 양대도시의 성장 억제 및 성장거점 도시의 육성에 의한 국토균형발전 추구 ㅇ 구체적 집행수단의 결여로 국토의 불균형 지속, 올림픽 개최의 확정 등으로 1987년 계획 수정	ㅇ 세계화 · 개방화 · 지방화 등 여건반영 미흡 ㅇ WTO 출범 등 국토개발의 기조 변화	ㅇ 개방형의 p형 연안 국토축과 10대 광역권을 개발하여 지역균형발전을 촉진 ㅇ 국토환경의 적극 적인 보전을 위해 개발과 환경의 조화전략 제시

자료 : 국토해양부 국토정책국

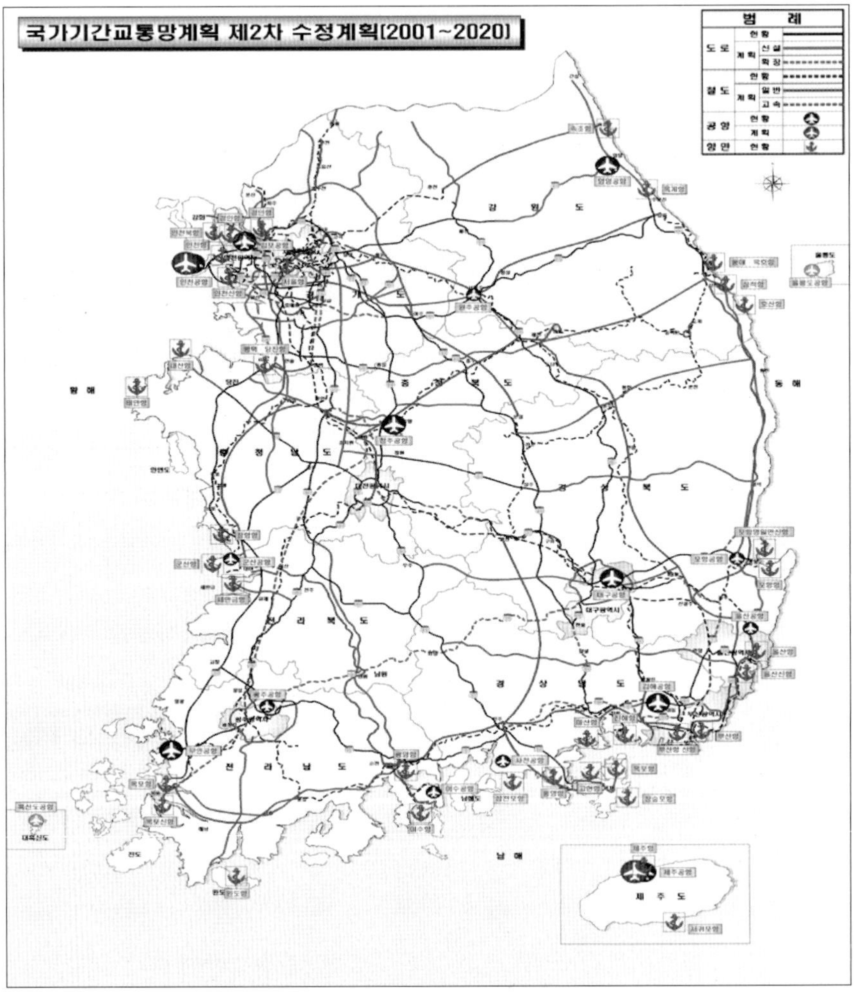

자료 : 국토해양부, 국가기간교통망계획 제2차 수정계획
〈그림 2.5〉 국가기간교통망계획의 미래상

2.2.4 국토 · 지역발전정책

국토 · 지역발전정책에서는 각종 국토정책, 지역개발사업, 도시계획 등에 관한 요구의 목소리가 높지만 정부정책, 계획의 기술적 · 과학적 합리성에 대한 신뢰도가 낮다. 특히 주요 공공사업의 지역편중, 낙후도에 따른 지역간 차등지원 미흡, 수도권-지방간 격차 존속, 도시-농어촌간 격차 증대 등이 지적되었다.

〈표 2.9〉 국토 · 지역 관련 분야별 공생발전 주요 이슈

분야	공생발전 이슈
국토정책	○ 대형사업의 타당성 검토 시 지역균현발전, 형평성, 미래 수요보다는 현재 수요를 지나치게 많이 고려함으로써 낙후지역보다는 이미 발전된 지역에 투자가 계속 집중되는 현상이 목격됨
	○ 수도권 대 비수도권의 획일적 구분을 통한 지역정책 -수도권 내 저개발 지역 무시 -개발정책 단위에서 실제 발전지역인 충청권을 비수도권으로 볼 것인가? 등
	○ 대도시 중심의 국토정책으로 인한 주변도시 및 소도시의 경쟁력 약화 불가피
지역개발	○ 지역지원 각종 보조금의 분배가 공정 또는 공생과 부합 하는가? -발전 정도를 감안하지 못하는 지원 ○ 다문화 가정 확대에도 불구 정책적 배려의 부족 -향후 농산어촌의 문제는 다문화 가정 확대와 직결
	○ 비교우위를 반영하지 못하는 지역개발 -지역 발전을 위한 자원 배분의 근거가 인구 수에 절대적으로 의존하는 경향이 있음 -자원배분에 영향을 미치는 지표 가운데 지역의 면적 등의 비중도 높일 필요가 있음.

자료 : 공정사회의 공생 국토 · 지역발전 구현을 위한 정책과제, 국토연구원

이러한 문제점 해결을 위해 세종시 건설, 혁신도시 건설, 새만금 명품복합도시 조성, 수도권 정책, 공공기관 지방이전, 기업도시 건설, 제주국제자유도시 개발, 낙후지역 개발, 특정지역 개발, 도시활력 증진지역 개발사업 추진, 산업입지정책 등 다양한 지역발전정책이 추진되었다.

지역간 격차, 저발전지역의 문제점 해결을 위해 시행된 "공정한 국토 · 지역 발전정책"에 관한 정책과제를 통하여 실현된 대표적인 정책을 소개한다.

가. 세종시 건설

행정도시건설 특별법이 공포됨에 따라 주민공청회, 관계 지방자치단체장의 의견 수렴 및 관계 중앙행정기관과 협의 등을 거쳐 2005년 5월 24일 행정중심복합도시 예정지역 및 주변지역을 지정 · 고시하였다.

2009년 12월 29일에는 주변지역 지정에 따른 과도한 규제를 완화하는 도시관리계획을 결정하여 주변지역주민들의 불편을 해소하는 한편, 체계적이고 계획적인 개발이 가능토록 하였다.

세종시의 지위 및 관할구역 등을 골자로 하는 「세종특별자치시 설치 등에 관한 특별법」이 2010년 12월 27일 제정되어 세종시의 모습이 구체화되었다. 세종시의 위치 및 관할구역은 그림과 같다.

〈그림 2.6〉 세종시 위치도

국토해양부와 행정중심복합도시건설청은 세종시 건설의 마스터플랜 등 일련의 계획을 수립한 후 생활권별 지구단위계획 등을 순차적으로 수립하면서 개발계획을 지속적으로 보완하여 왔다.

2005년에 추진된 도시개념 아이디어 국제공모(2005년 5월~11월)를 통하여 환상(Ring)형 도시구조를 마련하였고, 이를 바탕으로 기본계획과 개발계획, 실시계획을 단계별로 수립하여 사업착공(2007년 7월)을 하였으며, 2012년 12월 현재 국무총리실과 일부 중앙행정기관을 이전하기에 이르렀다.

〈표 2.10〉 세종시 관할구역

구 분	예정지역	세종시 전체
지정면적	72.91㎢	465.23㎢
편입행정구역	연기군, 공주시	연기군, 공주시, 청원군
	5면 33리	1읍 11면 135리
거주인구(세대)	2.1천명	94천명

자료 : 행정중심복합도시건설청

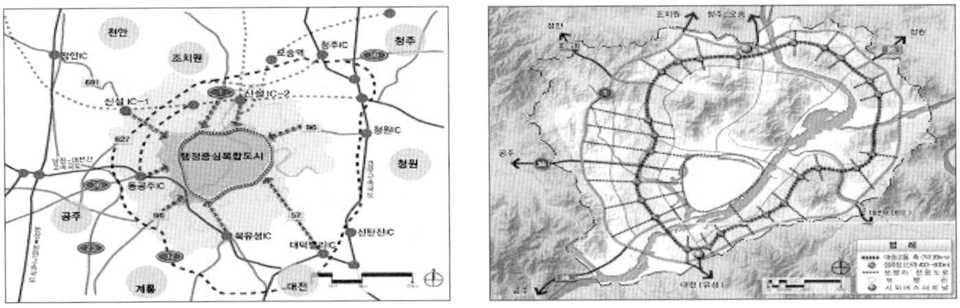

자료 : 행정중심복합도시건설청

〈그림 2.7〉 광역교통체계 및 도시교통체계도

나. 혁신도시 건설

혁신도시는 지방이전 공공기관 및 산 · 학 · 연 · 관이 서로 긴밀히 협력할 수 있는 최적의 혁신여건과 수준 높은 주거 · 교육 · 문화 등 정주환경을 갖춘 새로운 차원의 미래형 도시를 지향하고 있다.

〈표 2.11〉 혁신도시별 개발방향

구분	지역 발전 전략	개발방향
부산	해양수산 · 영화 · 금융의 중심	21세기 동북아시대 해양수도
대구	교육 · 학술산업과 동남권 산클러스터 중심	지식창조혁신도시, Brain City
광주 · 전남	하나로 빛나는 첨단미래산업 클러스터	신재생에너지 및 농업, 생물산업 중심도시 Green-Energypia
울산	친환경 첨단 에너지 메카	경관중심의 Energypolis
강원	생명 · 건강산업의 수도	건강 · 생명 · 관광으로 생동하는 비타민 City
충북	IT · BT산업의 테크노폴리스	교육 · 문화 이노밸리
전북	전통과 첨단을 잇는 농생명산업의 중심	농업생명의 허브 Agricon City
경북	첨단과학기술과 교통의 허브	KTX와 물이 흐르는 경북 Dream-Valley
경남	남해안 산업벨트의 중심 거점	Inno Hub City 산업지원 거점, 첨단주거 선도도시
제주	국제교류 · 교육연수도시	국제교류 · 연수 폴리스

자료 : 국토해양부 공공기관지방이전추진단

정부는 공공기관 지방이전계획에 따라 이전하는 공공기관이 입지하게 되는 혁신도시의 입지선정(광주 · 전남 공동혁신도시를 포함한 10 곳)을 2005년도에 마무리하였다.

혁신도시 기본구상방향은 첫째, 산 · 학 · 연 · 관 연계를 통해 혁신을 창출하는 거점도시, 둘째, 지역별 테마를 가진 개성있는 특성화 도시, 셋째, 학습과 창의적 교류가 가능한 교육 · 문화도시, 넷째, 누구나 살고 싶은 친환경 전원도시를 목표로 하여 혁신도시 기본구상을 마련하였다.

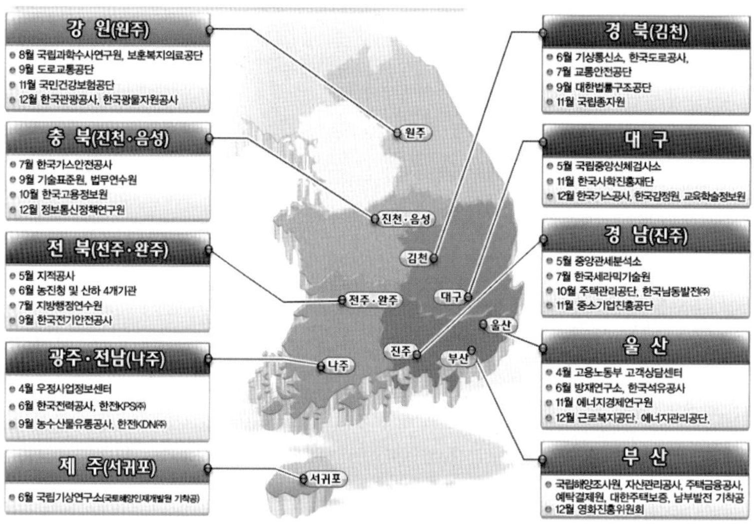

자료 : 국토해양부 공공기관지방이전추진단

〈그림 2.8〉 혁신도시 지정현황

다. 새만금 명품복합도시

새만금 간척사업은 1989년「새만금종합개발사업」발표와, 1991년 11월 방조제 공사의 착공으로 본격적으로 시작되었으나 담수호 수질, 갯벌보전 등의 환경문제가 제기되면서 공사가 중지되는 과정을 거쳐 2010년 4월 새만금 방조제를 준공하였다. 이후 2011년 3월에 토지이용계획을 구체화한「새만금 종합개발계획」을 확정하였다.

군산~부안을 연결하는 세계 최장(33.9㎞)의 새만금 방조제 건설을 통하여 간척토지 283㎢와 호소 118㎢를 조성하였으며, 이것은 여의도의 140배 세종시의 5.7배에 해당하는 면적이다.

새만금의 장래 도시성장을 효율적으로 지원하고 저탄소녹색성장을 구현할 수 있도록 "친환경 대중교통중심의 녹색교통체계 구축"을 기본방향으로 설정하고, 통행량 분석에 따라 광역교통계획으로 새만금~전주 고속도로 및 새만금~군산(대야) 복선철도 등 광역연계교통망을 제시하였다. 또한 국내 최초 인공섬 방식의 새만금 신항만(2020년까지 18선석)건설을 추진할 예정이다.

2.3 국토 이용상의 토지구분

2.3.1 지정현황

우리나라는 「국토의 계획 및 이용에 관한 법률」에 의해 국토를 도시, 관리, 농림, 자연환경 보전지역의 4개 용도지역으로 지정하였으며 이를 도시관리계획상 21개로 세분하였고, 10개 용도지구, 4개 용도구역으로 구분하여 토지를 계획적 · 체계적으로 이용토록 하고 있다.

〈표 2.12〉 토지의 구분

<table>
<tr><th colspan="3">용도지역</th><th>용도지구</th><th>용도구역</th></tr>
<tr><td rowspan="4">도시
지역</td><td>주거
지역</td><td>○ 전용주거지역
- 제1종 전용주거지역
- 제2종 전용주거지역
○ 일반주거지역
- 제1종 일반주거지역
- 제2종 일반주거지역
- 제3종 일반주거지역
○ 준주거지역</td><td rowspan="9">○ 경관지구
○ 미관지구
○ 고도지구
○ 방화지구
○ 방재지구
○ 보존지구
○ 시설보호지구
○ 취락지구
○ 개발촉진지구
○ 특정용도제한지구</td><td rowspan="9">○ 개발제한구역
○ 시가화조정구역
○ 수자원보호구역
○ 도시자연공원구역</td></tr>
<tr><td>상업
지역</td><td>○ 중심상업지역
○ 일반상업지역
○ 근린상업지역
○ 유통상업지역</td></tr>
<tr><td>공업
지역</td><td>○ 전용공업지역
○ 일반공업지역
○ 준공업지역</td></tr>
<tr><td>녹지
지역</td><td>○ 보전녹지지역
○ 생산녹지지역
○ 자연녹지지역</td></tr>
<tr><td rowspan="3">관리
지역</td><td colspan="2">○ 보전관리지역</td></tr>
<tr><td colspan="2">○ 생산관리지역</td></tr>
<tr><td colspan="2">○ 계획관리지역</td></tr>
<tr><td>농림지역</td><td colspan="2">-</td></tr>
<tr><td>자연환경
보전지역</td><td colspan="2">-</td></tr>
</table>

자료 : 용도지역 · 지구 · 구역, 국토해양부 정책자료, 2010

2.3.2 용도지역

용도지역은 토지의 이용 및 건축물의 용도 · 건폐율 · 용적률 · 높이 등을 제한함으로써 토지를 경제적 · 효율적으로 이용하고 공공복리의 증진을 도모하기 위하여 서로 중복되지 않게 도시관리계획으로 결정하는 지역으로 토지이용의 효율성 제고와 난개발을 방지하여 지속 가능한 국토이용의 기반을 마련하게 되었다.

용도지역 내에서 토지소유자는 당해 용도지역의 지정목적에 적합하게 토지를 이용하여야 할 의무가 있으며 행정기관의 장은 토지이용행위를 허가 · 인가 또는 승인함에 있어 「국토의 계획 및 이용에 관한 법률」에 의한 이용범위 안에서 토지이용행위가 이루어지도록 하고 있다.

〈표 2.13〉 용도지역의 구분

지 역(법)		세 분(시행령)	지 정 목 적
도시지역	주거지역	제1종전용주거 제2종전용주거 제1종일반주거 제2종일반주거 제3종일반주거 준주거	단독주택 중심의 양호한 주거환경 보호 공동주택 중심의 양호한 주거환경 보호 저층주택 중심의 주거환경 조성 중층주택 중심의 주거환경 조성 중 고층주택 중심의 주거환경 조성 주거기능에 상업 및 업무기능 보완
	상업지역	중심상업 일반상업 근린상업 유통상업	도심 · 부도심의 상업 · 업무기능 확충 일반적인 상업 및 업무기능 담당 근린지역의 일용품 및 서비스 공급 도시내 및 지역간 유통기능의 증진
	공업지역	전용공업 일반공업 준 공업	중화학공업, 공해성 공업 등을 수용 환경을 저해하지 아니하는 공업의 배치 경공업 수용 및 주 · 상 · 업무기능의 보완
	녹지지역	보전녹지 생산녹지 자연녹지	도시의 자연환경 · 경관 · 산림 및 녹지공간 보전 농업적 생산을 위하여 개발을 유보 보전할 필요가 있는 지역으로 제한적 개발허용
관리지역	보전관리 생산관리 계획관리	-	보전이 필요하나 자연환경보전지역으로 지정이 곤란한 경우 농 · 임 · 어업생산을 위해 필요, 농림지역으로 지정이 곤란한 경우 도시지역 편입이 예상, 계획 · 체계적관리 필요
농림지역		-	농림업의 진흥과 산림의 보전을 위하여 필요
자연환경 보전지역		-	자연환경등의 보전과 수산자원의 보호 · 육성

자료 : 용도지역 · 지구 · 구역, 국토해양부 정책자료, 2010

〈표 2.14〉 용도지역별 건폐율과 용적율

<table>
<tr><th rowspan="2">구분</th><th colspan="2">법정건폐율</th><th>세분용도지역</th><th>시행령에 의한 건폐율</th><th>법적 용적율</th><th>시행령에 의한 용적율</th></tr>
<tr><th>용도지역</th><th>건폐율</th><th>세분된용도지역</th><th>건폐율</th><th>용적율</th><th>용적율</th></tr>
<tr><td rowspan="10">도시 지역</td><td rowspan="4">상업지역</td><td rowspan="4">90%</td><td>중심상업지역</td><td>90%</td><td rowspan="4">1,500%</td><td>400~1,500%</td></tr>
<tr><td>일반상업지역</td><td>80%</td><td>300~1,300%</td></tr>
<tr><td>근린상업지역</td><td>70%</td><td>200~900%</td></tr>
<tr><td>유통상업지역</td><td>80%</td><td>200~1,100%</td></tr>
<tr><td rowspan="3">공업지역</td><td rowspan="3">70%</td><td>전용공업지역</td><td>70%</td><td rowspan="3">400%</td><td>150~300%</td></tr>
<tr><td>일반공업지역</td><td>70%</td><td>200~350%</td></tr>
<tr><td>준공업지역</td><td>70%</td><td>200~400%</td></tr>
<tr><td rowspan="3">녹지지역</td><td rowspan="3">20%</td><td>보전녹지지역</td><td>20%</td><td rowspan="3">100%</td><td>50~80%</td></tr>
<tr><td>생산녹지지역</td><td>20%</td><td>50~100%</td></tr>
<tr><td>자연녹지지역</td><td>20%</td><td>50~100%</td></tr>
<tr><td rowspan="3">관리 지역</td><td>보전관리 지역</td><td>20%</td><td>보전관리지역</td><td>20%</td><td>80%</td><td>50~80%</td></tr>
<tr><td>생산관리 지역</td><td>20%</td><td>생산관리지역</td><td>20%</td><td>80%</td><td>50~80%</td></tr>
<tr><td>계획관리 지역</td><td>40%</td><td>계획관리지역</td><td>40%</td><td>100%</td><td>50~100%</td></tr>
<tr><td colspan="2">농림지역</td><td>20%</td><td>농림지역</td><td>20%</td><td>80%</td><td>50~80%</td></tr>
<tr><td colspan="2">자연환경 보전지역</td><td>20%</td><td>자연환경보전지역</td><td>20%</td><td>80%</td><td>50~80%</td></tr>
</table>

자료 : 용도지역 · 지구 · 구역, 국토해양부 정책자료, 2010

2.3.3 용도지구 및 용도구역

가. 용도지구

용도지구는 토지의 이용 및 건축물의 용도 · 건폐율 · 용적률 · 높이 등을 제한함으로써 토지를 경제적 · 효율적으로 이용하고 공공복리의 증진을 도모하기 위하여 서로 중복되지 않게 도시관리계획으로 결정하는 지역으로 「국토의 계획 및 이용에 관한 법률」에 의하여 10개 용도지구로 세분하여 토지를 계획적 · 체계적으로 이용토록 하고 있다.

〈표 2.15〉 용도지구

구분		내용
보존지구	문화자원보존지구	문화재와 문화적으로 보존가치가 큰 지역의 보호
	중요시설물 보존지구	국방상 또는 안보상 중요한 시설물의 보호
	생태계보존지구	야생 동 · 식물 서식처 등 생태적으로 보존가치가 큰 지역의 보호
경관지구	자연경관지구	산지 · 구릉지 등 자연경관의 보호 또는 도시의 자연풍치 유지
	수변경관지구	지역 내 주요 수계의 수변, 자연경관을 보호 · 유지
	시가지경관지구	주거지역의 양호한 환경조성과 시가지의 도시경관을 보호
시설보호 지구	학교시설보호지구	학교의 교육환경을 보호 · 유지
	공용시설보호지구	공용시설을 보호하고 공공업무 기능을 효율화
	항만시설보호지구	항문기능을 효율화하고 항만시설을 관리 · 운영
	공항시설보호지구	공항시설의 보호와 항공기의 안전운항
방재지구	-	풍수해, 산사태, 지반의 붕괴 및 그 밖의 재해 예방
고도지구	최고고도지구	환경과 경관을 보호하고 과밀을 방지하기 위해 건축물 높이의 최고한도를 정할 필요가 있는 지구
	최저고도지구	토지이용을 고도화하고 경관을 보호하기 위해 건축물 높이의 최저한도를 정할 필요가 있는 지구
미관지구	중심지미관지구	토지의 이용도가 높은 지역의 미관을 유지 · 관리
	역사문화미관지구	문화재와 문화적으로 보존가치가 큰 건출물 등의 미관을 유지 · 관리
	일반미관지구	중심지미관지구 및 역사문화미관지구 외의 지역으로서 미관을 유지 · 관리
방화지구	방화지구	화재의 위험을 예방
취락지구	자연취락지구	녹지지역 · 관리지역 · 농림지역 또는 자연환경보전지역안의 취락을 정비
	집단취락지구	개발제한구역 안의 취락을 정비하기 위해 필요한 지구
특정용도 제한지구	-	주거기능 보호 또는 청소년 보호 등의 목적으로 청소년 유해시설 등 특정시설의 입지를 제한할 필요가 있는 지구
개발진흥 지구	주거개발진흥지구	주거기능을 중심으로 개발 · 정비
	산업개발진흥지구	공업기능을 중심으로 개발 · 정비
	유통개발진흥지구	유통 · 물류기능을 중심으로 개발 · 정비
	관광휴양개발 진흥지구	관광 · 휴양기능을 중심으로 개발 · 정비
	복합개발진흥지구	주거기능, 공업기능, 유통 · 물류기능 및 관광 · 휴양기능 중 둘 이상의 기능을 중심으로 개발 · 정비

자료 : 용도지역 · 지구 · 구역, 국토해양부 정책자료, 2010

나. 용도구역

용도구역은 용도지역 및 용도지구의 제한을 강화 또는 완화하여 따로 정함으로써 시가지의 무질서한 확산방지, 계획적이고 단계적인 토지이용의 도모, 토지이용의 종합적 조정 · 관리를 위하여 도시관리계획으로 결정하는 지역으로 「국토의 계획 및 이용에 관한 법률」에 의하여 4개 용도구역으로 구분하고 있다.

〈표 2.16〉 용도구역별 지정 목적

구분	지정 목적
개발제한구역	도시의 무질서한 확산방지와 도시주변 자연환경 보전
시가화 조정구역	무질서한 시가화를 방지하고 계획적, 단계적 도시개발 도모
수산자원보호구역	수산자원의 보호 · 육성
도시자연공원구역	도시의 자연환경 및 경관을 보호하고 도시민에게 건전한 여가 · 휴식공간을 제공

자료 : 용도지역 · 지구 · 구역, 국토해양부 정책자료, 2010

2.3.4 지목별 토지이용

지적법상 총 28개의 지목이 존재하며, 지목별 토지이용현황은 2010년말 현재 산림지, 대지, 공장용지, 공공용지 등 도시적용지로 전 국토의 6.8%가 이용되고 있다. 그러나 도시화와 산업화의 급진전은 인구의 도시권 유입으로 공장용지와 대지의 계속적인 증가현상을 초래하였다.

참고문헌

1) 공간과 생활 교재 편찬위원회, 공간과 생활, 계명대학교 출판부, 1993.

2) 국토지리정보원, 1/50,000 지형도, 2011.

3) 국토해양부, 국가기간교통망계획 제2차 수정계획(2001~2020), 2010.

4) 국토해양부, 국토계획 및 이용에 관한 연차보고서, 2011.

5) 국토해양부, 국토계획 40년의 평가와 미래 세미나, 2012.

5) 국토해양부 보도자료, 공공기관 지방이전 및 혁신도시 건설, 2011.

6) 국토해양부 정책자료, 용도지역 · 지구 · 구역, 2010.

7) 대한건설진흥회, 국토와 건설, 제8권 제10호, 1991.

8) 대한민국정부, 제4차 국토종합계획 수정계획, 2011.

9) 박양호 외 지음, 글로벌시대의 녹색성장과 미래국토전략, 국토연구원, 2009.

10) 이석찬 외, 土木工學通說, 선진문화사, 1987.

11) 통계청, 장래인구추계, 2006.

12) 통계청, 시도별장래인구추계, 2007.

13) 八十島 義之助 외, 土木工學通說, 技報堂, 1985

14) 金安濟, 環境과 國土, 박영사, 1979.

제 3 장

사회기반시설공간

3.1 교통시설공간

3.1.1 도로

도로는 보행자 및 차량을 위한 공공통로로서 철도와 같이 육상 교통기관의 중요한 자리를 차지하고 있다. 도로건설의 역사는 인류역사와 같이 원시시대로부터 시작이 되었고, 사람과 화물의 전송 증가에 따라 발달하여 왔다. 산업의 발달에 따라 도로망의 정비나 개량도 증가해 왔고, 오늘날에 있어서는 더욱 그 중요도가 더욱 증가되고 있다.

가. 도로현황

우리나라의 도로망은 전국 주요 도시 및 물류거점을 연결하는 고속국도와 일반국도가 기본 골격을 이루는 간선망을 형성하고 각 도내의 지역간을 연결하는 지방도, 군도, 시가지내 도로망이 상호 연계되어 유기적인 교통체계를 유지하고 있다.

2010년 12월말 기준으로 우리나라 도로 연장은 총 105,565㎞이며, 도로포장율은 79.8%이다. 도로등급별로는 고속국도 3,860㎞, 일반국도 13,812㎞, 특별 · 광역시도 18,879㎞, 지방도 18,180㎞, 시 · 군도 50,834㎞로 이루어져 있다.

〈표 3.1〉 전국 도로현황(2010년 말 기준)

구 분	연장(㎞)	포장율(%)	관 리 청	도 로 성 격
고속국도	3,860	100	국토해양부 (한국도로공사)	거점간 신속한 이동
국도(시관내)	13,812(2,250)	97.6	국토해양부(시장)	〃
지방도 등	87,893	76.1	지방자치단체	접근 편이성

자료 : 국토해양부 도로정책관실

현재 도로는 국내 여객 · 화물 수송량의 70% 이상을 분담하는 국가교통망의 중추적 역할을 수행하고 있다. 그러나 전반적인 도로형편 개선에도 불구하고 급격한 경제성장으로 자동차 보유대수가 급증함에 따라 교통혼잡이 더욱 가중되고 있는 실정이다.

특히 국토면적과 인구규모 등을 고려한 도로연장이 선진국의 1/3~1/4 수준에 불과해 국가경쟁력 강화를 위해서는 지속적인 도로 건설이 필요하며 한정된 재원 등을 감안하여 효율적인 도로투자와 합리적 운영 · 관리를 통해 기존 시설을 최대한 활용할 수 있는 방안이 요구되고 있다.

〈표 3.2〉 도로연장의 나라별 비교

	한국	일본	미국	영국
인구당 도로연장(㎞/천인)	2.1	9.5	20.5	6.8
면적당 도로연장(㎞/㎢)	1.0	3.2	0.7	1.7
차량당 도로연장(m/대)	6.2	15.9	26.5	13.0
국토계수당 도로밀도 ($km/\sqrt{국토총면적(km^2)\times 인구(천명)}$)	1.50	5.48	3.72	3.42

자료 : 국토해양부 도로정책관실(2007년 기준)

자료 : 국토해양부 도로정책관실

〈그림 3.1〉 국가간선도로망 계획(2011~2020년)

나. 도로의 분류

도로의 구조는 그 위를 통과하는 화물에 순응하여 발전했고, 흙길에서 자갈도 등을 거쳐 자동차의 출현에 따라 급속한 발달을 이룩하였으며 노면도 아스팔트, 콘크리트 등으로 변해왔다. 우리나라의 도로는 도로법에 의하여 그 중요도와 관리주체에 따라 다음과 같이 분류된다.

(1) 고속국도

자동차 교통망의 중추부분에 속하는 중요도시를 연결하는 자동차전용의 도로로서 대통령령으로 그 노선이 지정된 것을 고속국도라 한다.

(2) 일반국도

중요도시, 지정항만, 중요한 비행장 또는 관광지 등을 연결하며 고속국도와 함께 국가 기간도로망을 이루는 도로로서 대통령령으로써 그 노선이 지정된 것을 일반국도라 한다.

(3) 특별시도/광역시도

특별시, 광역시 구역 안의 도로로서 특별시장 또는 광역시장이 그 노선을 인정한 것을 특별시도 또는 광역시도라 한다.

(4) 지방도

지방의 간선도로망을 이루는 아래에 해당하는 도로로서 관할도지사가 그 노선을 인정한 것을 지방도라 한다.

○ 도청소재지로부터 시 또는 군청 소재지에 이르는 도로
○ 시 또는 군청 소재지 상호간을 연결하는 도로
○ 도내의 비행장, 항만, 역 또는 이와 밀접한 관계가 있는 지역을 상호 연락하는 도로
○ 도내의 비행장, 항만, 역에서 이와 밀접한 관계가 있는 고속국도, 국도 또는 지방도를 연결하는 도로
○ 전 각호 이외의 도로로서 지방 개발을 위하여 특히 중요한 도로

(5) 시 도

시내의 도로로서 관할시장이 그 노선을 인정한 도로를 시도라 한다.

(6) 군 도

군내의 도로로서 관할군수가 그 노선을 인정한 도로를 군도라 한다.

(7) 구 도

특별시 또는 광역시 구역 안의 도로 중 특별시도/광역시도를 제외한 구안의 동간을 연결하는 도로로서 구청장이 그 노선을 인정한 것을 구도라 한다.

다. 도로의 구성

도로 설계기준(2005)에 따른 도로의 구성은 그림과 같이 차도, 중앙분리대, 길어깨, 정차대(차도의 일부), 자전거 전용도로, 자전거 · 보행자 겸용도로, 보도, 식수대, 측도 등으로 구성되어 있다. 또한, 자동차 1대의 폭원은 도로의 구분, 설계속도, 지역에 따라 3.0m 이상, 고속도로의 경우 3.5m 이상으로 규정하고 있으며, 보도의 폭은 보행자의 통행을 고려하여 최소 유효폭을 도시지역의 국지도로의 경우 1.5m이상, 간선도로의 경우 3.0m이상으로 규정하고 있다.

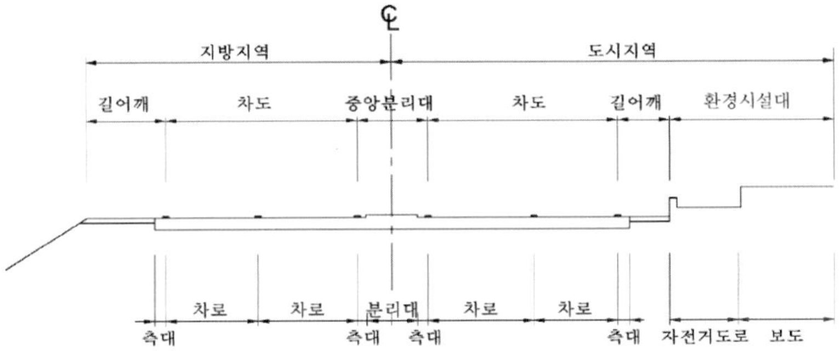

(a) 식수대가 없는 경우

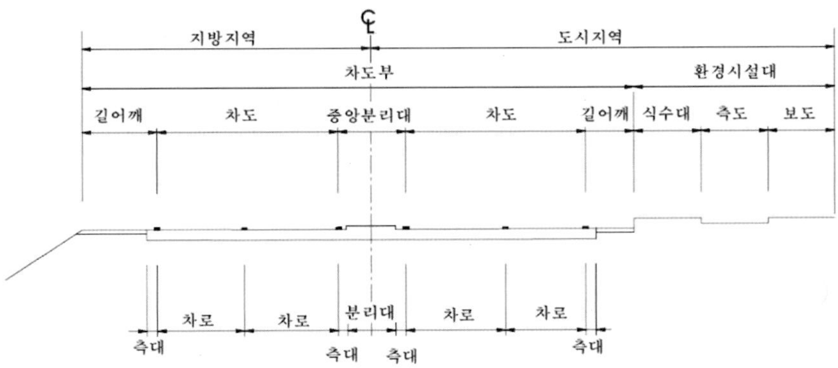

(b) 식수대가 있는 경우

자료 : 도로설계기준, 2005

〈그림 3.2〉 도로의 횡단 구성요소

라. 도로의 교차

도로의 교차에는 도로 상호간의 교차, 도로와 철도의 교차 등이 있으며 교차 방식에 따라 평면교차와 입체교차가 있다. 평면교차는 교통사고의 빈도가 많고 수송력을 저하시키기 때문에 이 경우에는 교통안전을 최우선으로 고려하여야 하며, 자동차전용도로와 다른 도로 · 철도 등 시설과의 교차는 특별한 사유가 없는 한 입체교차시설로 하여야 한다.

특히, 고속도로 건설에는 입체교차 뿐만 아니라 인터체인지가 필요하며 이 설비는 넓은 면적과 막대한 경비가 소요된다.

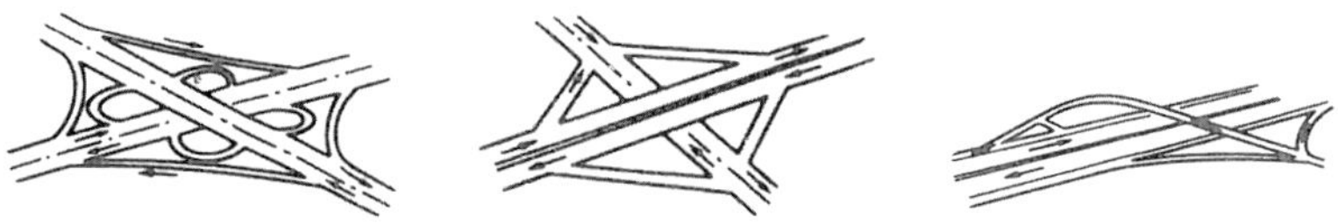

(a) 클로버형 (b) 다이아몬드형 (c) 트럼펫형

〈그림 3.3〉 인터체인지의 형식

3.1.2 철도

우리나라의 철도는 1899년 경인철도합자회사가 삼랑진-제물포간 33㎞의 영업을 시작한 것이 철도의 시초이고, 그 후 많은 철도가 건설되어 현재와 같은 철도망이 형성되었다. 1970년대부터 경부축의 교통문제 해결대안으로서 고속철도 건설, 기존 경부선의 복선전철화, 고속도로 건설 등 여러 가지 대안이 검토되었는데 경부고속철도의 건설은 철도역사의 획기적인 발전이라 할 수 있다.

철도는 레일을 설치한 전용노선에 열차 등이 자기동력으로 움직이는 육상교통시설로 여객 및 화물을 운송하는데 안전, 정확, 대량 수송, 저렴한 운임 및 편리성이 있어 공공성이 큰 교통기관이다.

가. 철도현황

우리나라의 철도길이는 2009년 12월말 기준으로 3,911.9㎞(고속 · 일반 · 광역 · 도시철도)이며, 전철 2,429.2㎞(62.1%), 복선 2,022.4㎞(51.7%)이다. 이 중 경부고속철도는 2004년 4월

1단계 개통 이후 2010년 2단계 사업이 완공되어 전국을 반나절 생활권으로 만들었다. 이어서 호남고속철도는 2017년 완공을 목표로 2006년 착공하였다.

철도의 수송분담율은 1980년 이후 컨테이너 부문의 수송의 경우 지속적으로 증가하고 있으나 2008년 기준 6.4%로 도로의 수송분담율 76.2%와 비교하여 낮은 수준이다.

나. 철도의 분류

철도는 여객 또는 화물을 운송하는데 필요한 철도시설과 철도차량 및 이와 관련된 운영 · 지원체계가 유기적으로 구성된 운송 체계이다. 철도건설법에 의한 철도를 유형에 따라 분류하면 다음과 같다.

(1) 고속철도

열차가 주요구간을 시속 200㎞이상으로 주행하는 철도로서 국토해양부장관이 그 노선을 지정 · 고시한 철도를 고속철도라 한다.

(2) 일반철도

고속철도와 도시철도를 제외한 철도를 일반철도라 한다.

(3) 도시철도

도시교통의 원활한 소통을 위하여 도시교통권역에서 건설 · 운영하는 철도 · 모노레일 등 궤도에 의한 교통시설 및 교통수단을 도시철도라 한다.

(4) 전용철도

다른 사람의 수요에 따른 영업을 목적으로 하지 아니하고 자신의 수요에 따라 특수목적을 수행하기 위하여 설치 또는 운영하는 철도를 전용철도라 한다.

(5) 광역철도(광역전철)

2개 이상의 시 · 도에 걸쳐 일상적인 교통수요를 대량으로 신속하게 처리하기 위하여 운행되는 도시철도 또는 철도를 광역철도 또는 광역전철이라 한다.

다. 철도의 설비

철도의 설비는 철도선로, 철도차량, 정차장, 안전장치로 대별되며, 철도선로의 일반적인 구조는 절취면이나 성토면 또는 터널이나 교량에 견고한 노반을 만들고, 그 위에 도상(자갈, 콘크리트)을 일정한 두께로 포설하고 침목을 일정 간격으로 부설한 다음 침목 위에 두 줄의 레일을 소정간격으로 평행하게 체결한 것이다.

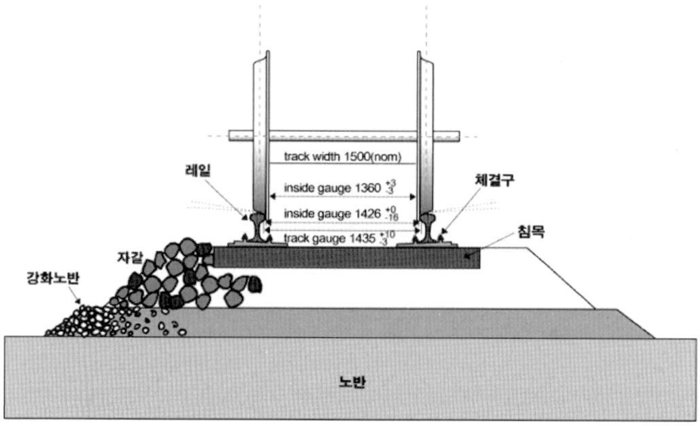

자료 : 철도산업정보센터, 2008

〈그림 3.4〉 궤도의 구성

궤도에 있어 한 레일과 마주 바라보는 레일과의 거리를 궤간이라 한다. 궤간은 1,435㎜를 기준으로 하는데 이것을 표준궤간이라 하며, 이보다 넓은 것을 광궤, 좁은 것을 협궤라고 한다. 우리나라의 경우에는 대부분의 궤간이 표준궤간으로 설치되어 있으며, 광궤는 협궤에 비하여 대형기관차와 차량을 운전할 수 있기 때문에, 수송력을 증대시키고, 높은 운전속도를 낼 수 있으면서도 열차의 안전도가 훨씬 높다. 그러나 건설비와 유지비가 많이 드는 단점이 있다. 궤도의 간격에 따라 구분하면 다음과 같다.

(1) 표준궤 : 궤간이 1,435㎜인 철도

한국을 비롯한 북한, 중국, 폴란드, 서유럽 등 전 세계의 약 58%가 사용하고 있다.

(2) 광궤 : 궤간이 1,435㎜보다 넓은 철도(1,676㎜, 1668㎜, 1,520㎜)

러시아, 리투아니아, 핀란드, 카자흐스탄, 몽골 등 전 세계의 약 23%가 사용하고 있으며, 스페인, 포르투갈 등은 1,668㎜의 광궤를 사용하고 있다.

(3) 협궤 : 궤간이 1,435㎜ 보다 좁은 철도(1,067㎜, 1,000㎜, 871㎜, 762㎜)

일본, 서남아시아, 호주, 아프리카 등 전 세계의 약 19%가 사용하고 있으며 일본의 경우 신칸센을 제외한 대부분의 간선철도에서 1,067㎜의 협궤를 사용하고 있다..

차량의 종류에는 기관차, 객차, 화차로 구분되며, 가솔린 기관 또는 디젤 기관 등의 내연 기관을 장치한 동차가 있다. 또한 정차장은 여객의 승하 및 화물의 신기와 부리기를 하는 역, 열차의 편성을 하게 되는 조차장, 열차의 추월 및 대합을 하는 신호장 등 3개 요소로 구성되어 있다.

3.1.3 항만

항만은 선박을 안전하게 출입 · 정박 및 계류시키고, 해운과 내륙교통의 연결에 관한 각종의 물류활동이 행하여지는 공통접속영역으로 물류 · 생산 · 생활 · 정보 및 국제교역기능과 배후지의 경제발전을 위한 기지로서의 역할을 수행하는 종합공간이다. 따라서 항만은 배가 안전하게 출입할 수 있고 정박을 하여 여객의 승강, 화물의 신고 부리기가 편리한 곳이라야 한다. 이를 위해서는 항내가 평온하고 여러 시설의 기능이 적절하게 운영되어야 하며, 화물의 보관, 포장, 운송, 가공, 통관, 검역, 정보처리 등 종합적인 화물 처리 기능이 요구된다.

즉 항만은 해상운송의 기 · 종점이며, 항공 · 철도 · 수로 · 해상항로 등 교통수단을 이용하여 각 항만, 도시, 공장 등과 화물의 흐름을 연결해 주는 연결점으로서 다음과 같은 주요기능을 수행한다.

○ 승객 및 무역량 수송을 위한 해상육상 연결지점
○ 자원의 세계적 배분을 위한 국제간 연결교차지점
○ 교역증대, 교통, 배분, 고용창출, 무역창출, 국방, 도시개발, 공업생산증대, 정치적 기능, 서비스산업 증진(창고, 금융, 보험, 대리점), 통관 등

가. 항만의 종류

항만에는 분류하는 방법에 따라 여러 종류의 명칭이 있으며 그 분류는 다음과 같다.

(1) 생성요인상 구분

항만을 생성요인에 따라 구분하면 천연항(Natural Harbor)과 인공항(Artificial Harbor)으로 구분할 수 있다. 천연항은 자연적인 갑(Cape), 섬, 암초에 둘러쌓인 항으로 목포항, 원상항 등이 있으며 인공항은 인력에 의한 방파제로 둘러쌓인 항으로 부산항, 동해항 등이 있다.

(2) 지형상 분류

항만이 위치하고 있는 지형적인 특성에 따라 연안항, 하구항, 호항, 하천항으로 분류된다. 연안항(Coastal Harbor)은 해안에 위치하고 있는 대부분의 항을 말하며 하구항(Estuary Harbor)은 하구에 위치하고 있는 항으로 군산항, 신의주항 등이 있다. 호항(Lake Harbor)은 호수에 있는 항으로 미국 바포르항을 예로 들 수 있으며, 하천에 형성된 항으로 런던항, 함부르크항 등을 하천항(River Harbor)이라 한다.

(3) 사용목적상 분류

사용목적에 따라 항만을 분류하면 외국과의 무역 및 국내 상거래를 주로 하는 항인 상항(Commercial Harbor), 공업원자재, 제품의 수출입을 주로하는 공업항(Industrial Harbor), 어선이 출입 정박하는 곳으로 어획물의 양륙을 주로하는 어항(Fishery Harbor), 악천후시 안전하게 피난할 수 있는 피난항(Refuge Harbor), 전염병 방지를 목적으로 지정하는 검역항(Quarantine Harbor)으로 구분할 수 있다.

(4) 항만법상 분류

항만법에 따라 항만을 분류하면 무역항과 연안항으로 구분된다. 무역항은 주로 원양구역을 항해하는 선박이 입 · 출항하는 항만으로 부산항, 인청항 등 총 28개 항을 지정하고 있으며, 연안항은 주로 연해구역을 항해는 선박이 입 · 출항하는 항만으로 연평도항, 대천항, 구룡포항 등 총 24개 항을 연안항으로 지정하고 있다.

나. 항만의 시설

항만 시설은 수역시설, 외곽시설, 계류시설, 임항교통시설, 여객시설, 보관시설, 화물처리시설, 기타 등으로 구분할 수 있다.

(1) 수역시설

선박의 안전한 항행과 정박 그리고 원활한 조선과 하역을 목적으로 하는 박지, 선회장, 항로, 선류장 등의 시설이다.

(2) 외곽시설

항내의 정온과 수심을 유지하고 시설물을 보호하기 위하여 외해로부터 내습하는 파랑, 표사 이동, 해안선의 토사 유실, 토사 유입 등을 방지할 목적으로 축조하는 구조물. 방파제, 방사제, 해안제방, 방조제, 호안, 돌제, 이안제, 잠제, 도류제, 수문, 갑문 등의 시설이다.

(3) 계류시설

선박이 접안해서 화물을 적하하고 승객이 승강을 하는 접안 설비. 안벽, 잔교, 부잔교, 물양장, 돌핀, 계류 부이 등의 시설이다.

(4) 임항교통시설

철도, 교량, 도로, 궤도 및 운하 등의 항만 교통 시설을 임항교통시설이라 한다.

(5) 여객시설

여객 취급에 필요한 주요설비로 여객시설을 포함하여 역앞 광장 등 유동시설, 출찰구 · 안내소 등의 접객시설, 역무실 등의 역무시설을 포함한다.

(6) 보관시설

물건이나 자재를 저장하거나 보관하기 위하여 설치하는 시설로 창고, 헛간(상옥), 야적장, 저탄장, 위험물 저장소, 저유소, 사일로 등의 시설을 말한다.

(7) 화물처리시설

고정식 및 궤도 주행식 기중기, 하역장치 등의 화물처리 시설을 말한다.

(8) 기타시설

선박 보급 시설, 항만 후생 시설, 항만 시설 용지, 배의 건조 수리를 위한 도크 등이 있다.

3.1.4 공항

공항은 항공기의 이륙, 착륙 및 여객, 화물의 운송을 위한 시설과 그 부대시설 및 지원시설을 갖춘 것으로 항공기의 발달은 대양 및 대륙을 횡단하는 국제항로나 국내 항공망의 발달을 가져왔다.

항공기술의 혁신속도는 매우 빠른 추세로 1969년에는 점보제트기(좌석 수 340~550석)가, 1976년에는 영국과 프랑스가 공동으로 개발한 콩코드(146석)가 취항함으로써 하늘의 대량 · 고속 수송시대를 맞이하였다. 경제발전과 국제교류의 증대에 따라 항공여객이나 화물의 수송량은 지속적으로 증가할 것이다.

비행장은 항공기의 이 · 착륙을 위하여 사용되는 육지나 수면으로 규정되어 있으며, 그 종류를 육상비행장, 육상 헬리포트, 수상비행장, 수상 헬리포트로 구분하고 있다.

가. 공항의 위치

공항의 위치선정을 위해서는 기상조건, 도시와의 관계 위치, 토질 등의 조건을 만족하여야 한다. 첫째, 기상조건으로는 시야의 장해가 되는 안개, 먼지, 바람의 발생이나 적설이 일어나지 않는 곳을 선정하여야 한다. 둘째, 도심에 가까워야 하며 공항 주변에 진입에 불편을 주는 장해물이 없어야 한다. 따라서, 공항과 도심지 사이에는 소요 시간을 단축하기 위한 다양한 고속교통시설이 마련되어 있어야 한다. 셋째, 토질조건으로는 흙의 지지력, 배수, 식재 등의 여건을 검토하여야 하며 사질토가 좋고 지하수위가 높지 않아야 한다.

나. 공항의 시설

공항은 기본으로 이착륙지역이 만들어져야 한다. 이착륙 시설은 풍향에 맞게 설치하고, 보통 2개 이상의 활주로와 여러 개의 유도로를 가지고 있으며 다음과 같은 시설이 갖추어져야 한다.

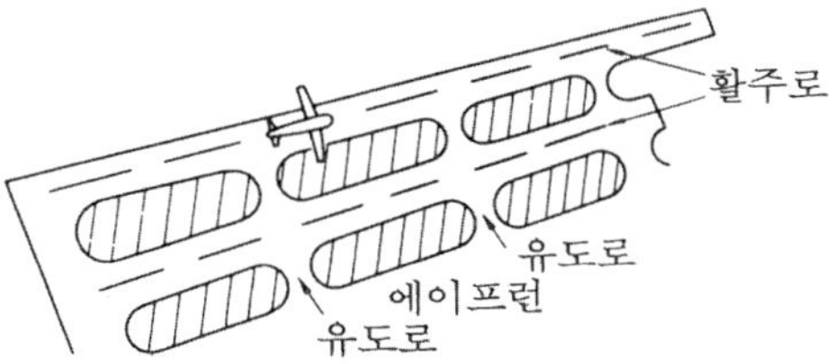

자료 : 두산백과사전

〈그림 3.5〉 공항의 구조

(1) 착륙대

항공기가 이착륙할 때 활주로로부터 벗어날 경우에 안전성과 피해를 경감하기 위하여 설치하는 지역으로 항공기가 안전하게 이착륙할 수 있는 적당한 길이와 폭을 갖는 광장이며, 그 속에는 포장이 된 활주로가 있어야 한다. 활주로의 길이는 국제공항에서는 2,000m 이상, 국내공항에서는 1,500m 이상, 지선인 경우에도 1,000m 이상이 바람직하다.

(2) 유도로

유도로는 활주로, 계류장, 정비지역 등을 연결하는 항공기 교통의 지상이동에 필요한 통로로 평행유도로, 이탈유도로, 선회유도로, Holding Apron 등이 있다. 유도로의 폭원은 주요부에서 100m 전후, 그 외의 부분에서도 50m 전후가 되어야 한다.

(3) 준비지역

에이프런이라 불리는 것으로 하역, 정비, 대기의 목적으로 설치하는 지역이다.

(4) 보안시설 및 기타

항공기의 운항을 안전하고 능률적으로 수행하기 위하여 각종의 표식, 신호등, 무전유도시설, 야간조명시설, 급유시설, 소방시설, 구조시설 등이 완비되어야 한다. 또한 공항에는 다음과 같은 설비를 갖추어야 한다.

○ 이착륙을 안전, 확실, 신속하게 할 수 있는 이착륙대의 시설
○ 항공기의 정비, 연료보급 등의 시설
○ 운항의 안전, 정기성의 확보를 위한 기상관측, 레이더, 조명 등의 시설로 대별되며, 특히 안전시설은 대단히 중요하다.

3.2 수리시설공간

3.2.1 수자원 부존량

가. 지구상의 수자원

인류는 태고 이래 우물을 파서 생활용수로 사용하였으며 연못이나 계곡에서 물을 끌어들여 농사를 지으면서 원시문명을 발전시켜 왔다. 그 후 인류는 산업혁명과 문명의 발전으로 원시적 고대문명을 근대문명으로 진화시켰으며, 인구팽창과 생활수준의 향상으로 물 수요와 그 조절기능의 필요성이 대두되어 자원으로서의 물에 대한 가치를 인식하게 되었다.

지구에 있는 물의 양은 13억8천6백만㎦ 정도로 추정되고 있으며, 이중 바닷물이 97%인 13억5천1백만㎦이고 나머지 3%인 3천5백만㎦가 민물로 존재하고 있다. 총 3천5백만㎦인 민물 중 약 69% 정도인 2천4백만㎦는 빙산, 빙하의 형태로 존재하고, 약 30% 정도인 1천1백만㎦는 지하수이며, 나머지 1% 미만인 1백만㎦가 호수나 강, 하천, 늪 등의 지표수와 대기층에 분포되어 있다.

〈표 3.3〉 수자원의 구성

구 분	부피(백만㎦)	비율(%)	비 고
총 량	1,386	100	
염 수	1,351	97.47	지하염수, 염수호수 포함
담 수	35	2.53	민물 중 상대적인 비율(%)
-빙설(빙하, 빙산, 영구동토)	24	1.76	(69.57)
-지하수	11	0.76	(30.04)
-호수 하천 등	0.1	0.01	(0.39)

내륙의 수자원인 담수는 순환하는 강우로부터 비롯하는데, 비는 지역에 따라 시간과 계절에 따라 고르지 못하기 때문에 물관리 문제가 야기된다.

그래서 예로부터 치산치수는 치국의 요체라 불릴만큼 인간생활과 물은 떼놓을 수 없는 밀접한 관계에 있다. 그러므로 인간은 홍수를 다스려 이를 저장하고 물이 부족할 때는 끌어 쓰며, 수질의 오염을 막고 효율적으로 용수를 분배해야 하는 등 매우 복잡하고 중요한 문제를 안고 있다.

이러한 물관리 문제를 해결하기 위해서는 풍수기에 하천을 흐르는 여분의 물을 저장하여 갈수기에 보급하여 물의 이용도를 높이는 것이 필요하다. 이것은 동시에 홍수조절에도 효과가 있기 때문에 댐과 하구언 또는 호소개발 등의 수자원 시설과 그 물을 수요지까지 도수하는 수로 등의 개발이 필요하다.

나. 우리나라의 수자원

우리나라의 연평균강우량 1,227㎜로 세계 평균강우량의 약 1.6배에 이르고 있지만 높은 인구밀도 때문에 인구 1인당 강수량은 세계평균의 16%에 불과하다. 또한 우리나라의 강우형태는 연평균강우량의 3분의 2가 6~8월에 집중호우로서 내리고 있으며, 하천유역이 작고, 경사가 급하기 때문에 하천유량은 비가 오면 급증하여 아까운 수자원이 대부분 홍수로 유출되고 만다.

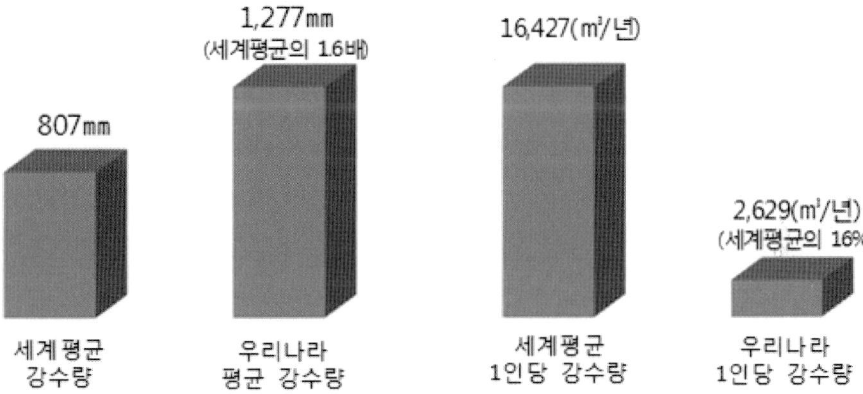

자료 : 국토해양부 정책자료

〈그림 3.6〉 세계평균과 비교한 우리나라의 강수량

우리나라의 수자원은 총량이 1,240억m^3에 이르고 있으나 이중 42%에 해당하는 517억m^3가 증발하거나 지하에 침투되고 나머지 58%인 723억m^3가 하천으로 유출되고 있다. 그러나 연중 균등하게 흐르는 것이 아니라 42%가 홍수로 일시에 유출되고 16%인 201억m^3가 평상시에 흐르고 있다.

현재 이용되고 있는 물은 337억m^3로 이용 대상인 723억m^3의 약 47%에 불과하다. 이를 사용 목적별로 분류하여 보면 농업용수가 48%로 가장 많고, 다음은 생활용수가 23%, 공업용수가 6%, 기타 유지용수가 23%이다.

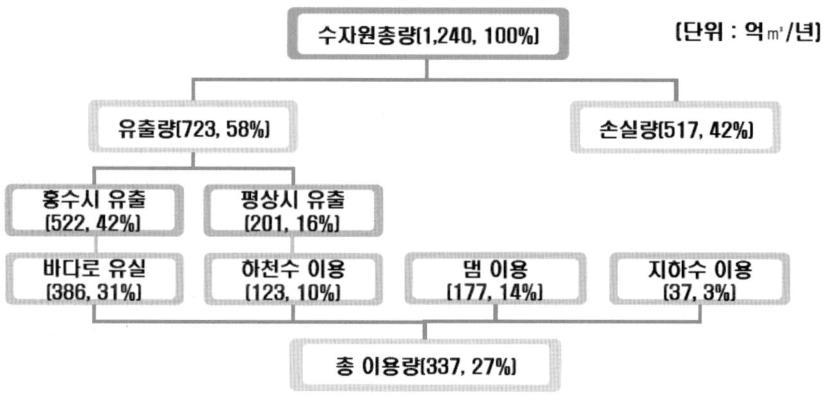

자료 : 한국수자원공사

〈그림 3.7〉 우리나라 수자원

3.2.2 하천

지구 표면에 내린 비는 흙을 운반하고 계곡을 침식시키며 충적지대를 만들기도 하면서 지표면을 부단히 변형시키며 하천을 형성한다. 그 움직이는 과정이 조금 지나치면 홍수를, 조금 모자라면 가뭄을 초래하여 공학적으로 하천이용과 수해방지는 매우 큰 사회문제 중 하나이다. 또한 하천의 이용이라든지 수해는 하천유역의 사회적 변화를 크게 변화시키므로 하천은 그 지역의 각종 구성요인과 관련된 유기적인 결합을 하고 있다. 예를 들면 사회적 요청과 기술의 진보에 의하여 직강공사, 방수로, 댐, 보, 하구언 등 종래의 물의 흐름을 크게 변화시키는 공사를 하게 되면 그 직접 목적과는 별로로 유역의 넓은 범위에 걸쳐 각종 영향이 나타나게 되므로 건설에 앞서 기술적인 타당성 검토와 환경영향평가 등이 이루어져야 한다.

북한을 제외한 우리나라에서 유역면적과 연평균유출량을 기준으로 보면 한강이, 유로연장을 기준으로 보면 낙동강 규모가 가장 크며, 유역 내 강수량이 가장 많은 곳은 섬진강이다.

우리나라 하천은 연중 강수량의 변동이 심한 기상조건으로 외국의 주요 하천에 비해 최대유량과 최소유량의 격차가 매우 커서 물이용 여건이 외국에 비해 상대적으로 열악하다.

또한 우리나라 하천은 하천유역에 산지가 많아 홍수 직후 1~3일 이내에 상류의 물이 하구에 도달하므로 홍수기에 집중되는 강우를 모아 갈수기 동안 사용할 수 있는 합리적인 방안을 강구할 필요가 있다.

호소는 호안의 주변에 제방을 만들고, 호소의 출구에 둑을 쌓아 호소의 수위를 조절하여 홍수피해의 경감과 신규 용수 확보를 목적으로 건설한다. 수위의 변동은 자연의 생태와 경관, 어항과 선착장 또는 주변의 지하수, 양수장 등에 영향을 미치기 때문에 호소 개발 후 주위 환경변화에 대한 대책을 강구하여야 한다.

〈표 3.4〉 우리나라 10대 하천

하 천 명	유역면적(㎢)	유로연장(㎞)	연평균유출량(억㎥)	연평균강수량(㎜)
한 강	25,954	494	174	1,260
낙동강	23,384	510	158	1,203
금 강	9,912	398	78	1,271
섬진강	4,912	224	44	1,457
영산강	3,468	137	30	1,340
안성천	1,656	60	12	1,215
삽교천	1,649	59	12	1,227
만경강	1,504	81	12	1,282
형산강	1,140	63	7	1,157
동진강	1,129	51	8	1,242

3.2.3 해안

해안은 바다와 육지가 함께 만나는 공간으로 다양한 이해관계가 상충되기 때문에 합리적인 보전과 지속가능한 이용 · 개발을 위해 종합적인 관점에서의 통합관리가 필요하다.

가. 연안

바다와 육지의 경계부를 해안이라고 부르지만, 이 경계에서 발생하는 여러 작용들에 의해 영향을 받는 넓은 지역을 일반적으로 연안이라고 한다. 연안은 습지, 모래언덕, 해빈에 인접한 내륙 절벽뿐만 아니라 해빈에 접한 외해 쪽 모래구릉, 계곡 등을 포함한다.

나. 연안침식

연안은 고조, 파랑, 진랑 등에 의하여 붕괴 또는 침식되어 국토의 일부를 침식시키게 되며 국토가 좁은 우리나라에서는 이러한 연안침식의 피해를 막아 국토를 보전할 필요가 있다.

서해안이나 남해안은 수심이 얕고, 섬이 많으며 해안이 복잡하여 바다의 풍랑을 막아주므로 침식이 비교적 약하지만 동해안의 경우 수심이 깊고 해안선이 단조로우며, 항 · 포구 등 연안 시설물에 의한 연안류 흐름방향의 교란과 너울성 파도에 의한 연안침식이 빈번하게 발생되고 있다. 또한, 지구온난화에 따른 해수면 상승으로 연안침식 문제가 심각하게 대두되고 있다.

최근 기상이변과 무분별한 연안개발로 인한 연안침식은 우리나라 전 해역에 걸쳐 발생하고 있으며, 연안침식 문제는 단순히 모래 유실의 문제가 아니라 연안생태계를 파괴하고 휴식 및 생활공간인 국토를 잠식함으로써 막대한 사회, 경제적 피해를 끼치고 있는 실정이다. 특히, 경북 포항에서 강원 고성까지의 동해안 연안침식 문제는 심각한 실정이다.

우리나라의 주요 연안침식 유형은 백사장침식, 사구포락, 토사포락, 호안붕괴형으로 나타나고 있으며, 연안침식 문제가 심각한 동해안의 경우 연안개발 및 이상 파고에 의한 백사장 침식이 주를 이루고 있다.

연안침식을 저감하기 위하여 실시하는 대안공법으로는 강성공법과 연성공법으로 분류할 수 있으며, 강성공법과 연성공법이 복합된 복합공법, 그 외의 침식 저감블록 공법 등이 있다.

〈표 3.5〉 해안침식 저감공법

공법구분	형 태	효 과
강성공법	잠제(인공리프)	내습파랑 저감, 해안경관 보전, 어초기능기대
	이안제	내습파랑 저감, 배후퇴적 유도 등
	헤드랜드	토사이동을 차단하여 안정해빈 형성
	돌제(Groin)	연안표사량 제어
	호안	해안을 직접보호, 반사파에 의한 세굴우려
	돌망태	비탈면에 설치해 홍수, 해안침식 방지
	세굴방지공	파도에 의해 물가 구조물의 지반침식을 방지
연성공법	양빈	침식량에 대응하는 모래공급, 환경에 미치는 영향적음
	해빈배수	해빈에 배수시설을 매설하여 파도에 의한 수위 감소
	Net 공법	연안표사를 그물망에 의하여 유속을 저감시켜 모래를 퇴적시키는 기능을 하는 시설물
	지오튜브	잠제형태로 설치하여 모래유출방지, 해안경관 보전
	비사방지공	비사방지를 위한 것으로 해일, 해안침식 방지
복합공법	양빈+돌제, 양빈+잠제+호안, 양빈+헤드랜드 등	해안침식저감을 위해 2가지이상의 복합공법으로 효과 극대화
침식저감 블록	소파형, 친수형, 계단형, 어초형, 식생형	잠제, 돌제, 이안제, 호안 등 강성공법 구조물의 피복재 또는 제체 형성

3.2.4 지하수

지하수는 지하의 지층이나 암석사이의 빈틈을 채우고 있거나 흐르는 물이며, 온천수 · 먹는샘물(광천음료수) 등을 포함하여 지표하에 존재하는 물을 총칭한다. 우리나라의 지하수는 지형적 특성상 주로 한강, 낙동강, 금강 등 5대강 유역을 중심으로 부존되어 있으며 이들 지역을 중심으로 연간 약 108.5억m³가 개발가능하다.

지하수의 체계적인 조사 및 개발과 합리적인 이용 · 보전을 위한 중장기 계획 수립을 위하여 1996년부터 지하수 관리의 기본지침이 되는 지하수관리기본계획을 실시하고 있다.

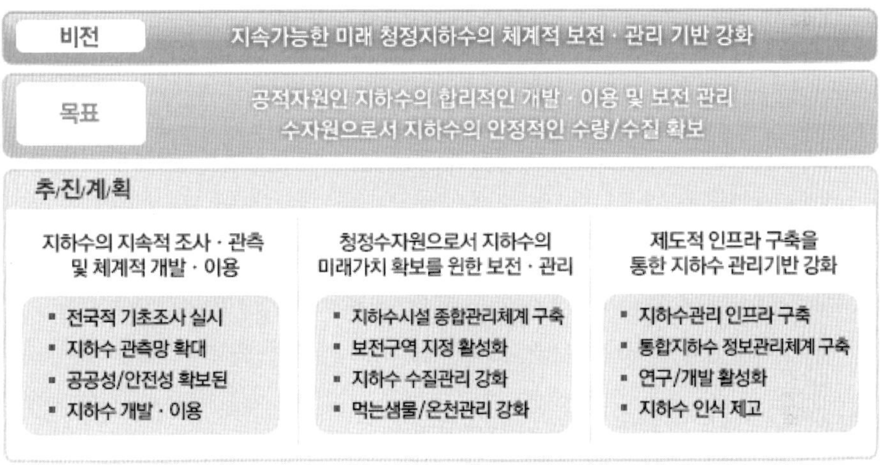

자료 : 지하수조사연보, 국토해양부

〈그림 3.8〉 지하수관리기본계획의 목표 및 추진계획

가. 지하수의 이용

우리나라의 연간 지하수 이용량은 2010년 말 현재 전국 138여만 개소에서 38.1억m³로 총용수이용량의 약 11%를 차지하고 있다. 용도별로는 농업용수 이용량이 18.6억m³으로 전체 지하수 사용량의 48.9%를 차지하여 가장 많고, 생활용수는 전체 사용량의 46%에 해당하는 17.5억m³을 이용하고 있으며 나머지 5.1%에 해당하는 1.9억m³는 공업용수와 온천수, 먹는샘물 등 기타 용도로 사용되고 있다.

〈표 3.6〉 용도별 지하수 이용현황(2010년 기준)

구 분/용 도		계	생활용수	공업용수	농업용수	기 타
시설현황	개소수(천공)	1,381	780	13	584	4
	비율(%)	100	56.5	1.0	42.3	0.3
이용현황	이용량(백만m³/년)	3,807	1,753	168	1,861	26
	비율(%)	100	46.0	4.4	48.9	0.7

자료 : 2011 지하수조사연보, 한국수자원공사

나. 지하수의 보전 및 관리계획

우리나라는 청정수자원으로서 지하수의 보전 · 관리 강화를 위해 지하수 시설 종합관리 체계를 구축하였으며 지하수 개발 인 · 허가 단계부터 사후관리로 시설의 이력관리, 유지관리 및 지하수 오염방지를 위한 방치공 관리를 실시하고 있다.

지속 가능한 지하수 확보를 위하여 지하수 수질관리 강화 및 지하수 수질기준 개선, 지하수 오염원 관리 강화, 지하수 관정 및 수질기준 초과지점에 대한 관리제도를 개선하여야 한다. 뿐만 아니라 지하 수자원으로서 먹는샘물의 수질/수량 관리를 강화하고 온천수의 적절한 보호와 건전한 이용을 통한 계획적 사용이 필요하다.

〈표 3.7〉 지역규모별 상수도 보급현황(2009.12.31.기준)

구분	총인구(천명)	급수인구(천명)	보급률(%)	급수량(천m³/일)	1인1일당 급수량 (L)
전국	50,644	47,336	93.5	15,696	332
		(47,994)	(94.8)		
특 · 광역시	23,380	23,241	99.4	7,222	311
		(23,268)	(99.5)		
시지역	18,206	17,952	98.6	7,372	411
		(17,973)	(98.7)		
읍지역	4,033	3,582	88.8	1,102	179
		(3,657)	(90.7)		
면지역	5,024	2,561	51.0		
		(3,096)	(61.6)		

비고 : 급수 인구 및 보급률 자료 중 ( )에 있는 자료는 마을상수도를 포함한 내역임

자료 : 환경부

3.2.5 상 · 하수도

가. 상수도

수도시설은 현대사회의 대동맥으로서 산업발전의 견인차 역할을 하고 있으며 인구의 증가와 집중, 생활수준의 향상에 의한 환경의 개선, 산업의 고도성장으로 수요가 급증하고 있다.

우리나라는 국토종합개발계획에 의한 공업단지 조성에 따라 1962년 울산을 시작으로 창원, 포항, 여천, 거제 등의 공업용 수도시설을 갖추었고, 광역 상수도시설을 확충하여 생활 및 공업용수 공급과 갈수기에 관개용수를 공급함으로써 경제발전에 크게 기여하고 있다.

(1) 상수도 보급현황

2009년 12월말 기준 우리나라는 3,290개 동 · 읍 · 면 지역 내에 전체인구의 93.5%인 약 47,336천명이 상수도를 공급받고 있으며 매년 지속적으로 향상되고 있다.

지역규모별로 상수도 보급수준을 비교해 보면 특별시와 6대 광역시의 상수도 보급률이 99.4%, 시가지 단위 이상의 도시지역이 98.6%, 읍지역이 88.8%, 면단위 농촌지역이 51.0%이며, 1일 1인당 급수량은 특별시와 광역시 지역이 311 l , 시 지역이 411 l , 읍 · 면 지역이 179 l 이다.

(2) 상수도의 구성

상수도는 수원에서 물을 취수하여 정수장까지 도수한 다음 정수처리 과정을 거쳐 수질을 개량하여 소독한 후 각 가정과 공장에 분배하는 시설 등으로 되어 있다. 상수도의 구성을 살펴보면 다음과 같다.

〈표 3.8〉 상수도의 구성

구 분	내 용
취수	적당한 수질의 물을 필요한 수량만큼 뽑아 올리는 것으로 대상으로는 지표수, 지하수, 우물, 대류수 등이 있다.
도수	취수한 원수를 정수시설까지 보내는 것으로 터널, 수로관, 펌프 등의 시설이 사용된다.
정수	원수를 깨끗이 정화하는 시설로서 침전 · 여과 · 소독 등으로 나눈다. 원수 속에 있는 부유물질과 용해물질, 세균, 생물 등을 제거하여 수질을 사용목적에 맞도록 개선하는 시설이다.
송수	정수된 물을 배수지까지 보내는 것으로 관로, 펌프 등의 시설이 필요하다.
배수	정수를 소요의 수압하에 소요수량을 분배하는 것으로 배수지, 배수관, 펌프 등의 시설이 필요하다.
급수	배수관에서 분기하여 각호의 사용처에 급수하는 것이다.

(3) 사용수량

수돗물은 주로 가정용으로 사용되지만 영업용, 사무소용, 공업용, 소화용, 잡용 등 도시 활동의 여러 분야에 사용된다. 사용량은 그 목적에 따라 달라진다.

〈표 3.9〉 상수도의 사용목적

사용목적	내 용
가정용수	음료수, 요리, 세탁, 목욕 등에 사용되는 물로서 생활의 향상과 문화의 진전에 따라 사용량은 점차 증가하고 있다. 또한, 대도시의 경우 소도시의 사용량보다 많다.
공업용수	도시 내에 있는 공장은 용수의 전부 또는 일부를 상수도에 의존하고 있다. 상수도에의 의존도는 입지조건, 수도요금에 따라 달라진다.
소화용수	화재가 일어났을 때만 필요로 하는 것이지만 단시간에 대량의 물을 필요로 하기때문에 전수량에 미치는 영향은 소도시일수록 크다.
잡용수	가로 청소용, 공중화장실, 공공의 분수, 배수관 세정 등 주로 공공용에 사용되는 물로 총급수량 중 점유하는 비율이 매우 낮다.

나. 하수도

하수도는 상수도에 대응하는 필수적인 사회기반시설로서 수돗물 또는 지하수를 사용한 후 오염된 물을 차집 · 정화하여 자연으로 되돌림으로써 공중위생과 하천수질을 보전하고 도시의 빗물을 안전하게 배제하여 도시의 침수를 방지하는 등 매우 중요한 역할을 담당하는 생활환경에 필수시설이다.

〈표 3.10〉 시 · 도별 하수관거 보급률 현황

구 분	계(m)	합류식(m)	분류식(m)		보급률(%)
			오수관거	우수관거	
전국	107,842,551	49,385,657	33,583,592	24,873,302	75.4
서울특별시	10,286,770	8,818,576	894,177	574,018	100.0
부산광역시	7,185,103	5,762,194	792,272	630,636	78.3
대구광역시	5,301,062	3,392,671	857,126	1,051,265	88.9
인천광역시	4,028,443	2,591,441	699,830	737,172	72.0
광주광역시	3,754,790	1,659,691	971,750	1,123,349	94.0
대전광역시	2,891,774	1,642,849	541,505	707,420	92.1
울산광역시	3,407,498	349,287	1,170,614	1,887,597	87.0

자료 : 환경부, 2009년 말 기준

(1) 하수도 보급현황

우리나라에 설치되어 가동 중인 하수처리 시설용량은 24,925천m³/일에 달하며, 2009년 말 하수도보급률은 89.4%이다.

지역별로 보면 하수처리장 보급률이 93.4%로 높은 도시지역은 처리시설용량 증대와 고도처리시설 확충이 필요하고, 보급률이 51.5%로 상대적으로 낮은 농어촌지역은 하수처리 보급률 확대가 시급한 실정이다.

하수관거 설치연장은 2009년 말을 기준 107,843㎞로 하수도정비기본계획상의 계획연장 142,967㎞의 75.4%이며, 이중 우수와 오수를 동시에 배제하는 합류식 관거는 49,386㎞(45.8%), 우수와 오수를 분리하여 배제하는 분류식은 58,457㎞(54.2%)가 설치되어있다.

(2) 하수도의 구성

하수를 집수시키는데 있어서 가정이나 공장에서 배출되는 오수와 우수를 하나의 관로로 집수하는 합류식 방식과 별개의 관로로 집수시키는 분류식 방식이 있다. 선진국 도시의 경우 일찍부터 하수도 시설에 있어서 주로 분류식을 채용하고 있으나, 우리나라는 소도시에서 분류식을 채용하기도 하지만, 서울과 같은 대도시에서는 합류식이 주를 이루고 있다.

합류식은 다량의 비가 올 때 우수와 하수 전부 하수가 되기 때문에 처리장까지 흘러오는 도중에 방류하게 된다. 우수에 의한 유량이 오수유량의 2~3배가 될 때 빗물 배출시설을 통하여 하수를 하천이나 바다로 방류한다. 이런 경우에는 오수라 할지라도 우수의 양이 워낙 많기 때문에 하천의 물이 오염될 정도는 아니지만 미처리 오수가 방류될 위험성이 있다.

(3) 하수도의 처리

수질오염 방지 측면에서 모든 하수는 인공적으로 정화하여 무해화, 안정화 처리된 후 공용수역에 방류할 필요가 잇다.

하수의 처리방법으로는 고급 · 중급 · 간이처리 3종류가 있는데 방류하천의 조건에 따라 그 처리의 정도가 정해진다. 고급처리에는 활성오니법이나 살수여상법 등 여러 가지가 있다.

처리가 된 물이 깨끗하게 되면 때로는 음료수로 적당할 때도 있으나 공업용수로 사용되는 것이 바람직하며, 처리 도중에서 관개수가 되는 수도 있다. 또한 하수도를 처리하면서 생성된 하수 슬러지는 비료, 건축자재 등의 용도로 사용된다.

3.3 지하시설공간

3.3.1 지하공간

원시시대 인류는 산에 굴을 파고 살거나 지하에 음식을 저장하는 등 지하공간을 이용하여 왔으나 문화가 발달하면서 주생활 공간이 지상으로 옮겨져 왔다. 그러나 지상공간이 복잡해지면서 지하철, 터널, 지하상가 등 다양한 형태로 지하공간을 활용하기 시작하였다.

지하공간이란 경제적 이용이 가능한 범위 내에서 지표면 하부에 자연적으로 형성되었거나 또는 인위적으로 조성한 일정 규모의 공간자원으로 규정하고 있으며 이 공간자원 내에 일정 목적의 시설이 첨가된 경우를 지하시설 또는 지하시설공간이라고 정의하고 있다. 지하공간은 인간에게 폐쇄적인 느낌 또는 심리적 부담을 주거나 신체적 부작용을 일으킬 수 있으나 설계 기술의 발달과 진보된 공법의 적용은 기존 지하공간의 개념을 변화시켜 놓고 있다. 또한 지하공간은 지상 시설이 갖지 못하는 다양한 장점을 가질 수 있다.

〈표 3.11〉 지하심도별 구분

지하심도	지하공간 구분	시설 종류
3~30m	표층지하공간	엄개주책, 건물 지하층 스포츠 · 위락시설, 민방위시설 지중선로시설(전력, 통신) 지하도, 지하철 등 교통시설 식료품 등 지하저장시설 폐수 및 급배수시설
30~300m	천층지하공간	터널용 지하철 지하유류(원유, 제품, LPG, LNG) 저장시설 지하수력발전소 지역난방시설 특수공장 등 산업시설 주요군사시설
300~3,000m	심층지하공간	지하양수발전소 압축공기에 의한 에너지저장시설 핵폐기물처리시설

가. 지하공간의 특성

지하공간은 열, 전자파, 빛, 방사능, 소리 등의 차단성이 뛰어나고 공간의 대외안정성 및 지반(지하환경) 자체의 안정성 및 불변성이 뛰어나다. 지하공간은 다음과 같은 특성을 갖는다.

〈표 3.12〉 지하공간의 특성

특 성	내 용
내열성/항온성	지반이 갖는 큰 열용량 때문에 지표면에서의 열전도속도가 대기보다 느리게 된다. 지하공간의 열 부하는 이론적으로 지상의 1/5~1/10이며, 지표로부터 5m 정도의 깊이로 내려가면 지중온도는 지표기온 변동의 영향이 적은 안정상태가 된다.
전자파 차단성	전자파는 일반적으로 전기전도율이 작은 암반 안에서 감소하기 쉽고, 주파수 및 투자율이 클수록 그 정도가 현저하게 차단된다.
차광성	지하공간은 지반에 의해 태양광선이 차단되어 자외선에 의해 변화될 수 있는 물질의 저장 · 보존 등에 적합하다.
방사능 차단성	지반 중에 존재하는 방사성 물질은 분자확산, 지하수 이동에 의한 이동 및 모세관 침투에 의해 지반 사이를 이동하지만, 대기에 비해 이동속도가 대단히 느리다. 따라서 지반 중에 존재하는 방사성 물질이 지표에 도달하는데 긴 시간이 필요하므로 방사성물질의 저장에 적합하다.
기밀성	지중에 존재하는 기체는 압력 차이에 의해서 지반 사이를 이동하지만 유량 및 유속이 대기에 비해 작고, 지하수가 있는 경우 이동이 더욱 느려진다.
불연성/방화성	지반은 불연재이고, 지하공간에 건설된 구조물 상호간의 화재확산을 방지하는 역할을 하기 때문에 가연성 물질, 높은 휘발성 물질 등의 보관에 용이하다.
방폭성	지반은 큰 강도 및 중량을 갖고 있기 때문에 폭발에 의해 생기는 압력에 대한 안전성을 확보할 수 있다.
방진성/저진동성	견고한 심층의 암반에 건설된 구조물 기초는 지하암반이 갖는 높은 강성 때문에 진동 등의 외력을 받았을 때 발생하는 진동 진폭이 작아진다.
방음성/차음성	음원에서 발생한 파동에너지는 지반에서 파동의 투과손실이 공기보다 크기 때문에 전도가 어렵다. 이 특성을 이용한 지하공간으로는 미소한 음의 변화가 장해요인이 되는 진동분석 홀로그래피 등의 스튜디어 등의 시설이 있다.
화학적 안정성	대부분의 암석은 화학적 안정도가 높은 규산염 화합물의 결정입자로 구성되어 있어 화학적 반응속도가 완만하므로 지하공간에 액체나 고체를 용기 없이 암석면에 직접 저장이 가능하다.
격리성	지상과의 접촉이 한정되기 때문에 출입자의 방어가 용이하며, 자외선이나 자기의 투과에 의한 차단이 용이하다.

나. 지하공간의 이용현황

지하공간은 인류가 지상에서 생활을 시작하면서부터 이용되어 왔지만 오늘날과 같이 적극적으로 개발된 것은 세계2차대전 이후 미국, 캐나다, 스웨덴, 노르웨이, 핀란드, 스위스, 프랑스, 그리고 일본 등이 지하공간을 개발하고 이를 활용하면서 부터이다. 일반적으로 지하공간이라 하면 지하철, 지하도, 지하상가, 지하주차장, 상 · 하수도시설, 전화 · 통신 등의 사회기반시설을 들 수 있다. 하지만 선진국에서는 지하터널 등을 이용한 지하도로, 철도를 포함한 생활 · 문화시설과 체육시설, 생산시설, 저장시설과 에너지공급 및 지하처리시설, 그리고 지하하천, 지하배수로, 발전소 등 도시생활에 필요한 지상시설 및 자연경관과 잘 조화를 이루며 지하공간을 활용하고 있다. 지하공간은 육지로 한정할 필요는 없고 해저지반도 지상에서 진입로를 만들면 훌륭한 지하공간으로 이용된다.

〈표 3.13〉 지하공간의 용도

용도구분	활용시설
상업용도	판매시설, 업무시설, 호텔
교육 · 연구용도	대학도서관, 강의시설, 체육시설, 연구소, 학교
문화 · 레저용도	음악 · 미술관, 도서관, 문화회관, 레저시설, 경기장, 교회
복합용도	상업용도와 문화 · 레저용도의 복합시설
주거용도	주택
기간시설용도	교통, 에너지시설, 환성시설, 저장시설
기타용도	공공건물, 산업시설, 교정시설

출처 : 건설교통부, 2003

3.3.2 저장시설

도시화는 도시의 중심에 경제적 · 행정적 기능의 집중을 불러일으켜 왔다. 이들의 기능은 저장공간을 필요로 하지만 시내 중심부 및 업무지구에 있어서는 지가가 높아 경제효율이 높은 건설이 불가능하다. 또한 많은 저장고는 시내 중심에서 멀리 떨어진 위치에 설치하는 것은 곤란하다. 따라서 지하의 항온성, 안정성, 격리성을 살린 다양한 저장시설의 건설을 지하에 하는 것으로 시설물 별로 석유탱크, LPG · LNG저장 탱크, 압축공기저장, 축열조, 식량저장고, 지하댐, 지하저수지 등을 들 수 있다. 더 나아가 이들 시설은 민방위 Shelter로서도 사용할 수 있다.

가. 석유와 액화석유가스의 지하저장

석유나 가스를 지하에 저장하는 방법으로는 암반내 공동에 직접 저장하는 방법과 지하에 탱크를 만들어 저장하는 방법 등이 있다. 지하저장은 저장물의 액면이 지반보다 낮기 때문에 안전성, 환경성, 부지의 유효 이용성 등에서 이점을 가지고 있다.

천연가스(LNG)는 통상의 대기압 내에서는 -162℃에 액화가 되므로 저장이 가장 곤란한 가스 중 하나지만 이러한 온도를 극복하고 많은 나라에는 45,000~140,000㎘급의 LNG 지하탱크를 건설하고 있다. 이 중 암반내에 직접 저장하는 방법으로는 지하공동이 지하수면 아래에 위치한 경우 저장압력은 지하수압보다 낮기 때문에 저장된 석유와 가스가 공동에서 빠져나갈 수 없으며, 공동 밑에 모여든 지하수는 펌프를 사용하여 처리한다. 또한 LPG의 경우 지하 암반 저장고에서 지하수압을 이용하여 보다 높은 온도에서 저장하려는 연구가 진행되고 있다.

지하 유류저장시설은 유류의 공급 안정성과 유가 변동에 대한 유연성의 확보가 용이하므로 시설용량 중 약 80%는 지하 동굴 방식으로 건설되었다. 그 예로 2010년 완공한 울산 원유비축기지는 지하 100m에 높이 16m, 너비 22.5m, 길이 2㎞ 형태의 초대형 동굴형태로 건설되어 있다.

(a) 원유 비축기지 단면도 (b) 여수 지하 원유비축기지

〈그림 3.9〉 우리라나의 원유비축시설

나. 상품의 저장

스웨덴, 노르웨이, 미국, 중국, 소련 등의 나라는 지하저장을 잘 활용하고 있으며, 그 중 미국 캔사스시에서는 건설석재를 채석한 500여만평의 지하공간을 창고와 공장의 복합체로 활용하고 있고, 60만평 이상이 창고(85%), 공장(6%), 오피스(5%) 등으로 사용되고 있다.

다. 기록 보관소

국가 또는 공공기관의 회의 기록문서 보관, 영화필름 보관, 도서관자료 보관 등으로 사용된다.

라. 열 저장

암반의 큰 열용량을 이용하여 태양에너지를 암반내의 저수지에 저장하는 것과 제철소의 폐열을 보링공을 통하여 암반내에 저장하는 방법 등을 들 수 있다.

마. 주차장

자동차의 증가로 인하여 주차공간이 부족해짐에 따라 해결방법으로 지하주차장을 이용하는 방식이 널리 이용되고 있다.

바. 기타 저장시설

수자원 관련 시설로는 헬싱키에 54,000m³ 규모의 지하저수지가 있다.

3.3.3 지하 대공동

규모가 큰 지하공간으로 중국에는 폭 42m의 비행기 격납용 홀이 있으며, 인도네시아의 수력발전 터빈실은 35m 폭의 가지고 있다. 또한, 핀란드의 경우 폭 32m의 아이스 하키장 등이 있으며 그 밖에 석유비축, 석탄저장, 핵폐기물 처리공간, 펌프장, 방위 Shelter 등이 있다.

3.3.4 공공집회용 공간

공공집회용 공간으로 사용되는 지하공간으로는 창문이 없는 극장, 집회장, 회의장 시설을 들 수 있다. 핀란드의 수도 헬싱키(Helsinki)에 위치하고 있는 템펠리아우키오(Temppeliaukio) 교회는 1969년에 세워진 건물로 도심에 있는 커다란 바위의 안을 파내고 천장을 통해 자연광이 들어오도록 설계하였다. 내부의 바위는 다듬지 않고 거친 모습 그대로 두었으며, 바위 틈으로 물이 흐르고 있으며 음향 효과를 충분히 고려해서 설계했기 때문에 작은 음악회 공간으로 자주 사용된다.

자료 : 두산백과사전
〈그림 3.10〉 Temppeliaukio 교회, 핀란드

3.3.5 방사능 Shelter

방사능 Shelter는 핵전쟁 및 핵병기 격납고와 원자력발전소의 사고 및 그 주변에서 중요한 돌발사고가 발생하였을 때와 생물, 화학병기 등이 사용되었을 때 방사능 오염과 가스에 대한 방위를 위하여 만들어진다.

방사능은 재가 내릴 때 가장 심하며, 그 후 수 시간 또는 수 일이 지나면 방사능 농도가 급속히 감소한다. 따라서 Shelter는 사용개시 직후 가장 큰 방위효과를 발휘하여야 하며 방사능적, 화학적, 생물학적 환경오염에 저항할 수 있는 공기정화장치의 신뢰성이 무엇보다 중요하다.

3.3.6 도시시설

물 공급을 목적으로 한 지하공간의 이용으로는 지하도수 터널과 물 처리를 위한 시설로서의 지하 저수지의 건설 등을 들 수 있다. 또한 폐수처리시설을 지하에 건설하면 지상 주택건설에 피해를 주지 않는 장점도 있다.

폐기물처리장은 발생지에서 가까운 곳에 건설할수록 경제성이 있기 때문에 유럽과 미국에서는 폐기물 처분을 위하여 지하공간을 사용하여 왔다. 폐기물처리장에서는 메탄가스와 이산화탄소가 발생하는데, 이것을 파이프를 통하여 대기 중에 방출한다든지 연료 등으로 유용하게 이용할 수 있다.

참고문헌

1) 공간과 생활 교재 편찬위원회, 공간과 생활, 계명대학교 출판부, 1993.

2) 국토해양부, 국가기간교통망계획 제2차 수정계획(2001~2020), 2010.

3) 국토해양부, 국토계획 및 이용에 관한 연차보고서, 2011.

4) 국토해양부, 지하공간 활용 및 관리개선 연구, 2008.

5) 국토해양부 정책자료, 전국 도로현황, 도로정책관실, 2011.

6) 두산, doopedia 두산백과(http://www.doopedia.co.kr), 2012.

7) 선용, 地下空間活用事例, 제39권 제6호, 대한토목학회지, 1991.

8) 우완, 都市地下空間 開發의 展望, 제39권 제6호, 대한토목학회지, 1991.

9) 이석찬 외, 土木工學通說, 선진문화사, 1987.

10) 한국수자원공사, 제4차 수자원장기종합계획 제2차 수정계획(2011~2020), 국토해양부, 2011

11) 한국수자원공사, 수자원개발사업, 2008.

12) 한국수자원학회, 하천설계기준 해설, 국토해양부, 2009.

13) 해양수산부, 항만 및 어항 설계기준, 2005.

14) 주은철, 국내외 수자원 현황과 수자원 기술개발 동향, 비아이알, 2012.

15) 한국도로교통협회, 도로설계기준, 국토해양부, 2005.

16) 한국터널지하공간학회, 인류와 지하공간, 2012.

17) 八十島 義之助 외, 土木工學通說, 技報堂, 1985

19) 三井康司 외 共著, ロックエンジニアリングと地下空間, 鹿島出版社, 1990.

20) 韓國水資源公私, 물의 科學, 대전문화사, 1991.

제 4 장

사회기반시설물

4.1 교량

4.1.1 교량의 개요

교량이란 하천, 계곡, 해협, 호수 또는 다른 교통로(도로, 철도, 운하) 등을 횡단하여 사람, 물건 및 그 외의 교통물이 건너갈 수 있도록 만들어진 하부공간을 갖는 구조물을 말한다. 교량은 통로와 시설의 기능을 안전하게 유지하기 위하여 충분한 강도와 내구성을 갖추어야 한다. 거의 모든 교량은 공공적인 성격을 지니고 있으므로 사용재료 · 구조형식 등을 비교 검토하여 가장 합리적인 안전성과 사용성 및 경제성이 확보되도록 해야 한다. 또한 만들어지는 환경과의 조화 및 도시공간 내에서의 예술성이 크게 요구된다.

영국 런던의 명소인 런던교는 1750년 웨스트민스터교가 세워지기 전까지 템즈강을 지나던 유일한 교량으로 수차례 재개축을 통하여 1973년 현재의 모습을 갖추게 되었다. 미국의 금문교는 1937년에 완공되었는데 지금도 그 웅장하고 화려한 경관은 어느 것과도 비교가 되지 않는다. 뉴욕의 조지워싱턴교는 1927년부터 6년에 걸쳐 만든 현수교로 브루클린교 이후 최대 규모의 다리이다.

4.1.2 교량의 발달

교량의 역사를 살펴보면 옛날에는 작은 냇물 위에 통나무를 걸쳐 다리를 놓았고, 조금 큰 협곡에는 양안에 줄을 매고 판자를 매달아 다리를 만들고 통행을 하였다. 지금부터 약 3,000년 전에는 중동지방이나 중국에서 석재를 사용한 아치교가 나타났으며, 약 2,000년 전에는 로마에서 수로교나 육교가 있었다. 19세기 이후 철재나 철근콘크리트가 개발되어 종래의 석조 아치교나 줄다리(조교)가 개량되어 현재 형태의 교량이 축조되기 시작하였다.

국 · 내외 최고사례 현수교와 사장교를 〈표 4.1〉에 나타내었다. 이탈리아의 메시나 해협을 횡단하는 메시나 해협 대교(Messina Straits Bridge)는 주탑의 높이가 376m이며, 주탑과 주탑 사이의 거리인 주경간은 3,300m로 세계에서 가장 긴 현수교이다. 일본의 아카시 대교(Akashi Kaikyo Bridge)는 케이블을 지탱하는 주탑의 높이가 333m, 주경간 1,990m, 전장 3,910m로 탑 꼭대기에 줄을 걸쳐 6차선의 교량 상판을 매달아 놓고 있다. 현재 기술로 이론상 탑과 탑 사이 거리가 4,000m 정도가 가능하다고 알려져 있으며 새로운 재료의 출현과 기술의 진보에 의해서 이 거리는 더욱 길어지고 있다.

〈표 4.1〉 국 · 내외 현수교 및 사장교

형식	번호	교량명	국가	주경간(m)	완공년도
현수교	1	Messina Straits Bridge	이탈리아	3,300	2012
	2	Akashi Kaikyo Bridge	일본	1,990	1998
	3	Great Belt East Bridge	덴마크	1,624	1998
	4	이순신대교	한국	1,545	2012
	5	Xihoumen	중국	1,490	2005
사장교	1	Sutong Bridge	중국	1,088	2008
	2	Stonesutters Bridge	홍콘	1,018	2008
	3	Tatara Bridge	일본	890	1999
	4	Normandy Bridge	프랑스	856	1995
	5	인천대교	한국	800	2009

4.1.3 교량의 구조

교량은 일반적으로 상부구조와 하부구조로 나누어진다. 상부구조는 교량의 주체를 이루는 부분으로 통과하는 차량이나 열차 등을 직접 지지하는 부분이고, 하부구조는 상부구조나 그 위를 지나는 교통물을 직접 지지하고, 상부구조로부터의 하중을 지반으로 전달하는 역할을 하며, 교대와 교각 그리고 기초로 이루어져 있다.

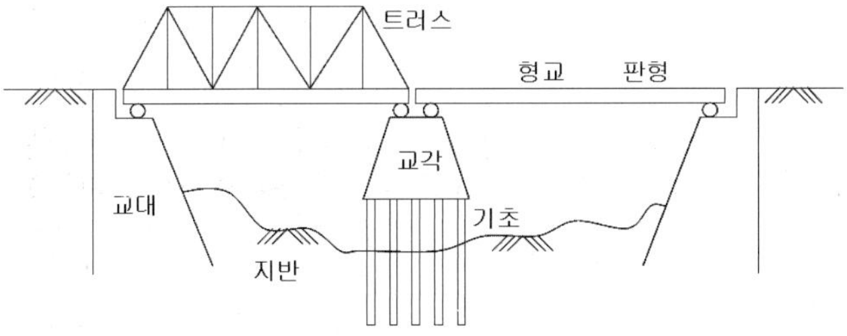

〈그림 4.1〉 교량의 구조

4.1.4 교량의 종류

교량의 종류는 상부구조의 형식, 재료 및 이용목적, 용도에 따라 분류할 수 있으며 이들 분류를 살펴보면 다음과 같다.

가. 상부구조의 형식에 따른 분류

(1) 슬래브교(Slab Bridge)

주부재가 슬래브인 교량으로 슬래브의 구조에 따라 RC슬래브, PSC 슬래브, 중공 슬래브교 등이 있다.

(2) 거더교(Girder Bridge)

거더(보, 형)를 교량의 주축방향(차량진행방향)으로 가설한 교량으로 일반적으로 가장 많이 사용되는 형식이다. 거더교의 종류는 강합성상형교(스틸박스거더교), 강상판형교, T형교, 플레이트 거더교, PSC Beam교, RC거더교, PSC Box 거더교, 강판형교(플레이트거더교), 프리플렉스 빔교 등이 있다.

(3) 트러스교(Truss bridge)

몇 개의 직선 부재를 한 평면 내에서 연속된 삼각형의 뼈대 구조로 조립한 것을 트러스(Truss) 라고 한다. 거더 대신에 이 트러스를 사용한 교량으로 트러스의 형상에 따라 WARREN 트러스, K트러스, PRATT 트러스교, PARKER 트러스 등이 있다.

자료 : 구조역학이야기, 2005

〈그림 4.2〉 트러스교(섬진강 철도교)

(4) 아치교(Arch Bridge)

곡형 또는 곡트러스 양단을 수평방향으로 이동할 수 없게 지지한 아치를 주부재로 하는 교량이다. 아치의 힌지갯수에 따라 2-hinged arch, 3-hinged arch, Fixed-arch로 분류하며, 구조

형식에 따라 로제아치, 닐슨아치, 랭거아치, 타이드 아치교 등이 있다.

자료 : 두산백과사전

〈그림 4.3〉 아치교(로마의 수도교)

(5) 라멘교(Rahmen Bridge)

교량의 상부구조와 하부구조를 강절로 연결함으로써 전체 구조의 강성을 높임과 동시에 지간내에 발생하는 휨모멘트의 크기를 줄이는 대신 이를 교대나 교각이 부담하게 하는 교량이다. 라멘교는 교각의 높이가 높지 않고 단경간의 교량에서 사용하는 것이 경제적이다.

자료 : 구조역학이야기, 2005

〈그림 4.4〉 라멘교(경북 칠곡군, 용산교)

(6) 사장교(Cable Stayed Bridge)

사장교는 중간의 교각 위에 세운 주탑으로부터 비스듬히 내려 드리운 케이블로 주형을 매단 구조물이다. 경간의 장대화에 수반하는 사하중을 경감하기 위하여 고안된 것으로 작용하는 하중의 일부가 케이블의 인장력으로 지탱된다. 재료에 따라 강사장교, 콘크리트 사장교 등으로 분류된다.

자료 : 구조역학이야기, 2005
〈그림 4.5〉 사장교(서해대교)

(7) 현수교(Suspension Bridge)

현수교란 주탑(Tower) 및 앵커리지(Anchorage)로 주케이블(Main Cable)을 지지하고 케이블에 현수재(Suspender또는Hanger)를 매달아 보강형(Stiffening Girder)을 지지하는 교량형식을 말한다.

현수교의 주케이블 형상은 아치교와 유사하나 인장력만을 받는다는 점에서 크게 다르다. 보강형의 형식은 트러스와 박스형태가 주로 사용된다.

자료 : 대림산업
〈그림 4.6〉 현수교(이순신대교)

나. 재료 및 이용목적에 의한 것

(1) 석교

돌, 벽돌, 콘크리트교가 여기에 속하며 이들은 장력에 약하고 압축력에 강하기 때문에 아치교에 적용된다.

(2) 목교

값이 싸고 제작이 간단하기 때문에 작은 교량이나 가교에 많이 쓰인다.

(3) 철교

인장력과 압축력에 강한 강철을 사용한 교량으로 다양한 교량에 적용된다.

(4) 철근콘크리트교

자체의 중량이 큰 것이 단점이나, 압축력은 콘크리트가 받고, 인장력은 철근이 부담하기 때문에 아치교나 형교에 적용되며, 최근에는 프리스트레스트 콘크리트의 이용이 활발하다.

교량을 용도에 따라 분류하여 보면 도로교, 철도교, 수로교, 병용고, 과선교, 보도교 등이 되며, 이 중 병용교는 철도교와 도로교의 혼용이며, 과선교는 철도를 횡단하며, 보도교는 도로를 횡단하게 된다.

4.2 터널

4.2.1 터널 개요

터널은 암반이나 흙을 인공적으로 굴착, 관통시킨 통로를 말하며 그 목적에 따라 교통용, 통수용, 특수용으로 구분된다. 터널은 도로 · 철도 · 지하철 및 지하보도의 교통운수, 배수 및 용수(관개 · 발전 · 상하수도)의 수로, 유류의 운반 및 지하저장, 통신 및 전기의 지하공동구, 핵폐기물의 지하저장, 광산 · 군사시설 등에 이용된다.

터널의 역사는 원시시대 동굴의 확장 및 토굴의 굴착으로부터 시작된 것이며, 인간의 활동이 다양해짐에 따라서 이러한 터널의 용도가 배수, 수송 및 기타 특수용도로 확대되었다.

터널은 건설 목적 및 기능의 적합성, 공사의 안전성 및 시공성, 공법의 적용성 등을 우선적으로 수립하되, 건설비 및 유지관리비를 포함한 경제성을 고려하여 결정한다. 터널계획을 수립함에 있어서 공사 중은 물론 유지관리시 주변환경에 유해한 영향을 미치지 않도록 하며, 환경보존에 대해서도 검토하여야 한다.

특히, 자동차용 터널의 경우 교통문제와 환경문제로 인하여 지하터널의 건설 필요성이 높아지고 있다. 지하터널은 지상도로와 비교하여 토지이용 및 사회 환경에 영향이 적고, 소음문제 해결 및 건설공사용 암석을 쉽게 확보할 수 있다. 반면 지하수위의 저하 및 터널 입구와 배기시설 주변에 공기오염이 집중되는 환경문제를 일으킨다.

4.2.2 터널의 발달

터널은 1856년 기계식 굴착 장비인 TBM과 1862년 노벨의 다이너마이트가 발명되기 전까지 망치와 정을 이용한 인력굴삭에 의해 개발되었다. 그 후 화약의 폭파공법을 이용한 굴착법의 개발과 다양한 굴착기의 발달로 터널 굴착이 용이하게 되었으며 최근에는 TBM(Tunnel Boring Machine) 공법과 NATM(New Austrian Tunneling Method) 공법을 많이 사용하고 있다.

TBM 공법은 다수의 디스크 커터를 장착한 커터헤드가 회전하여 암반을 압쇄 굴착하는 방법이다. 굴진, 버럭 반출, 지보작업이 동시에 이루어지기 때문에 시공의 고속화 및 안전성의 향상 등의 장점이 있어 주로 장대터널 굴착에 유용한 시공법이다.

NATM 공법은 암반이 스스로 지니고 있는 지지력을 유용하게 이용하는 공법으로 점보드릴을 이용한 장약공을 천공한 후 발파를 통하여 굴착된 터널을 락볼트로 고정하고 숏크리트와

(a) TBM 공법

(b) NATM 공법

자료 : 한국터널지하공간학회, 두산백과사전

〈그림 4.7〉 터널의 굴착방법

지보재로 보강하여 지반을 안정시키므로 시공성이 우수한 굴착방식이다.

세계에서 가장 긴 터널은 스위스 남부 알프스 지역의 지하를 통과하는 고트하르트 베이스 철도 전용 터널로 약 55.07㎞에 이른다.

동양에서 가장 긴 터널은 일본의 세이칸 터널로 총 연장 53.9㎞(해저 부분 23.3㎞), 터널 안 지름은 9.6m이다. 혼슈의 북단인 아오모리와 홋카이도의 하코다테 사이를 바다 밑(해저 아래 100m)으로 연결하는 터널이다. 1988년 터널을 개통하였으며 고속전철로 통과하는데 약 43분이 걸린다.

우리나라는 2차 대전 이전에 철도터널과 도로터널 등이 몇 개에 불과하였지만 1960년대에 이르러 고속도로 건설에 따른 터널과 도시교통을 위한 도시터널, 지하철 등 수많은 터널이 생겼다.

〈표 4.2〉 세계의 장대터널

터널명	연장(㎞)	국가	용도
고트하르트 베이스 터널	55.07	스위스	철도
세이칸 터널	53.85	일본	철도
채널 터널	50.45	영국-프랑스	철도
뢰치베르그 베이스 터널	34.58	스위스	철도
과다라마 터널	28.38	스페인	철도
하코다 터널	26.46	일본	철도
이와테-이치노에 터널	25.81	일본	철도
파자레스 베이스 터널	24.67	스페인	철도
라에르달 터널	24.51	노르웨이	도로
이이야마 터널	22.23	일본	철도

자료 : 한국터널지하공간학회, 2012

4.2.3 우리나라의 터널

가. 도로터널

철도나 도로와 같은 교통기반시설을 건설하기 위해서는 산악지형이 많은 우리나라의 경우 터널 개발이 불가피하다.

최근 자연훼손과 환경에 대한 관심이 높아지면서 도로터널의 건설이 꾸준히 늘어나고 있다. 2011년 12월말을 기준으로 전국의 터널 수는 1,465개소로, 2001년 528개소에 불과하던 것과 비교하여 937개소가 증가하였으며, 연장은 339㎞에서 1,052㎞로 714㎞ 증가하였다.

터널의 증가 원인은 자연환경 파괴 최소화 등 환경 친화적인 도로건설과 도로이용자의 안전을 고려한 선형개량 등이 주요인으로 고속국도와 일반국도 상의 터널이 전체터널의 75%이상을 차지하고 있다.

우리나라의 도로터널 중 최장터널은 2012년 개통된 연장 5.1㎞의 배후령 터널로 강원도 춘천시 신북읍과 화천군 간동면을 잇는 도로터널이다. 배후령 터널은 국내 최초로 횡류식 환기 시스템을 적용하여 최첨단 방재 설비 시스템을 갖추었다.

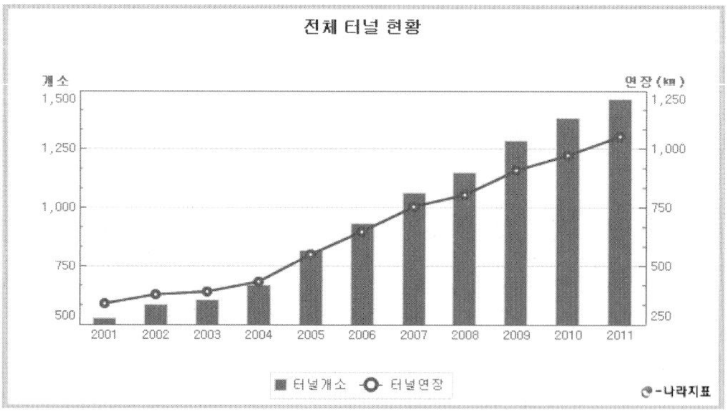

자료 : 나라지표

〈그림 4.8〉 우리나라의 도로터널

나. 철도터널

우리나라의 주요 교통시설인 철도건설에 있어 터널은 필수적인 수단이었고, 초창기 터널 기술의 밑바탕이 되어왔다.

우리나라 최초의 철도터널은 1904년 개통된 경부선 청도-상동 간 길이 93m의 단선터널인 은곡터널이다. 1994년 452개소 총 연장 164㎞에 불과했던 철도터널은 2008년 기준으로 전체 철도터널 수는 576개이며, 터널 총 연장은 355㎞에 이른다. 이것은 철도 노선의 직선화 및 고속철도 건설 등으로 인하여 터널의 길이가 크게 증가했음을 알 수 있다.

철도터널 중 가장 긴 터널은 총 연장 20.3㎞인 부산 금정터널로 KTX가 시속 300㎞로 지나더라도 터널을 통과하는데 10분이 소요된다.

다. 지하철

인구가 증가하고 도시가 커지면서 지하철의 필요성은 지하공간 개발, 환경보존, 한정된 국토의 효율적 이용 측면에서 강조되고 있다. 우리나라는 1970년대 지하철이 건설되기 시작하면서 현재 운영 중인 국내 지하철 터널의 총 길이는 약 186㎞에 이르며 빠른 속도로 지하철 교통망이 증가하고 있다.

국내 지하철 시스템은 서울을 시작으로 각 지방 대도시로 확충되고 있다. 서울 지하철은 현재 1~9호선에 걸쳐 연장선 포함 122㎞ 이상 건설되었다. 서울 이외에도 1981년 부산 지하철을 시작으로 대구, 인천, 광주, 대전 지하철 순으로 건설되어 왔다.

라. 수로터널

수로터널이란 용수 및 배수를 목적으로 지하에 설치되는 터널로 기능에 따라 분류하면 도수터널 및 송수 터널, 취수터널로 구분 할 수 있다. 그 중에서 댐 원수와 정수를 공급하는 도수터널 및 송수터널이 가장 많이 사용된다. 광역상수도망의 구축으로 인하여 현재 국내에는 145㎞ 이상의 수로터널이 시공 및 운영되고 있다.

수로터널의 건설은 1965년 창원 지역에서 시작되었으며, 1975년 이후 국가산업단지 조성을 위하여 본격적으로 건설되었다. 1980년대 후반 이후에 수도권 광역 상수도 시설로 많은 수로터널들이 수도권 지역에 건설되었다. 수로터널의 특징은 도로나 철도, 지하철 등 교통터널과 달리 터널 내부에 수압이 작용한다는 점이다. 이러한 특징으로 인하여 터널의 거동 및 역학적인 성능에 많은 차이를 지니므로 설계 및 시공시 각별한 주의가 필요하다.

4.3 댐

4.3.1 댐의 개요

댐은 하천과 계곡을 횡단하는 제방을 쌓아 하천의 하류를 수해로부터 보호하고 저장한 물을 필요시에 방류하도록 만든 구조물로 홍수조절, 수도용수, 공업용수, 관개용수 및 사방을 목적으로 건설된다. 또한 물의 낙차를 이용하여 수력발전 등을 행하기도 하는데 이들의 목적을 동시에 가지고 있는 것을 다목적댐이라 한다.

우리나라는 1960년대부터 지속적으로 다목적댐 건설을 추진하여 왔으며 급격한 경제발전과 함께 급증하는 용수 수요에 대처하고자 1980년대 까지 대규모 다목적댐 건설이 이루어졌다. 1990년대에 들어서 환경 및 지역을 고려한 중규모 다목적댐 건설을 지속적으로 추진 중에 있다.

4.3.2 댐의 분류

댐의 종류와 형식의 결정은 기술의 진보와 기타 조건에 따라 시대별로 상당히 다양한 형태의 댐이 출현하였고, 댐 건설공사에 있어 고도의 기술을 구사하고 있다.

댐의 구분은 일반적으로 축제재료에 따라 필댐(fill dam)과 콘크리트댐으로 구분한다. 필댐은 사용재료에 따라 흙댐(earth dam), 록필댐(rockfill dam), 토석댐(earth rock dam)으로 구분한다. 콘크리트댐은 설계형식에 따라 중력식댐, 아치댐, 부벽댐, 중공중력댐으로 구분된다. 용도에 따른 댐의 분류는 저수댐, 취수댐, 지체댐, 사방댐 등이 있으며, 댐을 건설하는 목적에 따라 단일목적댐, 다목적댐으로 구분하기도 한다.

댐의 형식은 댐 축조지점의 지형, 지질, 수문, 지진 등의 자연조건과 교통조건 및 구조재료의 문제 등 지역적 특성에 따라 크게 좌우된다. 그러나 넓게 생각하면 나라의 경제적 특성, 건설목적, 공기 등 기타 조건에 따라 댐 형식 선택이 결정된다.

가. 필댐의 분류(사용재료에 따른 분류)

(1) 흙댐

자연상태의 흙을 사용하여 최소의 공정으로 건설하는 가장 보편적인 형식으로 다른 형식에 비해 기초 지반의 조건이 나쁜 곳에서도 시공이 가능하며 부근에서 필요한 흙을 채취 가능할 때 유리하다. 하지만 설계조건으로 홍수 시 절대 월류 시키지 않을 것, 침윤선이 댐 하류면 이하에 있을 것, 상하 유면의 경사를 충분히 안전하게 할 것 등의 제약조건이 있다.

(2) 록필댐

차수벽과 댐체의 안정을 위하여 여러 가지 크기의 돌로 만든 댐으로 최대 댐체 단면의 50% 이상이 돌로 이루어진 형식이다. 댐 지점 부근에 적당한 암석이 채취되며, 기초가 어느 정도 연암인 암반이 있을 때 유리한 형식이다.

(3) 토석댐

댐체 하류부는 석괴로 이루어지고 상류면은 불투수성 흙으로 이루어진 형식이다.

나. 콘크리트댐의 분류(설계 형식에 따른 분류)

(1)중력식댐

댐체의 자중만으로 외력에 저항하는 형식으로 설계이론이 비교적 간단하다. 압록강의 수풍댐이 대표적인 중력댐의 형식으로 축조되었으며, 화천댐 · 청평댐 · 의암댐 · 칠보댐 · 운암댐 · 보성강댐 · 괴산댐 · 춘천댐 · 섬진강댐 등이 있다.

(2) 아치댐

댐에 작용하는 외력을 댐의 하부기초와 아치 작용에 의해 양안에 전달되도록 하는 형식이다. 아치와 암반과의 접착부에 큰 힘을 받기 때문에 기초 및 양안에 양질의 암반이 있는 입지에 적당한 형식으로 댐 단면이 중력댐에 비하여 상당히 얇기 때문에 콘크리트 용적이 감소하여 경제적이다.

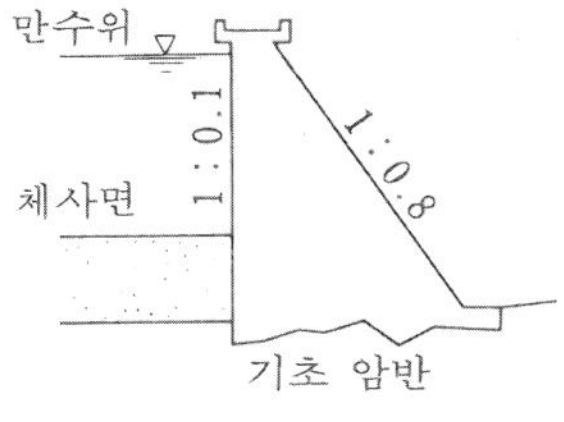

(a) 중력식댐

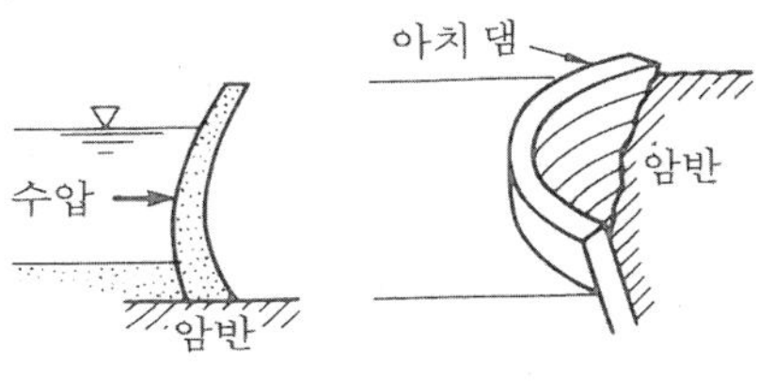

(b) 아치댐

자료 : 토목용어 사전

〈그림 4.9〉 콘크리트 중력식댐과 아치댐

(3)부벽댐

경사진 얇은 슬래브를 상류면 또는 연결 아치로 하여 수압을 부벽으로 받친 형식이다.

(4)중공중력댐

중력댐의 플록(floc) 상류면 폭을 확대하여 지수벽을 만들고, 중공부를 설치한 형식이다.

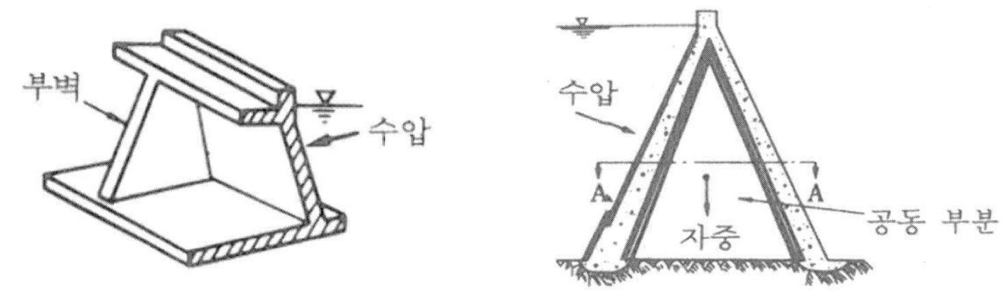

(a) 부벽댐 (b) 중공중력댐

자료 : 토목용어사전

〈그림 4.10〉 콘크리트 부벽댐과 중공중력댐

4.3.3 우리나라의 주요 댐

우리나라에서는 전력이 부족하던 1943년 청평발전소를 시초로 춘천, 의암, 팔당 등 발전만을 위한 댐을 건설하였다. 우리나라 다목적댐의 효시인 섬진강 다목적댐은 제1차 경제개발계획에 의거 1960년 8월에 착공, 1965년 12월 완공하였다.

1970년대 이후 급속한 경제성장과 더불어 용수 및 전력수요의 증가로 소양강, 안동, 대청, 충주, 합천, 주암, 임하 다목적댐을 완공 홍수조절, 용수공급, 수력발전, 국민 휴양지 등 다목적으로 활용하고 있다.

이 중 소양강댐은 동양에서 손꼽히는 크기의 저수능력을 갖춘 대규모 사력형 다목적댐으로 우리나라 토목사에 신기원을 이룩한 대역사이며, 4대강 유역 종합개발계획에 따라 건설되었다.

우리나라는 소양강댐 등 16개의 다목적댐을 준공하여 홍수조절용량 22억톤, 연간 용수공급능력 109억톤, 연간발전량 24억kWh를 확보하는 등 수자원 관리에 실질적인 큰 역할을 담당하고 있다.

〈표 4.3〉 우리나라의 중요댐

댐명	댐형식	높이 (m)	길이 (m)	총저수량 (백만m³)	홍수조절 (백만m³)	용수공급 (백만m³)	발전용량 (천kW)
소양강댐	사력댐	123	530	2,900	500	1,213	200
충주댐	콘크리트	97.5	447	2,750	616	3,380	412
안동댐	사력댐	96	472	1,248	110	926	158
대청댐	콘크리트 석괴혼합	72	495	1,490	250	1,649	90
합천댐	콘크리트	96	472	790	80	599	101.2
섬진강댐	콘크리트	64	344	466	32	350	34.8
임하댐	사력댐	73	515	595	80	497	50
주암댐	사력댐	57	330	457	80	489	23

또한 날로 심각해지고 있는 도시주변 하천의 수질오염 방지를 위하여 다목적댐 건설을 더욱 촉진하여 하천유지용수를 증가시켜야 한다. 이와 함께 홍수처리를 위하여 확보된 넓은 하천부지를 활용하여 위락공간 조성이나 수운 개발 등을 통하여 관광과 수송비 절감에 기여해야 한다. 또한 중소유역의 용수원 확보와 한해 및 홍수조절기능 강화, 수자원개발의 지역편중 해소, 수몰지 감소에 따른 국토의 효율적 이용을 도모하기 위하여 중규모 댐건설도 필요하다.

자료 : 두산백과사전

〈그림 4.11〉 소양강댐

4.4 기타 수리시설물

4.4.1 보

보는 수위를 높이고 필요한 수량을 확보하기 위해 하천의 일부 또는 전부를 가로막아 만드는 구조물이다.

최근에 널리 건설되고 있는 보는 취수문, 취입보, 토사토, 호안공의 네 가지 구조물로 구성되며, 취입보는 고정보 · 가동보 · 자동보의 세 가지가 있다. 고정보는 콘크리트나 석재로 하천 바닥에 고정시켜 축조된 것이고, 가동보는 수문을 위로 올리거나 뉘어서 수위나 수량을 조절할 수 있는 것이다. 자동보는 수위의 변화로 생기는 수압의 작용으로 개폐하게 되어 있는 것인데 대부분의 취입보에는 고정보와 가동보 두 가지를 조합하여 만든다.

우리나라는 향후 다가올 물부족 문제에 대비하여 충분한 수자원을 확보하고, 보다 효율적으로 홍수에 대비하고자 4대강 본류의 하도준설과 보 설치를 주축으로 하는 4대강 살리기 사업을 2012년 완료하였다. 4대강 살리기 사업을 통하여 낙동강 8곳, 한강 3곳, 금강 3곳, 영산강 2곳 등 총 16개의 보를 설치하여 8.0억m³의 용수를 확보하여 하천유지용수 등 다용도로 활용되고 있다. 보는 주변경관 등을 고려한 디자인 도입으로 지역의 랜드마크로 조성되었으며, 어도, 생태습지 등 친환경시설이 설치되어 쾌적한 수변경관을 제공하고, 여가 · 수상레포츠 등에 활용 가능하다.

자료 : 고령군청

〈그림 4.12〉 강정고령보(4대강살리사업, 낙동강)

자료 : 4대강 살리기 마스터플랜

〈그림 4.13〉 수계별 4대강 사업 현황

4.4.2 제방

하천의 양안에 축조하여 하천의 범람을 방지하고 물을 안전하고 빠르게 바다에 방류함으로써 홍수를 제어하는 목적으로 축조하는 것이 제방이다.

따라서 제방은 유수에 의하여 피해를 입기가 쉽기 때문에 비탈면의 보호나 호안을 필요로 한다. 비탈면의 보호나 호안을 위해서는 잔디입히기, 돌붙이기, 콘크리트 붙이기, 콘크리트 블록쌓기 등을 실시한다. 비탈 기슭에는 세굴 방지를 위하여 비탈면 보호공법을 시행할 필요가 있고, 제방 하단에는 쇄석이나 침상 등을 설치하거나 Tetrapod와 같은 구조물을 이용하여 제방의 파괴를 방지하기도 한다.

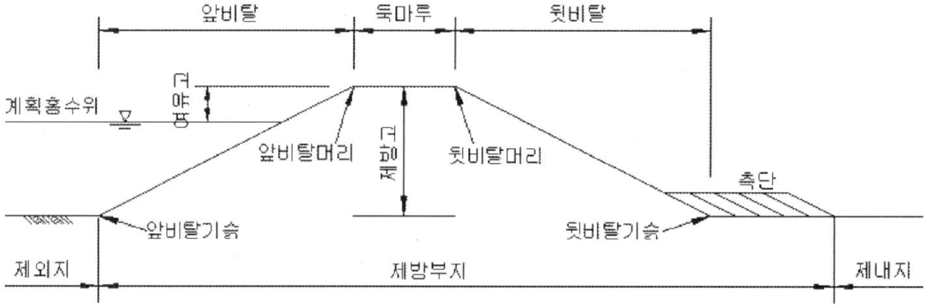

자료 : 하천설계기준, 2009
〈그림 4.14〉 제방단면의 구조와 명칭

4.4.3 하구언

하구언은 큰 하천의 하구 가까이에 하천을 횡단하여 만들어진 둑으로 해수의 침입을 막아 둑 상류의 염수침입을 방지하며 하천 하구에 모여든 물을 유효하게 이용하기 위한 시설이다.

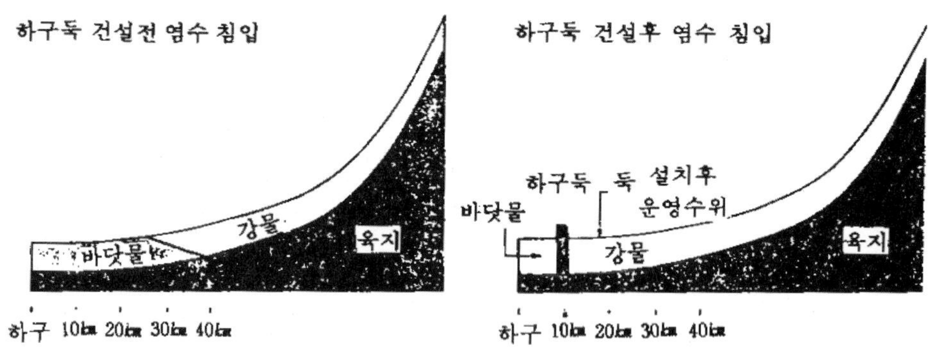

〈그림 4.15〉 하구둑의 염수침입 방지효과

또한 홍수시에는 수문을 열어 홍수피해가 일어나지 않도록 물을 흘려 보내는 구조로 되어 있다. 둑에는 물고기가 자유로 왕래할 수 있는 어도와 배가 드나들 수 있는 갑문 등이 설치되어 있으며 둑 위는 다리로서 이용되고 있어 교통개선의 역할을 담당하고 있다.

〈그림 4.16〉 낙동강 하구언

4.4.4 지하댐

지하댐은 불투수성의 기반 위에 쌓인 모래나 자갈층에 불투수성의 연속벽을 만들고, 이 층에 하천에서 끌어 들인 물을 저장하여 갈수시에 펌프로 양수하여 사용한다.

도시화가 급속히 진행됨에 따라 많은 비가 내릴 때 도시형 수해인 침수피해가 우려되는 지역의 우수를 일시적으로 저장하는 지하저류조를 건설하여 하천수위가 저하하였을 때 펌프로 배출시키는 시설물이 있다. 대만에는 도로 22m 아래에 내경 10m, 외경11m, 길이 1.9㎞, 저유량 14만m³의 지하댐이 있다.

이 밖에도 홍수대책으로 도로 밑에 지하하천을 만들어 우수를 바다에 방류하는 지하시설물도 있다. 일본 도쿄 지하하천은 지하 50m에 위치하고 있으며 길이 6.3㎞, 직경 30m, 깊이 70m의 거대한 지하운하와 59개의 돌기둥이 떠받치는 대형 압력조절 수조로 이뤄져 있으며 저지대가 많은 수도권의 침수를 막기 위해 1993년부터 2천40억엔(약 1조7천5백억원)을 들여 방수로 공사를 완성하였다.

자료 : 일본 도쿄도청 자료집

〈그림 4.17〉 일본 도쿄의 지하하천

참고문헌

1) 공간과 생활 교재 편찬위원회, 공간과 생활, 계명대학교 출판부, 1993.

2) 국토해양부, 지하공간 활용 및 관리개선 연구, 2008.

3) 도쿄도청, 도쿄도청 홈페이지(http://www.yokoso.metro.tokyo.jp), 일본, 2012.

4) 두산, doopedia 두산백과(http://www.doopedia.co.kr), 2012.

5) 선용, 地下空間活用事例, 제39권 제6호, 대한토목학회지, 1991.

6) 우완, 都市地下空間 開發의 展望, 제39권 제6호, 대한토목학회지, 1991.

7) 이석찬 외, 土木工學通說, 선진문화사, 1987.

8) 이승한, 구조역학이야기, 성안당, 2005.

9) 토목관련용어편찬위원회 저, 토목용어사전, 탐구원, 1997.

10) 한국수자원학회, 하천설계기준 해설, 국토해양부, 2009.

11) 4대강 살리기 추진본부, 4대강 살리기 마스터플랜, 국토해양부, 2009.

12) 八十島 義之助 외, 土木工學通說, 技報堂, 1985

13) 宇梶賢一, 大深度構造物への挑戰, Vol. 26, No. 1, 日本コンクリート工學, 1988.

14) 渡邊和足, 地下ダム, Vol. 72, 日本土木學會, 1987.

15) 橋本固 외, 大阪の地下ダムの計劃と施工, Vol. 71, 日本土木學會, 1986.

16) 三井康司 외 共著, ロックエンジニアリングと地下空間, 鹿島出版社, 1990.

제 5 장

도시공간의 이해

5.1 도시공간의 구성요소

5.1.1 도시공간의 개념

도시공간은 사람이 어떤 목적으로 사용하거나 상징성을 부여하기 위해 만들어진 의미공간이라는 점에서 도시의 모든 부분들은 장소적 개념을 가지고 있다. 어떤 장소의 특징은 일정한 크기로 정해지며, 베츨라드(Bachelard, 1964)가 말한 바와 같이 구심성과 중심성을 띄고 있다. 따라서 장소는 기본적으로 원형이며, 원형은 중심과 그것을 둘러싼 원환(圓丸)의 두 요소로서 성립된다. 또한 모든 장소에는 방향성이 있다. 수평방향은 인간의 행동세계를 나타내고 평등과 무한한 확장, 세속을 상징하는데 비해 수직방향은 일상생활보다 고차원적인 상승과 하락, 신성한 차원으로 간주되어 왔다.

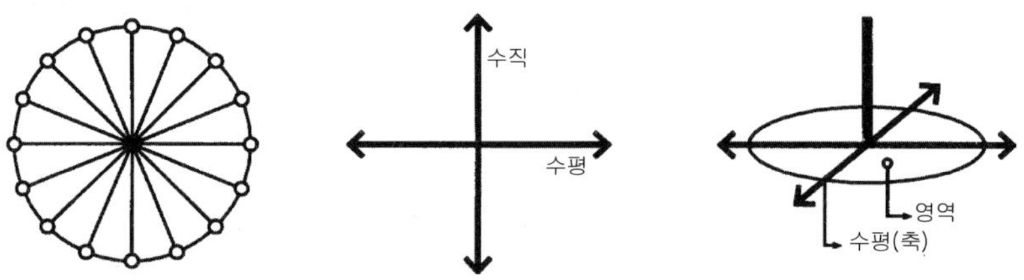

〈그림 5.1〉 공간의 구성과 체험(Norberg-Schulz, 1971 : 20~22)

인간이 공간을 체험한다는 것은 어떤 통로(path)를 지나가는 이동을 의미하며 통로에 부수되는 제 요소를 조직하는 축(axis)으로서의 기능을 갖는다. 또한 통로는 인간의 환경을 여러 구역(area)으로 구분하는데, 질적으로 한정된 구역을 바로 영역(domain)이라 할 수 있다.

이와 같이 장소 · 통로 · 영역은 실존적 공간의 기본적 구성요소이며, 이들 제 요소가 조합될 때 공간은 참으로 인간의 실존을 헤아릴 수 있는 차원이 되는 것이다.

여기에서 도시공간 전체를 하나의 장소라고 보고 앞에서와 같은 개념을 도시공간에 관련시켜 보면 다음과 같이 이해가 가능해진다. 먼저 사람들은 도시의 실제 평면형태(shape)가 어떻든간에 도시는 자기를 중심으로 원형의 형태를 가진 것으로 인식하게 되며, 경우에 따라서는 도시의 중심은 도심(CBD)일 수도 있다. 도시공간 속에는 토지와 수면과 같은 수평적인 요소와 산이나 건물과 같은 수직적 요소가 존재하며 이들은 각각의 상징적 의미를 내포하고 있다.

또한 도시공간은 도로 · 철도 · 수로와 같은 통로와 그 통로에 의해 구획(subdivision)되는 도심 · 주거지역 · 공업지역 · 공원 · 광장 등과 같은 영역으로 구성되며, 사람들은 활동축인 이

통로를 이동함으로써 도시의 공간(장소)을 체험하게 된다고 볼 수 있다.

전통적으로 도시란 인간의 사회생활을 담는 '그릇'으로 인식되어서 처음에는 그릇 자체, 즉 구조물과 도로 등 도시의 구조에 주로 관심을 가져왔다. 그러나 최근에는 도시를 단순한 물리적 '공간'으로 보는 관점으로부터 물리적 공간과 인간의 활동이 어우러지는 '장소'로 보는 관점이 지배적이다.

5.1.2 도시공간의 구성요소

인간 생활공간의 하나의 단위인 도시공간에는 동서고금을 막론하고 공통적인 구성요소가 존재하고 있는데, 그것은 바로 사람 · 활동 · 토지 · 시설의 네 가지라고 볼 수 있다. 첫째는 사람(citizen)이다. 도시를 구성하는 가장 원초적이고 기본적인 요소로서의 사람은 도시의 생활 주체로서 또는 도시를 구성하는 동시에 도시공간을 끊임없이 변화시켜가는 능동적인 주체로서 도시에 대한 사회적 배경 중의 하나가 된다.

〈그림 5.2〉 다양한 도시공간의 구성요소들

둘째는 활동(activity)이다. 이것은 도시로 모여든 사람들이 개개인의 생존과 이익을 위해 인간과 인간 사이에 이루어지는 도시활동으로서 도시공간을 분리하거나 도시공간에 특성을 부여하기도 하면서 이용패턴을 이루게 되어 토지이용을 결정하고 변화하게 만든다.

셋째는 토지이다. 토지는 인간활동을 위하여 절대적으로 필요한 자연적인 발판으로서 도시의 입지와 활동에 의하여 형성되며, 변화되는 절대적 가치와 공간적 한계를 가지고 있는 물리적 요소이다. 그러나 토지는 단순한 물리적 도시구성요소가 아니라 도시공간형성에 있어서 경제적 · 심리적 제약과 장려를 끊임없이 지속하고 있는 요소이다.

끝으로는 시설(facility)이다. 도시공간을 물리적으로 형성하면서 아울러 경관요소로 작용하는 도시의 시설은 여러 가지가 있지만 역시 핵심적인 시설은 건축물과 도로 · 상하수도 등의 기반시설이다. 따라서 각종 시설물들은 도시공간을 수평적 · 수직적으로 표현하는 토지이용의 대표적인 결과물들이 되므로 건축물이나 각종 도시시설물들의 이용형태 및 변화양상을 파악할 수 있다면 그것은 도시공간의 이해를 위한 중요한 지표와 단서를 제공하게 된다.

5.2 도시화와 생활공간 변화

5.2.1 도시화와 사회 · 공간의 변화

산업혁명을 계기로 시작된, 공업을 중심으로 한 기계문명이 발달하면서 일어난 인구의 도시집중 및 그에 따라 인간의 삶터가 공간 · 사회 · 경제적 측면에서 도시적으로 변화해가는 과정을 도시화(urbanization)현상이라 할 수 있는데, 이는 다음과 같은 사회 · 경제적, 공간 · 환경적 변화를 의미한다.

첫째는 인구의 도시화로서 이는 다음의 두 가지 유형이 있다. 하나는 농촌에 살던 인구가 직업이나 교육 등을 위해 도시로 이동하는 현상으로서 이는 농촌에서 보면 유출인구가 되고, 도시에서 보면 유입인구가 된다. 또 하나는 농촌이던 지역이 인구이동과 상관없이 행정구역상 시로 승격하여 하루아침에 농촌사람이 도시사람으로 분류되는 경우이다.

둘째는 도시성(urbanity)의 확산이다. 이는 농촌지역이 도시적 성격을 갖는 지역으로 변화하는 현상으로서 여기에도 두 가지 유형이 있다. 하나는 도시의 경제적 구성이 농업관련 1차 산업뿐만 아니라 제조업과 서비스산업 등, 2 · 3차 산업이 점차 늘어나는 등 도시적 경제요소가 침투하고, 사회적으로도 순박한 농촌사회와는 달리 이해타산을 앞세우게 되고, 전통적 관습도 변질되어 간다. 또 하나는 논 · 밭 등 농촌의 토지이용이 대지 · 공장부지 등과 같은 도시적 성격의 토지이용으로 변화하는 현상이다.

특히 대도시 주변이나 신흥산업도시에서는 자연생태계의 손상, 전통사회의 파괴, 농촌경제의 파탄과 갑작스런 지가상승이 가져오는 농촌지역의 사회적 혼란이 생겨나고 있다.

셋째는 도시성의 심화이다. 초기에는 인구가 도시로 모여들어 도시공간이 주변의 농촌지역으로 확대되지만, 어느 단계가 지나면 인구밀도가 높아지고 건물이 고층화된다.

5.2.2 도시-농촌의 연속체

도시는 고용패턴과 생활양식이라는 관점에서 농촌과 구별되는 삶의 방식을 가진 사람들이 집중되어 있는 공간 또는 장소라고 할 수 있다. 일반적으로 도시에서는 노동력의 전문화, 사회계층의 구분, 문화적 활동에서의 형식적 참여가 보다 많으며, 삶의 진행속도도 더 빠르다.

그러나 오늘날 대도시권에서는 도시적 요소가 농촌적 전통에 대해 강한 영향력을 행사하고 있다. TV · 영화 · 라디오 등이 농촌에 도시적 가치를 강요했고, 농촌 주민들은 도시적 문화요소들과 행태를 기꺼이 수용했다.

또한 농촌의 공업 성장, 장거리 통근의 확대, 전자매체의 진보, 원거리 별장의 출현 증가 등도 농촌의 생활수준을 혁명적으로 변화시켰다. 이에 따라 과거의 도시는 기능적으로나 경관적으로 농촌지역과 확연히 구별되었으나 오늘날의 도시는 도시-촌락연속체(urban-rural spectrum)의 양끝에서 이들의 경계를 구분하는 것이 쉽지 않게 되었으며, 세계적으로도 그 편차가 매우 크다.

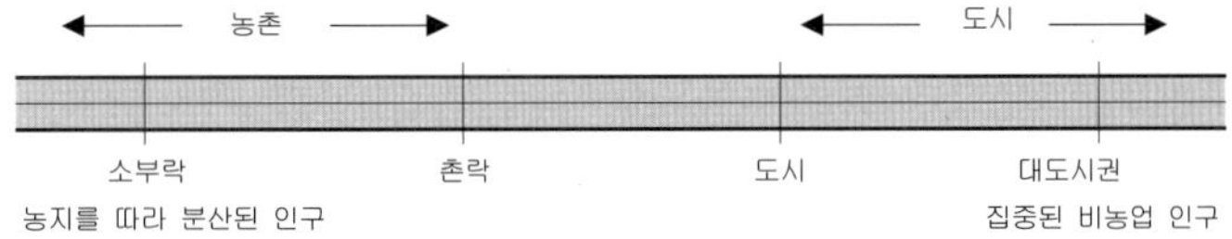

〈그림 5.3〉 도시-농촌의 연속체

5.2.3 대도시권의 형성

도시란 하나의 유기적 개방체제(open system)로서 인구 · 물자 · 정보의 지속적인 흐름을 통해 도시 주변의 배후지와 경제 · 사회 · 문화적 연계를 갖게 되며 이에 따라 기능지역을 형성하게 된다. 일반적으로 도시화의 초기 단계에서는 인구와 각종 산업활동이 특정도시로 계속적으로 집중되면서 도시가 성장하게 되지만 어느 정도 도시화가 진전되어 도시규모가 커지고 경제가 성장하게 되면 인구와 산업활동 등이 그 주변지역으로 분산화되며, 이에 따라 대도시 주변의 농촌지역이나 위성도시들이 급성장하게 된다.

이와 같이 대도시의 성장은 궁극적으로는 그 주변지역의 성장을 수반하여 대도시권(metropolitan region)을 형성하게 되는데, 일반적으로 대도시권이란 대도시가 지니고 있는 여러 가지의 기능들이 주변지역에 경제 · 사회적인 측면에서 영향을 미치는 범위라고 할 수 있다.

대도시권이 형성되는 가장 근본적인 요인은 대도시의 경제성장과 인구집중에 기인하는 것이지만 대중교통수단의 발달, 주변지역으로의 공장 분산에 의한 취업기회의 증대, 중심대도시의 과밀화로 인한 주택부족 및 지가상승, 쾌적한 환경에 대한 욕구, 정부의 강력한 인구분산정책 등에 의해 진전되는 현상이라고 볼 수 있다.

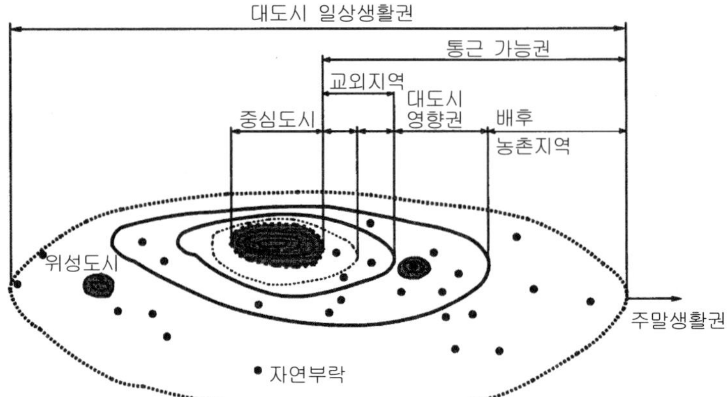

〈그림 5.4〉 대도시권의 공간구조(한국도시지리학회, 1999:201)

5.3 도시활동과 공간기능

5.3.1 도시민의 활동

도시공간이란 넓은 의미에서 볼 때 인간생활이 펼쳐지는 모든 활동공간을 의미한다. 도시공간은 삶의 터전으로서 기본적으로 거주하고, 경제활동에 참여하며, 서로 만나고, 쇼핑도 하며, 교육 및 학습 등 다음에 열거하는 다양한 활동들을 수용하는 공간이라 할 수 있다.

첫째는 주거활동이다. 사람들은 가족집단 · 마을 · 도시라는 주거 공간 속에서 살아간다. 그러나 같은 방, 같은 마을, 같은 도시를 다른 가치 · 습관 · 관심을 가진 사람들과 함께 사용함으로써 사람들 사이에 마찰이 생기게 된다. 우리가 집단생활을 생각할 때 일차적으로 단독주택이나 아파트를 먼저 떠올리는 경우가 많으나 이밖에도 기숙사 · 군대병영 등도 이에 포함될 수 있으며, 여기에 근린생활권(neighbourhood unit)을 추가한다면 주거공간의 범위와 개념은 더 확대될 수 있다.

둘째는 생산 또는 노동활동이다. 가정이 인간행위를 위한 가장 기본적인 무대라고 한다면 업무 · 생산공간은 경제활동의 장(場)이라 할 수 있다. 서구사회에서는 이 둘을 이원성으로 생각하는 것이 관례이다. 일은 가정과 가족을 부양하기 위해서 하는 것이고, 가정은 일할 준비를 하기 위해 쉬는 곳이다.

셋째는 만나고 모이는 활동이다.'모이는 것'은 가장 인간적인 습성 중의 하나이다. 현대의 의사전달 기술은 먼 거리에서도 빠르고 정확하게 정보를 교환할 수 있는 상태까지 발전하였지만 그것이 얼굴을 마주보는(face to face) 만남을 위해 모이려는 요구를 배제시키지는 않는다. 얼굴을 마주 대하는 만남의 매력은 본질적인 것이다.

넷째는 레크리에이션활동이다. 사람들이 휴식하며, 여가시간을 즐기는 가장 대표적인 도시공간은 공원이다. 대부분의 공원 기능은 대중에게 그들의 대지에서 일반적으로 경험할 수 없는 다양한 옥외활동을 제공해준다.

다섯째는 쇼핑활동이다. 현대사회에서 사치품과 생활필수품을 사는 것을 포함하는 쇼핑은 거의 보편적인 인간생활의 또 한 가지 측면으로서, 그것은 대부분의 사람들에게 반드시 필요한 일이고, 어떤 사람들에게는 즐거운 일이고, 어떤 사람들에게는 취미이다.

여섯째는 학습 및 교육활동이다. 학습은 평생 동안 계속되는 과정이라고 할 수 있으며, 일반적으로 학습은 교실이라는 특별한 장소에서 교사와 학생의 관점에서 생각되지만 실제적으로 그것은 사람이 의도적으로 자극에 반응할 때는 언제든지 발생하는 행위이다. 학습은 새로운 지식 · 기술 · 지혜를 얻는 것을 의미하며, 결과적으로 교실은 물론 직장 · 놀이터 · 가로 등 자극이 있는 곳에서는 어디에서나 일어난다.

끝으로는 이동활동이다. 모든 연령이나 문화권에 있어서 커뮤니티생활의 가장 보편적인 이동장소는 공공도로로서, 이것은 세계적인 거대도시나 시골의 조그만 마을에서도 마찬가지이다. 과거 가로는 사람과 물품의 이동공간으로 뿐만 아니라 물물교환과 상업, 정치적 · 종교적인 집회, 사회적 모임을 위해 사용되어 왔으며, 이러한 기능은 최근에 줄어들고는 있으나 아주 없어진 것은 아니다. 가로의 원래 형태는 보행자도로이다.

그러나 오늘날 자동차의 등장으로 인해 가로의 보행공간이 수평에서 경사로 · 육교(overbridge) 등과 같은 수직으로 변하거나 계속 침식되어 왔으며, 어떤 경우는 자동차의 사용이 증가함에 따라 보도에 대한 요구 자체가 줄어든 지역들이 있는 것도 현실이다.

5.3.2 도시공간의 활동기능

도시공간의 활동기능은 르 코르뷔지에(L. Corbusier)가 주도한 CIAM(국제현대건축회의) 그룹에 의해 발표된「아테네헌장(1933)」에서 제시된 바에 따라, 크게 주거 · 생산(노동) · 여가(레크리에이션) · 교통의 4대 기능으로 구분되며, 또 여기에 교육 · 유통 · 공급처리기능을 추가하여 모두 7가지의 활동기능으로 나누기도 한다.

그런데 도시의 규모가 커짐에 따라 정보문화 · 업무관리 · 여가 · 축제적 기능과 인간 접촉기능이 증가하고, 상대적으로 상품구매 · 주거 · 자연환경의 접촉적 기능이 줄어들어가고 있다.

도시가 점점 국제화되고, 광역화됨에 따라 서비스 내지 업무기능이 증대하고, 소득수준이 향상됨에 따라 문화 · 교육 · 여가 등 이른바 사회 · 경제적 잉여에 따른 새로운 사회적 욕구가 증대한다. 특히 생산성 향상에 따른 여가시간의 증가는 서비스산업의 발전을 동반하기 마련이다.

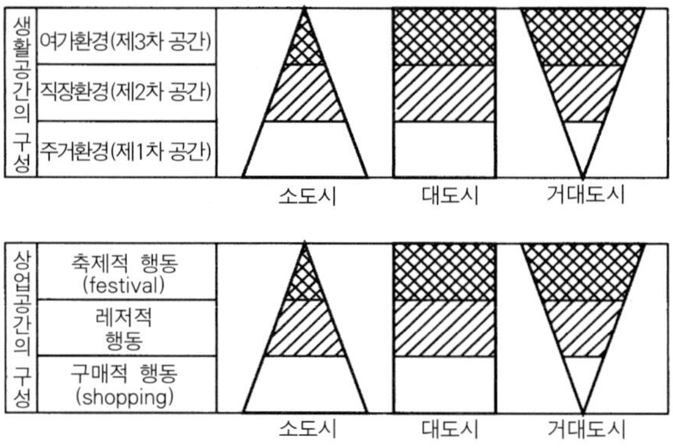

〈그림 5.5〉 도시규모에 따른 생활공간 구성

그러나 도시가 살고, 일하고, 사귀고, 뒷받침하는 4요소로 구성된다고 생각하는 것은 도시를 기능적으로 파악하려고 한 것이며, 도시를 구조적으로 파악하는 작업의 전단계이다. 즉 4개의 요소로 나누어진 각각의 기능을 결코 평면적으로 분리하여 배치할 수는 없다.

5.3.3 기능지역의 형성요인

기능지역이란 일정한 토지공간 위에서 일어나는 제반 활동 또는 이용형태라고 말할 수 있는데, 도시공간 내에서의 토지이용 행위는 비교적 규칙적이며 동시에 예측가능한 패턴을 이루게 된다.

하나의 유기체(organ)로 비유되는 도시는 다원적인 기능을 가지게 되는데, 동종의 기능간에는 집중 · 집적과정을 거쳐서, 그리고 서로 다른 기능간에는 분리과정을 거쳐 몇 개의 동질적인 기능지역(functional area)을 형성하게 된다. 이러한 도시의 토지이용에 영향을 미치는 작용인자는 크게 다음 다섯 가지로 설명할 수 있다.

- 자연적 요소 : 지형지세 · 배수체계 · 기후 · 경관 등
- 경제적 요소 : 생산성 · 비용성 · 지가 등
- 문화적 요소 : 개인이나 집단의 가치관 · 취향 · 선호도 등
- 기술적 요소 : 교통접근성 · 건설기술 · 설비조건 등
- 제도적 요소 : 토지소유관계 · 각종 도시계획상의 규제 등

5.3.4 도시공간기능의 분포패턴

근대의 산업화 및 도시화 과정에서 초래된 토지이용 혼란을 방지하기 위한 기능분리형 토지이용계획은 불가피하였으며, 이것을 제도화하는 이른바 지역제(Zoning)는 당시의 사회적 여건상 필요하였다. 지역제란 도시의 토지자원을 장래의 용도별 공간수요와 입지요구에 맞추어 합리적으로 배치함으로써 도시공간구조에 질서를 부여하고 쾌적한 생활환경을 조성하기 위한 토지이용계획의 유용한 실현수단으로 1916년 뉴욕에서 처음으로 시작되었다.

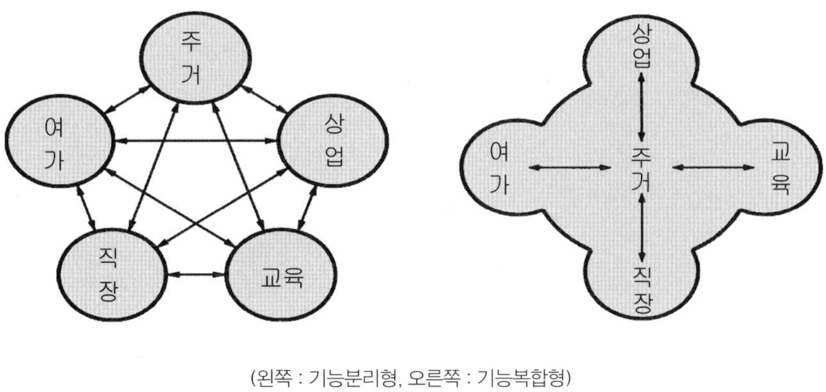

(왼쪽 : 기능분리형, 오른쪽 : 기능복합형)
〈그림 5.6〉 도시공간의 분포형태

그러나 기능분리형의 토지이용이 안고 있는 문제는 매우 크다. 서울의 경우 통근 · 통학 인구의 1/3이 출근시간대에 다른 지역으로 유출되는 것으로 알려진 바와 같이, 시민들은 매일

주거지역에 있는 집에서 직장이 있는 사업지역이나 공업지역으로 오가야 하고, 출퇴근시간이 아니더라도 업무 · 쇼핑 · 여가 등의 일상활동을 위해 이동해야 하는바, 이와 같은 이동현상은 기능분리형 토지이용의 문제를 보여주는 전형적인 사례이자 연쇄적으로 발생하는 일련의 도시문제들의 근본 원인이기도 하다.

따라서 최근에는 도시의 여러 기능을 분산하여 교통으로 연결하는 기능분리형을 비판하고, 주거를 중심으로 상업 · 업무기능을 복합시킴으로써 활기있는 도시공간을 조성하는 이른바 기능복합형(mixed use) 토지이용이 강조되고 있다.

5.3.5 도시공간의 특징

가. 직주혼재공간

인간은 정착이라는 것에서 먼저 자연공간 속에서 농업을 발견하였고, 다음으로 주거공간 내의 행동에서 생활기술의 형식 즉, 집합의 이익을 추구하게 되었다. 집합의 이익은 ① 집(가족)의 형식 발견 ② 집락(공동체)의 형성으로 분류할 수 있다. 전자의 경우는 소극적이고 자기 자신의 생활방위를 위한 것인 반면에, 후자의 경우는 적극적이고 이익을 위해서는 생활공동체(community)가 필요하다는 것이다.

인류의 도시공간의 역사에서 볼 때 도시사회는 주거공간과 작업 · 사무공간을 동시에 추구할 수 있는 직주혼재의 형태로 시작하였다. 가족의 혈연관계에서 어린이는 성장하면서 보행, 교통기관 등의 수단을 이용하여 가정-근린-사회로 이동하는 것과 같이 도시도「직주혼재」에서 점차적으로 직주분리라고하는 단계로 변화되어가는 것이 현 실정이다. 그러나 가족이라는 인간관계가 존재함과 같이 지역이라고 하는 생활공간 내에서는 주거와 직장은 항상 혼재하고 있다.

나. 직주분리공간(제3의 공간)

직주분리에서의 직장은 어떠한 규범(rule)이 지배하는 사회라고 할 수 있다. 이러한 개념은 단순히 주거라고 하는 「제1공간」과 직장이라고 하는 「제2공간」의 관계에서 극단적으로 표현된 것이라고 할 수 있다. 그러나, 도시공간에서는 이와 같이 제1, 2공간 이외에 인간활동에 더욱더 자유를 부여 받을 수 있는 공간인 제3공간이 존재한다.

도시생활은 직장과 주거의 연결을 위한 공간 이외에도 또 하나의 공간 즉, 적극적인 공간을 필요로 한다. 현대를 대중사회(mass society)라고 하지만, 도시의 제3공간은 협의의 한정된 의미로서의 대중사회라고 할 수 있다.

여기에서 대중이란 인간을 상하관계, 수직관계로 보지 않고 평등, 수평과 같은 동질의 관계로 보는 것으로 도시의 번화가, 도시광장 등은 대중사회의 대표적인 존재라고 할 수 있다. 거기에는 제1, 2공간에서 생각할 수 없는 다수의 인간이 존재하며, 상호 신분이 분명하지 않고 조직적인 모임도 아닌 장소가 형성된다. 이러한 공간에서는 해방감을 느낄 수 있고 제1, 2공간의 인간관계에서의 긴장(tension)을 해소할 수 있다. 따라서, 도시의 인간집적이 많으면 많을수록 제3의 공간 형성을 강하게 요구하게 된다.

5.4 도시의 기능공간

5.4.1 주거공간

가. 주택의 의미

우리가 인생을 산다고 하는 것은 곧 집에 거주한다는 것과 밀접하게 관계되어 있기 때문에 집은 인간생활의 본질을 규정하는데 있어서 중심적인 기능을 가진다. 인간은 자기의 거주공간을 하나의 외적인 소유물로 생각하지 않고, 자기에게 종속된 것으로 자신의 한 부분으로 느끼고 있는 것으로서, 즉 집이란 우리의 넓혀진 몸으로 인식되고 있다.

주택은 생활의 터전이며, 사회조직의 기초 단위인 가정을 담는 그릇이다. 인간생활의 질은 주택에 의해 크게 좌우된다. 즉 주택은 인간을 자연적 · 인위적 위협으로부터 보호한다는 은신처(shelter) 역할에서부터 거주자의 사용가치와 재산가치를 동시에 지니며 주택의 입지와 점유형태는 거주자의 사회적 신분과 소득수준을 간접적으로 나타낸다. 또한 주택은 가구의 생애주기(life cycle)와 생활양식 및 지역사회의 특징 혹은 도시의 성격을 이해하는 한 부분을 형성하게 된다.

나. 생활수준과 주거입지

어떤 의미에서 생활수준이란 부(富)에 입각한 환경적 대응력의 척도이다. 생활수준이란 일반적으로 서로 강한 상관관계를 가지려는 속성이 있는 소득과 교육, 그리고 직업에 의해 측정된다. 그것은 점유하고 있는 주택의 유형 및 소유하고 있는 자동차로부터 지역사회에서 개인이 향유하고 있는 명성과 지위에 이르기까지 물리적인 방법과 무형적인 방법으로 명시된다. 생활수준에 대한 분류방식은 매우 다양하지만 대체로 다음의 3단계로 구분된다.

① 하류층 : 교육 및 소득수준이 낮은 육체적 근로자 계층이며, 이 집단의 아래에는 거의 교육을 받지 못하고 안정된 직장을 가지지 못한 저소득 집단
② 중상류층 : 다소 높은 교육수준을 받아 넉넉한 직업적인 보수를 받거나 또는 자신의 사업체를 가진 비교적 여유있는 집단
③ 상류층 : 여기에는 개인적인 대부호 또는 귀족적인 혈통이 내포되어 있으며, 권력과 명성의 위치에 쉽게 접근할 수 있는 집단

그런데 많은 연구결과에서 거주지 분리상의 주된 기준은 직업상의 지위라는 사실이 밝혀졌다. 예를 들어 지위상 서로 너무 떨어진 직업을 가진 사람들(은행장과 청소부)은 거주지면에 있어 서로 떨어져 입지하게 된다.

〈그림 5.7〉 미국 상류층의 주거단지(로스앤젤레스 Irvine)

다. 생애주기와 주거입지

사회학자들은 사람들이 시간과 돈을 소비하는 방법에 영향을 미치는 변수로서, 사회경제적인 계층보다도 오히려 생애주기상의 단계가 훨씬 중요한 변수인 것으로 시사하고 있다(Abrams, 1964). 주택의 유형과 규모 및 주거입지는 그 사람의 연령과 가족상황, 즉 생애주기와 가장 관련성이 깊은데, 일반적으로 생애주기의 단계는 다음과 같이 7단계로 구분된다.

① 미혼자
② 신혼부부
③ 어린이를 가진 부부
④ 10대 자녀를 가진 중년부부
⑤ 성인자녀를 가진 중년부부
⑥ 노인부부
⑦ 독신노인

사람들은 생애주기 단계에 따라 변화하는 욕구에 맞추어 자신의 주거유형과 입지를 자주 바꾸게 된다. 즉 젊은 부부들은 도심아파트에서 생활하다가 가족이 늘어남에 따라 교외로 이주하고, 자녀들이 가정을 떠난 후에 다시 도심으로 되돌아온다. 이와 같이 그들은 변화하는 가족규모와 더불어 변화하는 주거공간에 대한 선호를 반영하게 된다.

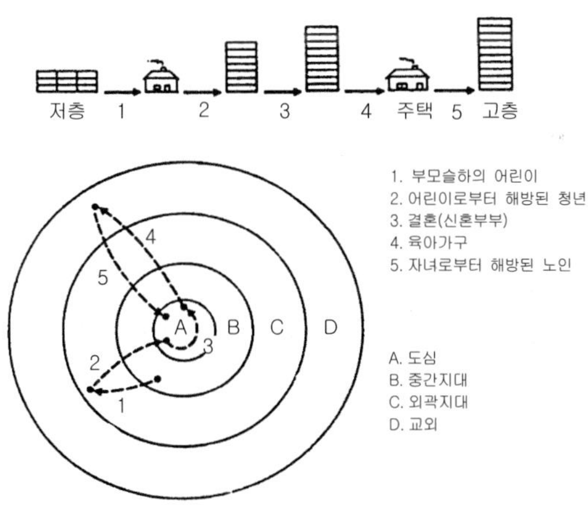

자료:Porteous, 1977:254

〈그림 5.8〉 생애주기와 주거입지 변화

라. 주거생활과 이웃관계

인간이 생활을 영위해 나가는 과정에서 개인 혹은 집단이 어떠한 의식을 형성하고 공유한다는 것은 인간과 인간, 인간과 주위환경과의 상호작용에서 비롯된다고 볼 수 있다. 따라서 주거지역에서 공동체의식이 형성된다는 것은 비물리적 측면과 물리적 측면의 양자의 요소가 공존하여 이루어지는 것으로 이해되어야 한다. 여기에서 비물리적 측면으로는 소득 · 학력수준 · 직업 등과 같은 사회경제적 지위, 연령 · 사회계층 등의 동질성, 주민간의 사회교류, 주거환경에 대한 만족감 등을 들 수 있으며, 물리적인 측면으로는 공간적 근접성, 도로의 유형, 생활편익시설의 분포, 거주밀도 등을 들 수 있다.

한편 이웃관계(neighbourhood)란 자신의 본거지와 공간적으로 접근하여 살고 있는 사람들이다. 그들은 크게 친척과 친지로 구별된다. 친척은 필연적 관계를 가지는데 반해, 친지는 선택적 관계를 가진다. 이웃관계는 대체로 공간의 근접성 때문에 생겨나게 되며, 주거지를 옮기게 되면 이웃과의 관계도 끝나게 된다.

5.4.2 상업 · 업무공간

가. 경제활동의 입지와 공간이용

고전적인 공간경제이론에서 농업용 토지이용에 있어서는 생산자가 중심시장으로부터 먼 거리에 있을수록 보다 많은 수송비용을 지불해야 하기 때문에 결국 지대(地代)의 지불능력을 감소시키게 된다고 본다. 그러나 상업 · 제조업과 같은 도시적 토지이용에 있어서는 일반적으로 중심시장 보다는 도심 접근의 용이성(accessibility) · 교통 및 수송시간 · 비용 등이 경제활동의 입지와 공간이용 패턴에 커다란 영향을 미치게 된다.

소매점 · 백화점 · 각종 회사사무실 · 은행 · 정부 및 공공기관의 사무실 등 업무 · 상업활동은 주간활동인구의 밀도가 높은 도시중심부로부터 가까울수록 그들의 활동목표를 극대화하게 되며 나아가서는 그들의 이익을 극대화할 수 있는 것이다. 그 이유는 많은 사람들이 모여드는 도심지에 기업이 자리잡고 있을 경우에는 많은 고객이 쉽사리 찾아들 수 있으며, 기업의 활동목표량(예컨대 판매량)은 커질 것이며, 중심상가로부터 멀리 떨어진 기업의 활동목표량은 상대적으로 적을 것이기 때문이다.

그러나 제조업의 경우는 조금 다르다. 즉 제조공장의 총수입은 당해 도시나 지역에서의 판매로부터만 발생하지 않고 오히려 보다 많은 다른 대도시권과 도시지역으로의 판매로부터 발생한다. 따라서 제조업의 입지는 도시 내부에서의 어떠한 요인에 의해서보다는 도시 전체나 대도시권 차원에서의 수송비 절감 · 이윤의 극대화 · 입지비용(locational cost)의 최소화 등의 요인에 의해 결정되기 때문에 지역간 교통이 편리한 외곽지대에 입지하게 된다.

그런데 여기서 한 가지 분명한 사실은 그것이 농업활동이든, 근접성에 크게 의존하는 상업 및 교역활동이든, 공업활동이든, 주택의 입지선정이든간에, 모두 중심시장으로부터 거리가 멀어질수록 각각 감소하는 지대함수를 가진다는 점이다. 궁극적으로 각종 경제활동 단위기업들의 입지를 가능하게 하는 이유는 토지자원에 대한 경쟁적 이용과 지대에 의해 이해될 수 있다.

프랑스의 Marne la Vallee

성남 분당의 삼성플라자

서울의 인사동거리

서울의 남대문시장

〈그림 5.9〉 도시의 여러 형태의 상업공간들

나. 소매업의 입지패턴

상인들과 소비자들 사이의 상품과 서비스의 분배는 도시의 주요 경제활동 가운데 하나이다. 어느 도시에서나 가장 두드러진 것 중의 하나가 구매를 위한 인구이동이나 소비자들에게 물품을 배달하기 위한 자동차의 흐름이다.

소매활동의 공간패턴들은 항상 변화하고 있기는 하지만 완전히 논리적인 것이다. 즉 오늘날 경제활동들의 공간배열을 만들게 된 역사적 경향들을 검토함으로써 특정의 기능들이 어떤 위치에 입지하는 이유와 그 공간적 질서를 이해할 수 있다.

먼저 소매업 형태의 발전과정을 보면, 소매기능을 처음으로 담당했던 것은 거리의 행상인이었는데, 이들은 1960년대까지만 해도 농촌지역이나 소도읍에서는 매우 중요한 역할을 했다. 그 후 잡화점으로 바뀌었고, 이들은 식료품에서 가정용품에 이르는 광범위한 상품들을 판매하는 최초의 소매점포였다. 그 후 도시가 성장하면서 점증하는 다양한 상품수요에 대응하여 도심에서 전문소매점이 나타나기 시작하였으며, 대단위로 몇 개 부문에서 의류 · 가정용품 · 가구 · 침구 · 기타 등을 집합적으로 다루는 백화점도 이 시기에 출현했다. 이러한 유형의 상점은 도시 전역에서 고객을 끌어들여 고품격의 상품과 신용 및 개인서비스를 제공했다.

그리고 최근에는 대형 주차장의 확보가 가능한 입지에 보다 규모가 크고, 환경이 쾌적하며, 고급브랜드를 취급하는 소위 대형 할인매장(mart)이 성공을 거두고 있으며, 또한 사람들이 직접 점포를 찾아가지 않고도 상품을 구입할 수 있는 홈쇼핑이 새로운 소매형태로 부각되고 있다.

다. 상업공간의 변화동향

상업공간은 사업성이나 경제성의 제약을 가장 많이 받는 공간이며, 사회적 수명이 짧다는 특성을 가지고 있다. 상업공간은 본래 그 당시의 유행에 가장 좌우되기 쉬운 성질이 있으나 상품의 변화, 유통형태의 변화, 그리고 다른 상품이나 점포와의 차별화전략에 고도화 등의 이유에 따라 매우 다양한 상업공간들이 등장하고 있으며, 한편으로는 상업공간답지 않은 상업공간들도 나타나고 있다.

따라서 상업공간이라는 범주에서 독립한 것으로서 파악하는 것은 곤란한 상태이다. 상업공간의 해체 또는 다른 요소와의 복합화가 진행되고 있는데, 주요 변화동향은 다음과 같다.

첫째는 쾌적한 쇼핑분위기를 조성하고 있다. 그 대표적인 시설형태는 소위 쇼핑 몰(shopping mall)로서, 전통시장의 형태를 계승하여 거리에 점포가 연속되고 업종의 구성도 가지각색이다. 이것은 기존 상점가의 근대화 및 활성화를 목적으로 특히 천천히 걸으면서 쇼핑을 즐길 수 있도록 자동차의 통행을 제한하여 보다 매력있고 안전한 전용보행공간으로 조성하고, 각종 가로장치물(street furniture)이나 사인 · 포장 · 점포형태 등을 종합적으로 디자인하고 있다.

둘째는 물건판매나 음식 위주의 공간구성에서 벗어나 물건을 판매하지 않는 시설과의 복합화가 진행되고 있다. 전시실(show room)의 다양화가 현저해지고 있지만 단순히 상품을 나열하는 것이 아니고, 그 상품이 생활 가운데 어떻게 사용되고 있는지, 그 상품의 매력은 어디에 있는지를 호소하기 위한 환경가꾸기에 전시실디자인의 주된 관심이 있다. 또한 상업시설을 문화 · 스포츠시설 등과 복합화한 배치도 시도되고 있다. 이와 같이 기능을 복합화 하는 것은 각 시설의 이용률을 높일 뿐만 아니라 가로를 오가는 사람들에게 시설의 이미지를 높이는 것을 목표로 한다.

그리고 도시공간과 관계하는 방법상의 변화가 있다. 교외의 대규모 쇼핑센터에서는 입지

장소나 주변환경과는 단절된 채 대지 내에 쇼핑타운 자체를 만들어버리는 예가 증가하고 있다. 홀이나 교회 · 위락시설 등을 복합화하고 대지 내부로만 연결시켜 무대장치와 같이 연이어져 있는 공간을 만듦으로써 광장이나 오락적 · 축제적 분위기를 조성하고 있다.

라. 도심업무공간(CBD)

도시에서 중심업무지구(CBD:Central Business District)만큼 형태와 기능이 서로 밀접하게 연관된 곳은 없으며, 또 CBD만큼 많은 의미를 담고 있는 곳도 없다. 이 지구에는 매우 전문화된 토지이용을 필요로 하는 높은 지가를 가진 부동산이 속해 있고, 전형적으로 수많은 고층건물들이 그 중심을 차지하며, 사실상 도심의 스카이라인을 형성한다. 또한'모든 길은 도심으로 통한다'라는 말에서 알 수 있듯이 도심에는 수많은 보행자들과 교통노선들이 집중되어 있다.

도심의 역할은 그 물리적 구조물들의 단순한 종합을 크게 능가한다. 전통적으로 CBD는 그 도시의 사회경제적인 활력과 힘을 상징했다. 도심은 비교적 좁은 지역 안에서 강렬한 수준의 개인적 · 직업적 상호작용은 매우 역동적인 분위기를 창출하며 이에 따라 중심활동지구(CAD:Central Activity District)로 부르기도 한다.

그러나 CBD의 역할은 오랜 시간에 걸쳐 새롭고 많은 변화에 대응해야만 했다. 즉 시간이 지남에 따라 매우 전문화된 업무 및 서비스 중심지로 발전하게 되었고, 또한 그 도시의 지방행정 · 관광 · 문화예술의 중심지로 변하게 되었다.

5.4.3 여가공간(공원녹지)

가. 여가활동과 오픈 스페이스

현대 도시의 고밀화 · 인공화에 따른 일상 생활환경의 건조화와 여가시간의 증가는 보다 쾌적하고 다양한 옥외활동공간을 요구하게 되었다. 생활공간으로서의 오픈 스페이스 시스템은 그 기능과 장소에 따라 주거계 · 도로계 · 공원계 · 시설계 등으로 구분할 수 있으며, 이들은 행위주체나 이용주기 및 이용목적 등의 특성에 따라 서로 다르게 존재하고 가치를 발휘하고 있다.

이 가운데서도 특히 레크리에이션 활동과 관련된 위락시설은 도시환경의 수준을 평가하는 가장 중요한 요소의 하나로 자리잡고 있다. 과거에는 도시민들의 테니스 · 수영 · 기타 클럽 지향적 활동들은 지정된 시간이나 장소에서 이루어져 왔지만, 오늘날에는 보다 다양한 오픈 스페이스를 통해서 언제든지 위락활동을 즐길 수 있는 기회가 주어지기를 희망하고 있다. 따라서 상점 · 직장 · 학교 등을 오고가는 도중에도 레크리에이션 활동이 가능하도록 하는 것이 요구되고 있다.

〈표 5.1〉 생활공간으로서의 오픈 스페이스

특성 \ 생활공간계	행위주체						이용주기				이용목적							
	유아	아동	청소년	주부	주인	노인	일	주	월	계절	생활	놀이	휴식	운동	이동	쇼핑	모임	수납
주거계	●	●		●		●	●				●	●	●					●
도로계	●	●	●	●	●		●	●			●	●	●		●			
공원계		●	●		●			●	●	●		●	●	●			●	
시설계	●		●	●			●	●			●				●	●	●	●

나. 도시 오픈 스페이스

오픈 스페이스를 넓은 의미에서는 설치자와 관리자가 누구인가를 불문하고 건축물에 의해 덮여있지 않은 모든 피건폐지(uncovered land)라 볼 수 있으나, 좁은 의미에서는 공원녹지 · 도로 · 광장 · 하천 등과 같이 도시의 환경과 경관의 보존 및 레크레이션 활동공간의 확보를 위해 만들어지며, 공공성과 영속성이 보장되는 공공공지(public open space)를 말한다.

〈표 5.2〉 오픈스페이스의 목적과 종류

구 분	목 적	종 류
주거지역	침수, 붕괴방지, 방화, 공해방지, 수경, 자연보호, 레크리에이션, 일조	보존녹지, 방재녹지, 레크리에이션 녹지, 공원, 광장, 건폐율 및 용적률 제한
업무지역	기온, 통풍, 대기오염, 일조, 경관	광장, 공원녹지, 미니파크, 보행자천국
상업지역	오락, 화려함, 안전성, 수경관	광장, 공원녹지, 보행자천국
공업지역	공해방지, 안전성, 자연보호, 주택지와의 분리경관	완충녹지, 광장, 보전지, 공원녹지
고속도로 · 간선도로	공해 및 교통사고의 방지, 자연보호경관	완충녹지, 광장, 보전지, 공원녹지
공항 · 항만	공해 및 교통사고의 방지, 자여보호경관	차단녹지, 보전지, 운동공원, 공원녹지

(자료 : 김철수 외, 도시계획, 형성출판사, 1990, p. 321)

오늘날 사람들이 도시의 녹지공간에 대한 큰 관심을 갖게 된 것은 도시의 기능이 복잡해지고 규모가 커지게 되어 자연과의 접촉이 어렵게 된 점, 자동차 위협으로부터의 안정성을 되찾고자 하는 점, 그리고 주거공간의 협소화에 따른 공공공간 요구의 증대 등에 이유가 있다. 그러나 도시공간 속에서 보다 많은 오픈 스페이스를 확보하려는 것은 궁극적으로는 인간적이고 아름다운 인상, 기억에 남는 도시경관을 조성하기 위한 가장 효과적인 방법이기 때문이다.

다. 도시공원

도시에서 공원은 자연경관 보호와 시민의 건강 · 휴양 및 정서생활 향상에 기여하기 위해 설치하는 오픈 스페이스로서, 그 기능 및 주제에 따라 도시생활권의 기반공원 성격으로 설치 · 관리되는 어린이공원 · 근린공원 등의 생활권공원과 그 밖의 다양한 목적으로 설치되는 역사공원 · 문화공원 · 수변공원 · 체육공원 등의 주제공원(theme park)으로 구분된다.

도시공원 확보 기준은 주민 1인당 6㎡ 이상으로 하고, 개발제한구역 · 녹지지역을 제외한 도시지역 안에 있어서의 도시공원 확보 기준은 주민 1인당 3㎡ 이상으로 해야 한다.

한편 도시공원의 배치는 도시공원이 지니고 있는 각각의 다른 기능이 서로 조화될 수 있도록 당해 도시계획구역 전반에 걸친 환경보전, 일상권(日商圈) 또는 주말권의 휴양 · 위락, 재해방지 및 공해 완화 등을 종합적으로 검토하여 도시공원이 균형 있게 분포되도록 해야 한다.

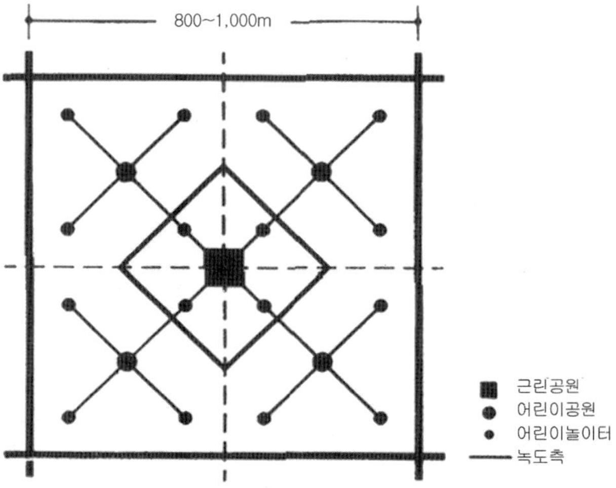

〈그림 5.10〉 공원배치의 기본개념

라. 도시 하천

도시의 규모와 관계없이 모든 도시는 반드시 하천을 끼고 있다. 서울의 한강, 부산의 낙동강, 대구의 금호강, 포항의 형산강, 진주의 남강, 광주의 광주천, 목포의 영산강 등은 강과 도시의 불가분의 관계를 말해 준다.

도시내에 있어서의 하천은 도시 개성의 중요한 요소이며 뛰어난 도시 경관으로 유명한 도시는 그 도시의 얼굴이 되는 하천과 수변공간(waterfront)을 갖고 있다. 하천은 도시내에 있어서의 귀중한 자연환경으로서의 공간이며 수변공간은 이 자연공간과 도시활동의 접점인 것이다.

그러나 우리나라는 급속한 도시화과정에서 도시내의 하천은 급격히 변모되었으며, 수변환경은 악화일로를 거쳐왔다. 뱃길로 이용되던 하천이나 수로는 메워지고 도로로 바뀌지는 등 시가지의 과밀화에 의해 수변공간은 그 본래의 기능과 매력이 상실되었다.

런던의 테임즈강이나 파리의 세느강에서 보는 바와 같이 유럽에서는 일반적으로 도시 하천들이 교통수단으로서 수로로 이용되기 때문에 호반이 잘 정비되어 있고 곳곳에 아름다운 교량들이 가설되어 있어 아름답고 낭만적인 도시공간이 되고 있다.

이에 따라 최근에는 우리나라에서도 서울의 한강과 청계천을 비롯하여 거의 모든 지방자치단체에서 고수부지(둔치)를 이용해 체육시설 · 휴식공간 · 주차장 · 운동장 설치 및 녹지화 등으로 시민들이 편히 쉬고 활용할 수 있도록 종합적인 수변공간 조성 · 정비사업을 추진하고 있다.

5.4.4 교통공간

가. 교통의 구성요소

일반적으로 교통은 통근 · 통학 · 업무 · 구매(shopping) · 방문 등의 특정 목적을 달성하기 위하여 사람이 이동하거나, 또 필요를 일으킨 사람의 의사에 따라 물자 및 정보 등을 이동(통신)시키는 것을 말한다. 하나의 통행목적을 달성하기 위하여 가끔 몇 개의 다른 교통수단을 이용하게 되는데 이를 수단통행이라 하고, 통행 전체를 목적통행이라 한다. 일반적으로 통행이라 할 경우엔 목적통행을 의미한다.

도시에 있어서는 각종 도시기능을 다하기 위하여 모든 기능들이 공간적으로 분화되어 있으므로 그 시설들이 제 기능을 위한 유기적인 상호연결을 요구하게 되는데, 이것이 도시 내에 있어서 교통의 필요성이며 의의이다.

그러나 교통을 발달은 도시기능을 원활하게 해주지만 그 영향을 직접 받는 주민들에게는 자연자원의 오염, 소음공해의 발생, 그리고 이웃 간의 소외 등과 같은 도시문제를 일으키는 유해시설이 되기도 한다.

교통은 크게 교통주체 · 교통수단 · 교통시설의 3대 구성요소에 의해 이루어진다. 교통주체는 사람과 화물이고 교통수단은 자동차 · 버스 · 지하철 등이며, 교통시설은 그 기능에 따라 도로 · 철도 · 항만 등의 토목적 시설과 버스터미널 · 철도 · 역 · 공항 등의 건축적 시설로 구분된다.

나. 도시교통의 특성

도시성장이 어느 정도 이상으로 진전되면 토지이용계획이나 교통계획으로 이에 충분히 대응할 수 없게 되기 때문에 통근시의 교통혼잡과 이에 따른 시간지체 · 교통거리의 원거리화 · 교통공해의 발생 · 교통사고 · 교통비용의 증대 등의 소위 도시의 교통문제를 가져오게 되어 도시기능의 저하와 생활환경의 악화 등 사회적 마이너스 요소가 점점 더 증대하게 된다. 이러한 도시의 교통문제들은 다음에 적하는 도시교통의 특성에서 기인된다고 볼 수 있다.

- 교통의 발생집중밀도가 높고, 또한 교통의 흐름이 도심을 향해 구심적
- 도시규모가 크고 다양화될수록 1인당 통행횟수(trip)가 증가되어 1일 통행량이 증가
- 이들 대량의 교통량이 통근 · 통학시간, 즉 피크시간(오전 7~9시, 오후 6~8시 사이)에 발생
- 도심의 통근 · 업무교통을 중심으로 한 근거리 교통
- 도시교통은 대량수송을 요구

다. 도시의 통행특성

도시에 있어서 사람들의 통행목적은 크게 업무(통근)통행과 비업무통행으로 나눌 수 있다. 전통적으로 도시의 통행은 통근(journey to work)에 초점을 맞추어 왔는데, 이러한 통행은 전형적으로 하루를 주기로 하는 파장의 도심방향 이동이었다. 이는 통근이동이 가장 규칙적인 것이고, 가장 큰 문제들을 야기하기 때문이었다. 많은 통근이동은 아침과 저녁 사이에 업무의 개시와 종료시간에 맞추어 발생했고, 따라서 첨두부하량(peak load)의 문제로 규정되게 되었다.

도시공간에 있어서 통행발생(trip generation)은 토지이용 유형과 위치, 그리고 활동의 강도에 따라 매우 다양한데 일반적으로 통행발생률이 가장 높은 것은 상업용도이고, 그에 비해 공업용도와 주거용도는 크게 낮아진다. 주거지의 통행발생은 자동차의 소유 · 가족의 소득 · 가구의 규모 등과 같은 요인에 의해 좌우된다.

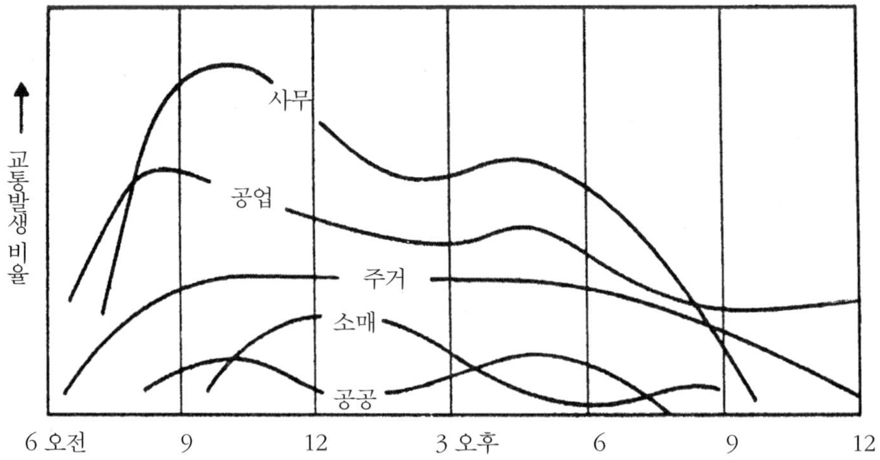

〈그림 5.11〉 토지용도에 따른 시간대별 교통발생

라. 도로의 위계와 형태

도시의 도로위계(road hierarchy)의 구성은 그 중요도의 순서를 의미하는 것으로 이는 도시 이미지의 골격을 형성하고, 도로에 수반되는 공간의 기능을 명확하게 구분해 주며, 사람들의 활동체계에도 영향을 미친다. 일반적으로 도로의 위계는 크게 도시고속도로(자동차전용도로) · 주간선도로 · 보조간선도로 · 집산도로 · 국지도로 · 보행자전용도로 등으로 구분된다.

도시의 간선 및 보조간선도로의 구성형태는 대체로 다음 4가지 기본패턴이 있다. 방사환상형은 오랜 역사가 있는 방사선을 골격으로 하고, 시가지의 확대에 따라 추가되는 환상선에 의해 구성되는 형식으로서 서울을 비롯한 런던 · 파리 · 베를린 · 동경 등 세계의 대도시에서 흔히 볼 수 있다. 격자형(grid)은 그리스 · 로마시대 및 중국의 고대도시에서 널리 보급되었던 가로패턴으로서 토지이용과 간선교통처리가 유리하여, 특히 미국의 여러 도시(필라델피아 · 뉴욕 등)에 많이 있다. 또한 격자방사형은 교통로의 결절점에 기념비 등을 배치하여, 도시미관

향상에 기여하며, 교통동선의 단축화를 꾀하기 위해 격자형의 기본형에 사선을 부가한 것으로서, 미국의 워싱턴 · 디트로이트 · 멕시코시티가 그 전형적인 예이다. 그리고 선형(linear)이 있는데, 이는 해안도시나 공업도시에서 자주 볼 수 있다.

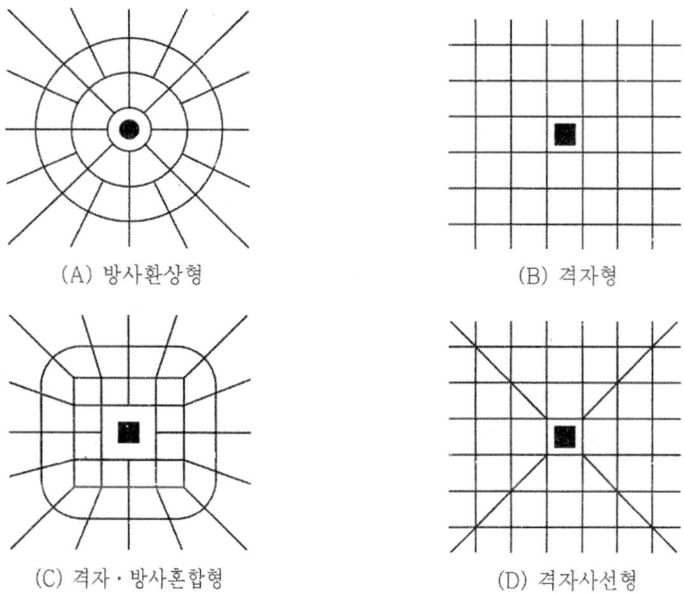

〈그림 5.12〉 간선도로망의 기본패턴

참고문헌

1) 공간과 생활 교재편찬위원회, 공간과 생활, 계명대학교 출판부, 1993.

2) 김철수, 단지계획, 기문당, 2012.

3) 김철수, 도시공간의 이해, 기문당, 2006.

4) 김철수 외, 도시계획, 형설출판사, 1990.

5) 대한국토 · 도시계획학회편, 도시계획론(5정판), 보성각, 2004.

6) 한국지리학회, 한국의 도시, 법문사, 1999.

7) NorbergSchulz, C., Exiskence, Space & Architecture, New York: Paraeger Publisher, 1976.

제 6 장

도시공간과 생활

6.1 현대도시의 공간 · 환경

6.1.1 현대도시의 공간적 속성

도시에는 공간과 시간이 압축되어 있다. 건축물들이 수평적 · 수직적으로 많은 공간을 차지하고 있으며, 도시에는 다양한 공간을 이용하는 사람의 수뿐만 아니라 사람들 간의 관계(interaction)가 많다. 도시는 농촌과 비교하여 시간의 흐름이 빠르며, 따라서 상대적으로 많은 시간이 압축되어 있다. 이렇게 압축된 시 · 공간 속에서 다수의 사람에 의해 다양한 활동이 이루어지는 현대도시의 공간적 속성은 금전 · 권력(힘) · 혼잡이라는 관점에서 볼 때 다음과 같은 특징이 있다.

첫째, 공간은 돈(money)이다. 도시는 일반적으로 인구가 밀집해 있고, 많은 기능이 집중되어 있기 때문에 공간에 대한 수요는 많은데 비해 이용가능한 공간은 한정되어 있으며, 이러한 수요과대와 공급과소라고 하는 불균형은 시장경제원칙에 따라 공간(토지)의 가치를 높이고 있다. 공간은 희소가치가 클수록 경제적 가치는 엄청나게 증대되는데, 이러한 현상은 도심부(CBD)와 외곽지대의 토지가격 차이에서 잘 나타난다.

둘째, 공간은 힘(might)이다. 현대사회에서 공간은 자산이기 때문에 인간은 공간과 관련된 자신의 권리를 주장하고 지키려고 하는바, 이의 가장 간단한 것은 토지의 점유를 나타내는 담장이다. 따라서 공간은 권리를 매개로 하여 힘과 연결되며, 특히 국제사회에 있어서 지정학(地政學)의 주제는 바로 이와 같은 힘으로서의 공간(영토)이다. 최근 이러한 공간을 둘러싼 권리문제는 점차 확대되어 지상뿐만 아니라, 예전에는 생각도 할 수 없었던 지하나 공중에까지 이르고 있다.

셋째, 공간은 혼잡(crowded)하다. 인간은 재산으로서 혹은 권리로서 소유하거나 점유하는 것이 아니다. 더욱 근본적으로 인간은 다른 생물과 마찬가지로 살아 움직이고, 일정한 부피의 육체를 가지고 있기 때문에 존재하는 데 있어 이미 일정한 크기의 공간을 차지하고 있다. 그리고 인구의 증가 및 요구공간의 다양화에 따른 공간의 협소화에서 오는 혼잡함은 현대도시의 숙명이라 할 만큼 심각한 현상이다.

따라서 오늘날 현대도시에서 공통적으로 나타나고 있는 고층주거 · 교통혼잡 · 오픈스페이스 부족 · 경관악화 등의 각종 도시문제들은 본질적으로 위와 같은 도시공간이 가지고 있는 속성 때문에 발생하는 것이라 할 수 있다.

6.1.2 도시공간의 상품화

공간이 상품화된다는 것은 우리의 일상적인 삶이 이루어지는 장소인 도시공간에 자본주의 논리가 침투함으로써 대중들에게 제공되어야 할 공공공간임에도 불구하고 개인적으로 소유 · 관리되어 이윤창출의 도구로 이용됨을 의미한다.

도시공간을 거닐다보면 편안히 쉬고 사색하며, 사람들과 함께 마음을 터놓고 대화할 수 있는 공간은 거의 없고, 그나마 돈을 지불해야만 제한된 휴식의 장을 일시적으로 점유할 수 있다. 사적 공간의 확대와 공적 공간의 축소과정에서 벌어지는 이러한 공공공간과 개인공간의 경계의 소멸과정을 일컫는 개념으로 역공간(liminal space)에 대한 논의가 진행되고 있다. 거리축제나 대중교통수단에 설치하는 상업광고, 지하철역과 연계된 백화점, 그리고 자가용으로 뒤덮인 도로공간 등은 모두 역공간의 사례들로 제시되고 있다. 이렇게 역공간은 공공영역과 상업영역을 동일화시키며, 공공공간과 개인공간을 혼란시킴과 동시에, 소규모의 지역산업과 저소득층의 처지를 더욱 어렵게 만들고 있는 것이다.

6.1.3 공공공간 기능의 쇠퇴

현대도시에서 공공공간은 양적인 공급의 증가에도 불구하고 그 기능은 오히려 쇠퇴의 경향을 보이고 있는 바, 그 원인은 다음과 같다. 첫째는 통신의 발달로 인한 대면(face-to-face) 접촉의 필요성 감소이다. 전화 · 팩스 · 전자우편 등 직접 얼굴을 마주치지 않고도 신속한 의사소통을 가능하게 해주는 수단이 계속 개발되고 있어, 상거래나 정치적 여론의 형성이 대면접촉 없이도 가능해졌기 때문이다.

둘째는 새로운 오락기능의 발달과 오락공간의 실내화, 오락의 개인화가 공공공간의 쇠퇴에 한 몫을 하고 있다. 영화 · TV · 전자오락게임 등 오늘날의 오락유형은 사람들이 외부공간에서 공동으로 즐기는 것보다 실내에서 개인적으로 즐기도록 유도하는 측면이 있다.

셋째는 새로운 근린관계가 형성되고 있다. 종래의 물리적 거리를 중심으로 형성되었던 이웃의 개념이 교통 · 통신의 발달로 거리와는 별로 관계없는 개념으로 바뀌고, 이웃끼리 사용하는 공동생활공간의 의미도 점차 엷어지고 있다.

끝으로는 공공공간의 무책임한 관리이다. 최근에 들어와서 공공공간의 공급이 양적으로 늘어났음에도 불구하고, 쾌적하고 이용이 편리한 공간을 발견하기가 쉽지 않은데, 그 이유로는 건축주에 의한 의도적인 출입 · 이용방해 및 과시적 장식의 경향, 지방자치단체의 공공공간에 대한 형식적인 인가와 관리, 그리고 이용자의 무관심과 공중의식의 결여 등을 들 수 있다.

6.1.4 잃어버린 공간들(Lost space)

도시공간은 인간활동이 가능한 장소로서 역할을 할 때 그 존재가치가 있다. 옥외공간에서 Lost space는 인간활동과 멀어져 이용빈도가 낮은 공간, 사용되지 않아 죽어 있는 공간, 기능이 부여되지 않은 공간, 주위환경에 실질적 기여를 못하는 공간이다. 즉 장소성이 희박하고 공간상호간의 연결을 저해하는 공간, 용도와 소요 · 관리영역이 불분명하여 제공간 기능이 발휘하지 못하는 이른바 존재가치가 희박하고 무의미한 공간을 말한다.

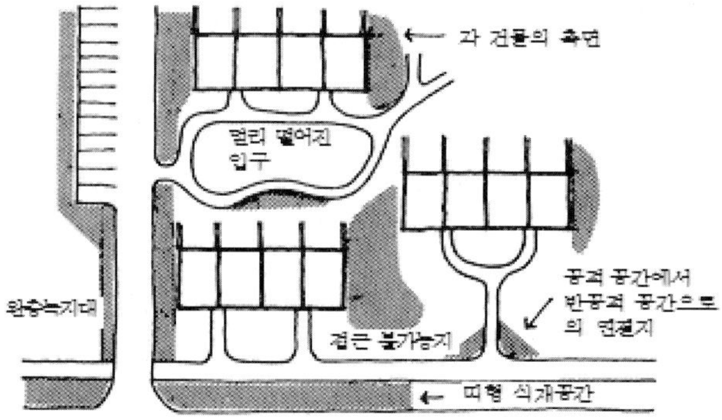

〈그림 6.1〉 애매한 공간이 될 가능성이 있는 위치

발생 위치를 보면 소극적 공간은 녹지공간에서, 애매한 공간은 식물의 생육조건이 불량한 북향의 그늘진 장소 및 보행동선에서 멀리 떨어진 장소, 배타적 공간은 도로 · 주차장의 주위공간, 그리고 황량한 공간은 주차공간 · 휴게공간 · 외곽부 등에서 많이 나타난다.

한편, 이들 Lost Space의 발생원인으로는 부정형한 소규모 부지, 과대한 건조공간 조성, 부적합한 공간 분할, 수목 부족, 주민 공동체의식 결여, 관리소홀 등을 들 수 있다.

6.1.5 공간밀도와 스트레스

일반적으로 도시에서 발생하는 범죄율이나 정신병, 청소년비행은 높은 인구밀도와 관련있는 것으로 밝혀지고 있다. 즉 인구밀도가 높은 도심권지역이 인구밀도가 낮은 외곽지역에 비해 질병발생률이나 범죄발생률이 높다는 것은 여러 연구결과에 의해 나타나고 있다. 그러나 주거과밀의 개념이 반드시 공간의 크기에만 좌우되는 것이 아니라 공간이 좁아도 자기소유의 소속감 · 안정감이 있는 반면에, 공간이 넓어도 남들과 여럿이 어울리는데서 오는 스트레스와 불안감 등은 심리적 개념으로 이해되어야 한다.

데서(Desor, 1972)의 실험에 의하면, 큰방에 사람들을 과밀하다고 생각될 때까지 집어넣을 때, 아무런 칸막이의 구획이 없는 경우나 꽉 막는 칸막이의 경우보다 반쯤 트인 칸막이로 큰 공간을 나누어서 집어넣을 때 가장 많은 사람들을 집어넣을 수 있었다. 그러나 우리의 도시 공간은 너무 폐쇄적이다. 도시의 사람들은 이웃에 대하여 마음의 문을 닫고 있었고, 도시의 건물이나 시설들도 극도로 자기완결적인 형태를 띠고 있다. 따라서 도시가 주민들의 진정한 삶의 공동체로 기능하기 위해서는 보다 개방적인 도시환경이 조성되어야 한다.

6.1.6 현대도시의 생활환경문제

오늘날 인구와 산업의 도시집중을 치밀한 계획 없이 받아들여 도시가 엄청나게 비대해지고, 인간에 의해 건설되었던 도시가 인간에 의해 지배의 테두리를 벗어나 오히려 인간의 생활이나 문화를 압박하기에 이르렀다. 거대해짐으로써 그 위력을 발휘했던 맘모스나 공룡이 자기 자신의 몸을 지탱하지 못하고 결국 멸종해버린 것과 마찬가지로 한없이 팽창하는 도시는 이미 전체로서의 질서를 잃고 많은 도시문제를 낳게 되었는 바, 현대도시가 당면하고 있는 생활환경문제들은 크게 다음 여섯 가지로 요약한다.

- 주택의 협소와 밀집, 상하수도 · 생활도로 · 공원 등 생활환경시설의 부족 등 주거환경에 관한 문제
- 교통의 혼잡 및 사고의 위험성, 통근의 원거리화 등 교통에 관한 문제
- 하천이나 바다의 수질오염, 자동차 배기가스 등에 의한 대기오염, 소음과 진동, 쓰레기의 처리 등 공해에 관한 문제
- 지반의 침하, 산사태, 하천의 범람, 폭발, 연소될 위험물이나 유해물의 증가 등 재해에 관한 문제
- 녹지 및 레크리에이션 공간의 상실, 문화재의 상실, 도시경관의 획일화 및 무개성화, 혼란 등 도시의 어메니티(amenity)에 관한 문제
- 지역공동체로서 커뮤니티의 변질이나 붕괴, 전통적 문화의 단절, 범죄와 비행의 증가, 노인이나 장애인 등의 생활여건 악화 등 사회복지에 관한 문제

그런데 이와 같은 현대도시의 문제들은 어떤 특정한 지구나 사람들에게만 한정적으로 밀어닥치는 것이 아니라 보다 광역적으로 나타나고 있으며, 더구나 서로 복잡하게 연관되어 있

기 때문에 개별적이고 단족적인 대책으로는 오히려 다른 심각한 문제를 불러일으킬 수도 있다는 점이다.

6.2 도시와 건축

6.2.1 도시공간 구성요소로서의 건축

루이스 칸(L. Kahn)은 건축이란'방의 사회(a society of rooms)'라고 했다. 각기 다른 개성을 가진 개인이 모여서 사회라는 질서를 만들듯이, 각기 다른 방이 모여서 하나의 건축이라는 질서를 만든다는 것이다. 그렇다면 방은 모여서 건축을 만들고, 건축은 모여서 도시를 만든다고 할 수 있다. 그것들은 당연히 크기도 다르고 작용의 복잡성도 다르다. 즉 도시는 건축의 집합체이다. 그러나 도시공간은 건축공간에 비해 훨씬 복잡하며, 따라서 건축공간이 개별적 가치를 가진다면 도시공간은 집단적 가치를 가진다고 할 수 있다.

또한 아이크(Aldo van Eyck)는 1962년 팀10(Team X)회의에서 도시와 건축의 관계를 '주택은 작은 도시, 도시는 큰 주택'이라고 주장하면서, 건축과 도시를 마치 잎과 나무의 관계로 규정했다. 잎은 하나의 작은 나무이며, 나무는 커다란 잎이라는 이른바 소우주론적 개념으로 설명 하면서 이를 건축과 도시의 관계를 설명하는 데 적용하고 있는 것이다. 그러나 지금처럼 복잡한 건축과 도시의 관계를 이렇게 단순하게 설명하는 것은 자칫 둘의 관계를 설명하는 데 도움을 주지 못할 뿐만 아니라 오해의 여지가 있다고 생각된다.

따라서 도시의 어떠한 건축도 도시의 질서와 관계없이 독립적으로 세워질 수 없다는 것을 이해해야 하며, 또한 아무리 훌륭한 건축적 해결도 그것이 놓여 있는 도시구조의 제약을 완전히 극복할 수 없다는 것을 이해해야 한다.

〈표 6.1〉 건축과 도시의 상대적 속성 비교

구 분	건 축	도 시
존재 가치	개별적 가치	집단적 가치
공간성격	사적 · 내부공간	공적 · 외부공간
형태결정 요인	감성적/예술적	논리적/과학적
표현	그림(figure)	배경(ground)
형성과정	일시적/완결적 형태	누적적/과정적 형태

6.2.2 건축과 대지

도시공간 속의 건축물은 전반적으로 좁은 대지를 최대한 효율적으로 이용하면서 나름대로의 아름다운 건물을 만들어내기 위해서 대지와 가구(block) 및 도로의 형태와 규모를 필연적으로 고려하게 된다. 이에 따라 특히 도심에서는 지가의 상승이나 시간의 흐름에 따라 당초의 대지가 다시 분할되거나 합쳐지기도 하며, 대형건물은 한 가구 전체를 차지하거나 심지어 가구를 횡단하는 경우도 있다.

콘젠(M. R. G. Conzen)은 도시공간의 구성요소를 도로 · 대지 · 건축의 세 가지로 구분하고, 이들의 집합상태에 따라 도시의 물리적 형태, 즉 도시와 건축의 관계를 설명하고 있다. 그는 도시공간을 도로 · 대지 · 건축이 각각 단독으로 구성되는 것이 아니라 〈그림 6.2〉에서 보는 바와 같이 건축-건축, 건축-대지, 건축-도로, 대지-대지, 대지-도로, 그리고 도로-도로의 여섯 가지 관계 속에서 형상화된다는 것이다.

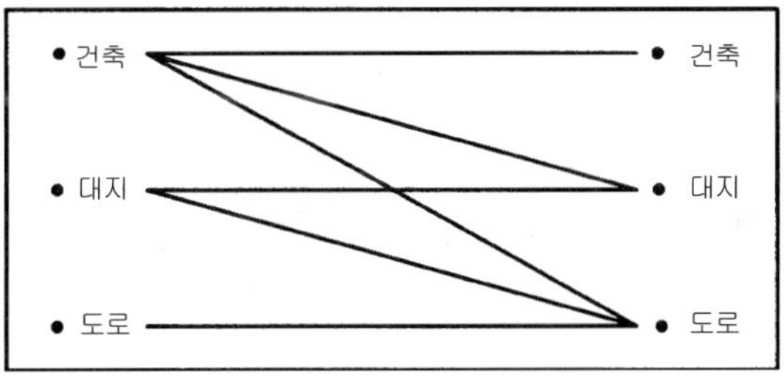

〈그림 6.2〉 도시공간 구성요소의 집합관계

도시 건축물의 용도 · 규모 · 높이(층수) · 형태 등은 그 건축물이 접하고 있는 대지의 규모와 형상에 따라 결정적으로 좌우될 뿐만 아니라 건물이 접하고 있는 도로의 폭이나 성격에 따라 직접적인 영향을 받지 않을 수 없다.

예를 들어 대지의 규모가 크고 규칙적인 형태일 경우에는 고층의 정연한 형태의 건물이 들어서게 되지만 그 반대인 경우에는 저층의 불규칙한 형태의 건물이 들어서게 된다.

6.2.3 도시건축의 조형미

사람들은 선천적으로 아름다움을 추구하려는 성향을 지니고 있다고 한다. 세계적으로 이름 있는 도시들이 아름다운 것은 훌륭하게 잘 지어진 몇몇 교회나 공공건물로 인한 것이 아니라 다양한 가운데 통일성을 지닌 많은 평범한 건물 때문일 것이다. 그러나 우리 도시의 건축물을 보면, 그 형태가 너무 일률적이고 단조롭기 때문에 아름다운 건물을 찾아보기 어렵다. 또한 몇몇 건축물의 조형미가 뛰어나다 하더라도 주위환경과 어울리지 않기 때문에 아름다운 도시공간을 형성하는데 크게 기여하지 못한다. 우리나라 도시의 건물들이 선진 외국도시의 건물에 비해 조형미가 뒤떨어지는 것은 다음과 같은 이유에 연유한다.

먼저 심미성(審美性)에 대한 고려가 미흡하다. 일반적으로 건축물이 갖추어야 할 3가지 요소로서 기능(用) · 구조(强) · 심미(美)를 꼽는다. 즉 건물은 편리해야 하고, 튼튼해야 하며, 아름다워야 한다는 것이다. 그 어느 것도 빠져서는 안 됨은 명확한 사실이지만 오늘날 도시건축은 대부분 경제성을 고려한 나머지 기능을 으뜸으로 하고 구조를 다음으로 친다. 그러나 소규모 건물에 있어서 심미성은 대부분 소홀히 다루어지는 경우가 많다.

〈그림 6.3〉 직선과 곡선으로 대비되는 두 건축형태(이재길:1999)

따라서 이제 건축가 · 건축주 · 공무원 · 시민 모두가 도시공간 속에 지어지는 건물의 아름다움에 대한 인식이나 기준이 무엇인가를 심각하게 논의해야 할 시점에 와 있다.

아름다운 도시환경을 만들어 나가는데 있어서 무엇보다 중요한 것은 건축 및 도시경관을 보는 일반시민들의 눈높이가 높아져야 한다.

6.2.4 도시건축의 복합화

미국의 도시평론가 제이콥스(J. Jacobs) 여사는 이미 1960년대 초에 도시공간을 다양성 있게 하는 바람직한 거리의 조성을 위한 구비조건으로 다음 네 가지를 들고 있다. 즉 지구는 하나의 기능이 아닌 둘 이상의 기능을 발휘해야 하고, 블록의 길이는 짧아야 하며, 건축의 시기나 상태가 서로 다른 건축물이 서로 섞여 있어야 하고, 거주를 포함하여 서로 다른 목적을 가진 사람들이 고밀도로 모여야 한다고 주장하면서 도시에 있어서 복합건물의 장점을 강조한 바 있다.

오늘날 도시시대의 건축으로서 가장 특징적인 현상의 하나는 복합적 기능을 가진 건물의 대형화 추세이다. 현대 도시에서는 이미 토지의 평면적 이용이 아니라 공간의 입체적 이용이 문제가 되고 있으며, 토지의 고도이용과 공간거리의 단축화가 도시문제 해결의 큰 부분을 차지하고 있다.

따라서 도시의 건축물들이 복합된 기능을 가지게 되고, 또한 건축물이 지니고 있는 기능이 공공성이 강해지면 강해질수록 불특정 다수 사람들의 동선 및 설비시스템의 이용자가 많아지게 될 것이므로 이에 대한 고려가 필요하다. 즉 건물의 통로는 도시가로의 성격을 가져야 하고, 화장실도 앞으로는 24시간 생활이 가능하도록 각종 도시의 하부구조(infrastructure)와 커뮤니티시설을 갖춘 도시적 스케일의 건축물이 더욱 많이 출현할 것으로 보여 진다.

6.2.5 도시건축의 공공성

흔히 건축은 도시의 문화를 반영하는 얼굴이라 한다. 그러나 우리는 급속한 산업화와 도시화과정을 거치면서 경제논리에 밀려 도시공간은 복잡해지고 고밀화되었으며, 한편으로는 고층빌딩으로 대표되는 기능주의 건축이 지배하면서 도시공간의 균질화 및 공공성의 결여를 초래하였다. 따라서 공공성 또는 공익성이라는 관점에서 볼 때, 우리의 도시건축은 다음과 같은 문제점을 안고 있다.

첫째, 건물의 외부공간(outdoor space)이 없다. 고층건물과 땅이 만나는 지점은 사람과 자동차, 공공과 개인을 연결 · 완충시켜주는 매개공간이 필요하지만 대부분의 경우에는 저층부 공간이 충분히 확보되어 있지 않고 매개공간이 소홀히 처리되는 경향이 있다. 특히 오피스빌딩의 경우에는 외부의 사람들을 위한 옥외공간이 마련되어 있어야 마땅하지만 주로 주차장이나 도로 또는 폐쇄된 식재공간으로 이용되기 때문에 전혀 공공에 기여하지 못할 뿐만 아니라, 결국 사람 지향의 건물이 아니라 자동차 지향의 건물을 만드는 주원인이 되고 있는 것이다.

둘째, 건물이 건물주 개인의 사익에만 충실한 나머지 같은 지구나 블록에 있으면서도 인접한 건물끼리 서로 연관을 갖지 못하고, 각자 독자적으로 존재하고 있으며, 또한 그 건물이 주변 지역을 위해 가져야 할 공익성과 공공성을 갖고 있지 못하다는 것이다. 그 이유는 주어진 대지 내에서 건축법이 허용하는 최대한의 용적률과 건폐율 등을 추구하다 보니 건축설계가 내부공간 위주로 하게 되기 때문이다.

끝으로 건물의 스카이라인(sky line)에 리듬이 없다. 특히 고층 아파트단지의 경우 아파트 층수가 모두 다 똑같아 획일적인 스카이라인을 이루고 있다. 더구나 중소도시의 경우에는 외곽지의 고층아파트가 도심지의 업무상업용 건물보다 층수가 훨씬 더 높아 일반적인 도심의 시인성(視認性)을 흐리고 있을 뿐만 아니라 주변의 산보다도 더 높아 자연경관을 파괴하고 있다.

6.2.6. 도시건축의 새로운 패러다임

도시건축에 대한 사상이나 이념은 시간의 흐름에 따라 변화한다. 산업혁명에 이은 도시화의 가속에 따라 도시디자인도 그 동안의 인본주의적이던 경향이 20세기부터는 코르뷔지에(L. Corbusier)로 대표되는 근대건축가들에 의해 기능적인 접근방법으로 전환되었다.

그러나 20세기 말부터는 근대건축의 과도한 기능주의에 대한 반작용으로 이미 없어져버린 의미 있는 도시공간의 회복운동이 크게 유행하게 되었다.

이러한 시대적 흐름은 기능을 강조하는 모더니즘의 퇴조를 가져왔고, 이는 형태와 문화를 강조하는 이른바 복고풍의 포스트모더니즘으로 이어졌다. 그러나 최근에는 다시 장소성 있는 건축, 환경친화적이고 지속 가능한 건축 등과 같은 도시건축에 있어서 새로운 패러다임들이 대두되고 있다.

첫째는 장소성 있는 건축이다. 도시의 건축물이 가로공간을 중심으로 하는 도시적 생활공간의 문제가 새로운 도시건축의 패러다임으로 부각되게 되었는데, 이는 도시가 만남의 장소로서 사회적 의미의 중심지인 동시에 문화적인 가치의 인식을 구성원 모두가 공유해야 하는 장소이어야 한다는 것이다.

둘째는 환경친화적 건축이다. 최근 세계 건축계의 가장 중요한 변화는 자연친화적 토속건축(ethnic architecture)과 풍토적 전통건축에 관심이 고조되고 있다. 선인들의 우주관은 자연과 공생하는 방법을 가르쳐 왔으며, 풍토건축은 그들의 지혜와 철학이 오랜 경험을 통해 구체적으로 발전된 것이다. 우리의 경우 환경친화적 도시건축의 예는 바로 풍수지리사상에 바탕을 둔 취락이나 도읍의 공간구성에서 찾을 수 있을 것이며, 일반 건축으로는 우리의 기후와 지형에 맞는 초가지붕 · 亞자형의 온돌구조 · 팔만대장경이 소장되어 있는 해인사 장경각의 통풍

처리 등에서 잘나타나고 있다.

그리고 개성있는 도시건축의 연출이다. 오늘날 건축의 형식과 양식이 사회규범으로서 인정되고 통일적 가로경관을 만들어내는 시대는 이미 끝났다는 인식이 지배적이다.

6.3 가로 및 광장

6.3.1 가로

가. 가로공간의 사회공간적 의미

도시에 있어서의 사회적 행위는 대부분 도로공간을 매개체로 하여 전개되며, 다른 표현을 빌리면 도로는 총체적인 도시문화의 상징적 공간이라고 할 수 있다. 따라서 그 도시, 그 시대의 문화와 생활양식의 차이는 도로공간의 차이로 나타난다. 도로(road)의 제1차적인 기능은 사람이나 물건을 이동시켜 주는 것이라고 할 수 있다. 도시공간에 있어서의 가로(street)는 단순한 이동공간으로서 뿐만 아니라 다음과 같은 점에서 매우 중요한 기능을 하고 있다. 첫째, 도시에는 여러 유형의 도로가 존재하고 있는데, 그 가운데서 간선도로는 도시의 공간구조를 형성하는 기본적인 역할을 한다.

둘째, 도로 양측의 보도부분에는 전기 및 전신전화 등 여러 시설이 부설되어 있고, 노면 아래에는 지하철 · 상하수도 · 가스시설 등이 매설되어 있는 경우가 많아서 도로는 각종 공공시설에 이용되는 띠 모양의 다목적 이용공간으로서 역할을 하고 있다.

셋째, 도로변의 연도의 건축물에 대해서는 통풍 · 채광 등의 도시 오픈스페이스로서의 생태적 효과를 발휘하고 있으며, 보안 · 방화 · 방재 등에도 중요한 역할을 한다. 그리고 도로변의 개발에 의해서 시가화를 촉진하는 중요한 기능을 시행하고 있다. 즉 도로가 새로이 개설되면 지금까지의 농지는 택지로, 또 주택지는 상업지로 토지이용의 변화를 가져오게 된다.

가로공간의 가장 중요한 기능의 하나는 제이콥스(J. Jacobs) 여사가 '어느 도시의 이미지를 생각할 때 최초로 부각되는 것은 가로이다. 가로가 아기자기하게 꾸며져 있으면 도시도 아기자기하고, 가로가 울퉁불퉁하면 도시도 울퉁불퉁하다'고 기술하였듯이, 그 도시의 사회문화적 분위기를 나타낸다. 도시공간이 그 사회가 만들어가는 것이라고 할 때, 가로공간은 공공의 영역으로서 한 도시의 불특정 다수 사람들에 의하여 사용되고 다양한 사회의 모습들이 자연스럽게 나타나는 사회공간적(social space) 의미를 가지고 있는 하나의 공공장소인 것이다.

나. 보행공간과 생활환경

원래 도시는 걷는 것을 기준으로 도시의 위치 · 형태 · 규모가 결정되었다. 고대도시에서 19세기까지의 도시를 만든 사람들은 인간척도나 보행능력에 맞게 계획하였으며, 자동차의 등장과 함께 차도가 중요한 도시의 골격을 이루게 되었고, 도시의 길은 차도와 보도로 나누어지게 되었다.

- 평면분리형
  - 보도(sidewalk)
  - 보행자 전용도로(pedestrian mall)
  - 특정시간과 장소에서 차량 통제
  - 건축화한 공간(건물통과 도로 · 아케이드 등)
- 입체분리형
  - 지상 : 보행자 데크(pedestrian deck) · 육교 등
  - 지하 : 지하도 · 지하상가 · 지하철 입구 등
- 시간분리형 : 보행자 천국 등

보도는 영어에서 sidewalk로 표현되듯이, 사람들은 도로의 주인인 자동차를 비켜서 옆으로 걸어 다니는 운명이 되었으며, 이에 따라 오늘날 도시공간을 정비하는데 있어서 가장 중요한 과제의 하나가 차도와 보도를 공존 · 조화시키는 것으로 대두되었다.

(왼쪽 : 카페테라스가 있는 광장, 오른쪽 : 산책로가 있는 강변)

〈그림 6.4〉 보행공간의 매력

도시의 보도는 좁게 보면 보행활동이 이루어지는 공간만을 의미하지만 넓게 보면 가로 전체의 환경이나 분위기를 조성하는 중요한 요소이다. 도시의 가로환경은 수직적 요소와 수평

적 요소로 나눌 수 있는데, 건물의 벽이나 간판이 수직적인 면을 구성하고 있고, 도로나 보도가 수평적인 면을 구성하고 있다. 이러한 면을 배경으로 그 안에 가로수 · 가로등 · 가두판매대(kiosk) · 볼라드(bollard) · 광고판 등이 놓여진다. 가로시설물들이 도시의 가구(furniture)라면, 보도는 도시의 양탄자로서 응접실에 양탄자를 깔아 놓으면 집안의 분위기가 한눈에 달라지듯이, 바닥면인 보도에 의해 도시의 분위기와 느낌이 달라질 수 있는 것이다.

보행공간은 안전한 길이자 대화 · 놀이 · 산책 · 쇼핑의 장이다. 자유롭게 쉴 수 있는 휴게소이자, 오후의 한때를 즐기는 노천카페(cafe terrace)이며, 사람들의 에너지를 발산시키는 축제의 장이기도 하다.

다. 매력있는 가로공간들

가로공간은 기본적으로 포장(pavement) · 가로수 · 가로장치물 등의 요소 이외에는 건물과 자연물 등 매우 다양한 구성요소에 의해 그 질이 평가된다. 현대도시에서는 가로의 기능과 목적에 맞춰 매력있는 가로공간을 조성하고 있는데, 그 몇 가지 유형을 예를 들면 다음과 같다.

첫째 유형은 수식광로(boulevard)이다. 파리의 샹젤리제 거리나 대구의 동대구로와 같은 도시의 상징이 될 만한 도로폭이 넓은 가로이며, 여유가 있는 보도와 차도 및 정연한 가로수, 풍치있는 가로조명, 품격있는 연도의 가로경관, 거기에서 도시의 얼굴로서 격식 높은 가로경관이 표출되고 있다.

〈그림 6.5〉 토론토의 이른센터 쇼핑몰

둘째는 쇼핑 몰(shopping mall)로서, 이것은 상업지역의 번화한 가로에서 24시간 또는 일정시간에 자동차의 진입을 금지하여 가로 전체를 보행자 전용공간으로 활용하여 즐겁고, 쾌적한 쇼핑환경이 조성된 거리를 말한다. 최근 도심부의 가로는 아름다운 자기타일 · 블록 · 석재 등의 고급 포장을 하고, 계절감을 느끼게 하는 가로수의 식재, 야간에 빛의 연출을 하기 위한 가로등, 악센트가 되는 환경조형물과 가로장치물의 설치 등 보행자 공간의 연출을 통해 쾌적한 쇼핑환경을 가진 가로로 바뀌어 가고 있다.

셋째는 갤러리아(galleria)이다. 이것은 18세기 말에서 20세기 초반에 걸쳐 유럽 각지에서 출현한 유리지붕의 아케이드 거리, 파사드와 갤러리아로 불리는 빛의 가로공간으로서 몰과 같이 오픈된 가로와는 달리 건물에 내포된 가로공간, 양측 점포의 파사드(facade), 천장의 유리지붕이 기본적인 공간의 구성요소이다.

끝으로 생활도로 개념의 본에르프(Voonerf) 도로이다. 이는 주로 주택지의 가로에 이용되는 수법으로 간선도로에 둘러싸인 생활환경 구역 내에서 자동차를 배제하지 않고 보행자와 자동차의 공존이 가능한 형태의 계획수법이다. 이는 1970년대 초반 네덜란드의 소도시 델프트에서 처음 시행되어 오늘날에는 세계 각국에서 새로운 가로정비의 수법으로서 적용되고 있다.

라. 가로공간의 인간 소외

현대도시는 자동차가 대중화되기 시작하면서 생활공간의 확대와 다양한 활동의 수행이 가능하게 되었으며, 이제는 물과 전기가 없이는 하루도 견딜수 없듯이 자동차도 필수적인 생활도구가 되었다. 그러나 자동차화(motorization)되기 이전에는 볼 수 없었던 교통사고, 생활환경 오염, 도시경관 악화 등 여러 부작용들이 나타나고 있는데, 그 가운데서도 가장 심각한 문제가 사람들이 걷고 노닐던 도로공간을 자동차에게 빼앗기고 있다는 점이다.

1886년 독일에서 자동차가 발명되고 1910년대 이후 미국에서부터 자동차가 대중화되기 시작했다. 그러나 사람들은 자동차이용의 편리성만을 추구한 나머지 오랜 세월 인간이 이룩해 놓은 도로의 공간과 문화가 변질되어 가는데 대해서는 무관심해 왔다.

과거의 도시의 가로는 통행공간일 뿐만 아니라 인간의 옥외생활공간(outdoor living space)의 일부로서 도시의 복도이자 거실이며, 놀이터이자 여러 인생드라마가 공연되는 무대이기도 한 그야말로 즐거운 문화공간이었다. 그러나 오늘날 마음놓고 걷고 쉴 수 없는 가로공간은 도시 생활공간 속의 인간소외를 단적으로 말해 주고 있다.

6.3.2 광장

가. 도시광장의 성격과 역할

광장(plaza)이란 보통 건물의 벽면으로 사방이 둘러싸인 비교적 좁은 옥외공간을 의미한다. 그러나 광장은 사람이 모이고, 이동하고, 즐긴다라고 하는 인간활동의 장으로 독자적인 의미도 있기 때문에 예술적 혹은 문화적 장치가 수반되고 무엇보다 전망이 있는 장소이다. 또 단순한 녹지나 도로 혹은 잔여부지와는 구별되는 공간으로서 한마디로 말하면 도시적 · 인공적 오픈스페이스의 성격을 띈다.

도시광장은 도시의 거실이자 마당이면서, 옥외활동의 중심이라는 공간적 · 상징적 의미를 지닌다. 즉 도시광장은 동네의 마당과 같은 성격을 지니는 공간으로서 시민들의 만남과 행사 등 사회적 교류가 이루어지는 공간이다. 건물과 도로로 이루어진 도시공간에서 대규모의 공지가 조성됨으로써 도시민에게 개방감을 주는 중요한 오픈스페이스의 역할을 한다.

〈표 6.2〉 도시광장의 설치목적과 유형

구 분	설치목적
교차점광장	도시내의 혼잡한 주요가로의 교차점에 각종 차량과 보행자를 원활히 유통시킬 목적으로 설치
역전광장	철도역의 전면에 설치되어 철도교통과 도로교통의 효율적인 변환을 처리
중심대광장	도시민의 생활의 중심으로서 다수 시민의 집회 · 행사 · 사교활동의 제공
근린광장	근린중심의 학교나 상업시설의 주변에 입지하며 지역주민의 휴식 · 오락 · 사교 활동의 제공
경관광장	시민의 오락이나 휴식, 도시미관의 증진과 보전을 위해 역사적 · 문화적 · 향토적 의의가 있는 장소에 설치
지하광장	지하철의 정류장이나 지하도 또는 지하상가와 접속하여 원활한 교통처리와 이용자에게 휴식을 제공
건축물부설광장	건축물의 효과를 높이거나 기념물을 관람할 수 있도록 건축물의 전면이나 기념물 주위에 설치

나. 도시광장 유형

도시의 광장은 사람들이 많이 모이고 행사가 이루어지므로 시민활동의 중심이 된다. 광장은 공간적으로도 도시의 중앙에 위치하는 경우가 많으며, 또한 시청 · 시민회관 · 극장 · 호텔 등과 같은 주요 관공서 및 문화시설이 광장 주변에 많이 위치하게 되므로 도시문화의 중심의 성격을 지닌다.

따라서 도시의 광장은 사회적 · 공간적 측면에서 도시의 중심이라는 상징적 의미를 지니는 바, 도시광장의 유형은 그 설치목적에 따라 다음과 같이 분류할 수 있다.

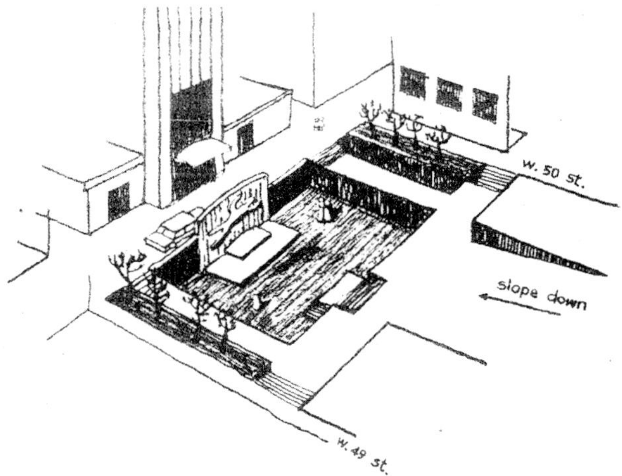

〈그림 6.6〉 멋있는 쇼핑몰사진

다. 지하광장(sunken plaza)

자동차 교통량이 증가함에 따라 교통소음을 방지하고,보다 폐쇄성이 있는 외부공간을 창출할 수 있는 소위 지하광장이 등장했다. 이 지하 정원방식의 외부공간 중에서 가장 선구적이면서 성공한 사례로는 뉴욕의 록펠러센터를 들고 있다.

이곳은 좁다란 유보도의 설치와 하늘을 제압하는 초고층건물과의 관계는 높은 것을 더욱 높게 보이게 하는 도시공간을 연출시키고 있고, 또 벽화와 조각 등으로 아름답게 장식되어 있기 때문에 뉴욕에 사는 사람에게 있어서 뿐만 아니라 뉴욕을 방문하는 사람들도 한 번은 꼭 보아야 할 명소로 꼽히고 있다.

6.4 도시생활권

6.4.1 커뮤니티의 개념과 의미

가. 커뮤니티의 개념

생활공동체를 의미하는 커뮤니티(community)는 원래 사회학에서 공동사회 · 지역사회 등 다양한 의미로 사용되어 왔다. 커뮤니티에 대한 개념은 지역(local) · 사회적 상호작용 · 공통의 연대(commonties) 등을 주된 구성요소요건으로 하고 있다. 따라서 커뮤니티의 공간 단위는 작은 동네에서부터 대도시, 나아가서는 국가나 대륙도 한 커뮤니티로 간주할 수도 있다.

즉, 커뮤니티는 공간에 모여 사는 인간 집단이라는 사회적 측면에서의 공동체 의미와 사람들이 거주하는 일상 환경의 단위공간이라는 물리적 측면의 공동체 의미를 가지고 있다고 할 수 있다. 도시와 건축분야에서 주된 관심은 동질성과 정주성을 갖춘 도시환경에서 어떻게 하면 공동체성이 구현될 수 있는가에 있다.

나. 도시커뮤니티의 의의

인간의 삶의 질(quality of life)을 향상시키기 위한 지표 중 도시 및 건축과 밀접하게 관련을 가지고 있는 것은 커뮤니티(community)와 안전성이 될 수 있다. 특히 도시가 발달하면 할수록 커뮤니티의 붕괴로 인한 사회문제로 인해 커뮤니티의 회복과 커뮤니티 의식을 향상시키려 노력하고 있는바, 바람직한 도시의 커뮤니티형성은 다음에서 그 의의를 찾을 수 있다.

먼저 사회적 측면에서는 하나의 생활공동체로서 주민들의 사회적 상호작용을 도모하고, 공동유대를 강화하며, 영역성을 제고하고 나아가서 주민들이 보다 긍지를 갖게 할 수 있다. 또한 물리적 · 공간적 측면에서는 인간척도(human scale)와 주민활동의 주기성이라는 두 가지의 기본척도에 알맞게 각종 편익시설을 확보 · 배치함으로써 주민들의 생활을 보다 편리하게 하고, 또한 기계문명의 침해로부터 보호하여 안전 · 쾌적한 일상생활의 장을 조성하며, 아울러 관리가 용이한 공간과 시설단위를 만들어 준다는데 의의가 있다고 할 수 있다.

6.4.2 가정생활의 범위

가. 주거와 근린환경

Rapoport는 주거문화의 특성을 분석하면서 주거와 근린환경과 주거지가 서로 밀접한 관계를 맺고 있는 것으로 보고 있다. 즉 주거는 건물 내에서 발생할 것으로 예상되는 행위체계를 고려한 환경의 구성으로 이루어져 다양한 행위가 발생하는 근린환경에 의해 둘러싸여 있으며, 근린환경은 주거지 속에 포함되어 있다.

이러한 측면에서 본다면, 주거와 근린환경과 주거지는 불가분의 관계이며 상호 직접적인 영향을 주고받는 관계를 맺고 있다. 따라서 주거는 근린환경과 주거지와의 관계체계 속에서 그 기능과 지향해야 할 방향을 명확히 설정할 수 있다.

인간은 사회적 동물이다. 인간의 생활이 이루어지는 주거는 한 사회의 문화적 산물이며, 그 사회의 문화와 역사적 토대 위에서 생성 · 소멸되므로 그 사회의 문화를 가늠하는 척도로서 충분하다.

〈그림 6.7〉 건물과 주거의 차이점

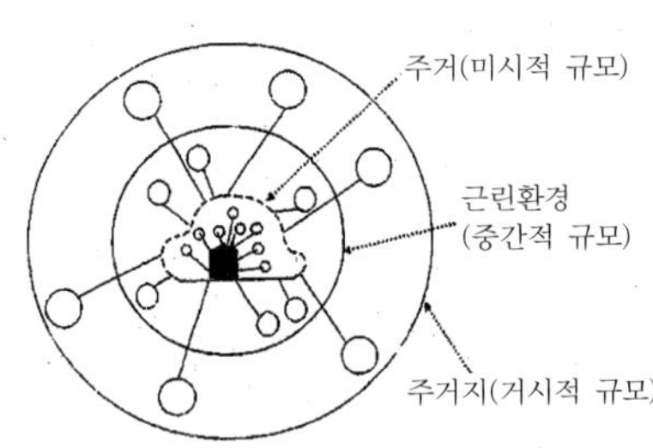

〈그림 6.8〉 주거 · 근린환경 · 주거지의 관계

나. 가정생활의 범위와 생활패턴

가정생활의 범위는 연속된 지역이 아니라 공공의 가로망과 결절점이며, 그것의 주변을 둘러싸는 경계는 임의적 양상으로 나타난다.

Chombart de Lauwe(1965)의 사회적 공간의 위계에서는 본거지와 가정생활범위 모두 도시지역에 대한 더욱 일시적인 이용을 반영하고 있으며, 점차로 중첩되는 보다 큰 지역으로 세분된다.

개개인의 활동들은 문화적 · 환경적 · 심리적인 것에 대한 자신의 종속 정도에 따라 다르게 나타나는데, 가장 중요한 것으로는 성별 · 생애주기상의 단계 · 소득 및 교육수준 등을 들 수 있다. 즉 가사(家事)는 성별의 역할로 한정되며, 연령이 많아지고 소득 및 교육수준이 높을수록 가정생활의 범위가 확대된다.

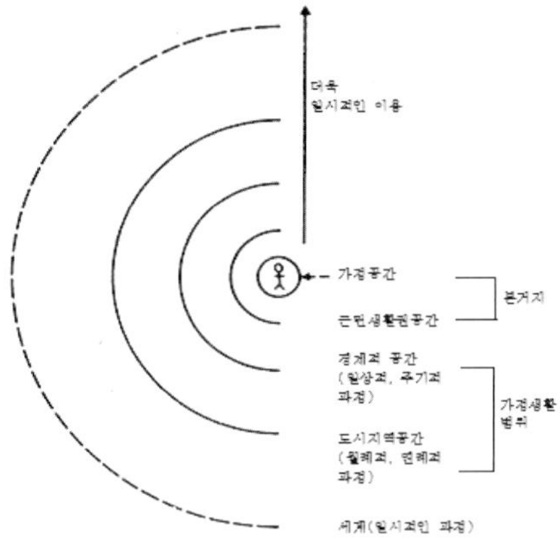

〈그림 6.9〉 사회적 공간의 위계

6.4.3 도시생활권

오늘날 도시는 활동이 다양해지고 시간적 · 사회적 거리(time & social distance)가 확대됨에 따라 커뮤니티(community)로서의 의미가 점점 더 약해지고 있으며, 이에 따라 주민들간의 상호교류 증진과 각종 생활편익시설 서비스 향상을 위한 커뮤니티계획이 중요한 이슈로 대두되고 있다. 생활권계획의 목적은 바람직한 커뮤니티 형성에 있으며, 실제로는 활동패턴에 따라 단위주거로부터 대도시에 이르기까지 사회 및 공간조직구성을 계층화하는 것이다.

도시생활권의 위계는 도시의 규모에 따라 다르지만 대도시 경우에는 대체로 소생활권(근린생활권) · 중생활권 · 대생활권의 세 단계로 구분되며, 우리나라 대도시의 각 생활권의 위계는 다음 기준에 의해 형성될 수 있다.

첫째, 소생활권은 근린주구(neighborhood unit) 크기로서, 초등학교 · 중학교의 보행에 의한 통학권을 가지고 시장 · 동사무소 · 파출소 등이 배치되는 일상생활권이다. 인구는 10,000~20,000명 규모이며, 생활권의 경계는 지역 간을 연결하는 간선도로에 의해 구별된다.

그러나 소생활권은 주거밀도나 형태에 따라 모든 시설배치 요구를 충족시키기는 곤란하므로 공동시설의 이용을 완전한 자급자족보다는 경우에 따라서 상호 중첩시킬 필요가 있다.

둘째, 중생활권은 보통 고등학교의 통학권 · 간선도로망 등의 조건을 고려하되 3~5개의 근린생활권을 모아 이루도록 한다. 따라서 인구는 5~10만 명을 기준으로 하며, 중생활권의 중심에는 업무 · 상업 · 위락시설 등을 배치하여 지구중심(district center)의 역할을 담당하도록 한다.

〈표 6.3〉 생활권 위계별 생활편익시설

구분	행 정	여 가	교 육	사회복지	보 건	유 통
소 생활권	-동사무소 -우체분국 -파출소	-어린이공원 -근린공원 -소운동장	-유치원 -초등학교 -중학교	-보육원 -경로당 -집회소 -주민회관	-병원·의원 -치과의원 -한의원 -약국	-근린중심 쇼핑센터 -소매시장 -은행·금고
중 생활권	-출장소	-지구공원 -운동장	-고등학교 -도서관	-종합복지센터 -청소년회관 -직업보도소 -상담소	-보건소 -종합병원	-지구중심 쇼핑센터 -소규모 도매시장
대 생활권	-구청 -경찰서 -소방서	-도시공원 -종합운동장	-전문대학 -대학 -연구기관	-특수복지센터 -양로원 -고아원 -장애인보호소	-대단위 종합병원 -특수병원	-지역중심 쇼핑센터 -백화점 -유통단지

(자료:김철수 외, 도시계획, 형설, 2005, p.187)

셋째, 대생활권은 대도시 규모의 생활권으로서 구청 · 경찰서 · 쇼핑센터 등을 갖출 수 있는 자기완결(self-contained) 성격을 가지며, 인구는 3~5개의 중생활권이 합해진 20~30만 명 정도로 하되 가급적 자치구의 행정구역과 일치시키는 것이 생활권 형성에 유리하다. 또한 현재 부도심(subcivic center)의 역할을 수행하고 있거나 앞으로 역할이 기대되는 중심으로 설정하는 것이 좋다.

6.4.4 근린생활권

가. 근린주구이론

도시민의 일상생활(daily life)행동은 학교 · 공원 · 상점 · 병원 등이 이용을 통해 주택을 중심으로 각각 행동범위에 있어서 영위된다. 따라서 생활권에는 통학권 · 통근권 · 일상용품 구매권 · 오락권 등이 있으며 주거지를 대상으로 한 생활권의 공간단위를 규정짓기 위한 수단으로 근린주구(neighbourhood nuit)개념을 도입하는 경우가 많다.

즉, 미국의 페리(C. A. Perry)는 1929년 근린주구단위(neighbourhood nuit)라는 개념을 정립하고, 이에 따라 커뮤니티를 구성할 것을 제안하였는데, 이것은 초등학교 학구를 기준단위로 설정하여 주구 내의 생활안정을 유지하고 편리성과 쾌적성을 확보하자는 것으로서, 주거단지 구성에 있어서 가장 기본이 되는 인구 및 면적 규모 · 경계 · 오픈 스페이스 · 공공건축용지(institution) · 근린쇼핑시설 · 지구내 가로의 6가지의 계획원리였다.

〈그림 6.10〉 Perry의 근린주구모델(1927)

그러나 오늘날 근린주구는 도시의 가장 기초적인 지역사회 단위로서 또한 도시 및 주거단지 구성을 위한 가장 기본적인 사회적 · 공간적 계획단계로서 인식되고 있다.

나. 근린주구의 사회문화적 가치

사회학자들은 근린주구의 크기는 주구내 주민들의 문화관(文化觀) · 경험 및 그들의 활동 등이 공감대로서 같은 생활공동체임을 느낄 수 있어야 하며, 가치관을 공유하고, 커뮤니티에 대한 애착심을 가질 수 있는 단위어야 한다고 주장하고 있다. 이러한 사회적 측면의 주장은 인간 위주의 환경조성에 큰 의미를 부여하며, 지역의 특수성과 주민이 생활공간을 연결하는 지역의 근본적인 문제를 이해하고 계획하여야 함을 의미한다. 이와 같은 사회적 의미 문화적 측면의 이점 이외에 자발적인 주민참여를 유도한다는 점에서도 그 의미가 크다.

참고문헌

1) 김철수, 도시공간의 이해, 기문당, 2006.

2) 김철수, 단지계획, 기문당, 2012.

3) 김철수 외, 도시계획, 형성출판사, 2005.

4) 대한건축학회, 주거론, 기문당, 2010.

5) 여홍구 외, 도시와 인간, 나남출판, 2005.

6) 최재석 옮김, 공간과 인간, 도서출판 국제, 1999.

7) Perry, C.A., The Neighbourhood Unit Formula, Urban Housing, New York: Free Press, 1966.

8) Porteous, J. D., Environment & Behavior, Adison Wesley Publishing, Inc., 1977.

9) Trancik, R., Finding Lost Space, Van Nostrand Reinhold Co., 1986.

10) Rapoport, A., House Form and Culture, London: Pion Limited, 1976.

제 7 장

교통과 이동공간

7.1 교통과 이동행태의 개념

7.1.1 교통의 정의

라틴어에서 transport는「이곳에서 저곳으로」라는 trans와「옮기다」라는 뜻의 porto의 복합적인 의미로써「이곳에서 저곳으로 어떠한 것을 옮기다」라고 정의할 수 있다(공간과 생활 교재편찬위원회, 1998). 여기서 어떠한 것이란 사람이나 화물 그리고 포괄적인 의미로는 의사전달이나 사람, 국가사이의 교제 또는 교류, 통신 네트워크도 포함되어 있지만 일반적인 3차원적 공간 속에서 사람이나 화물을 운반을 위하여 장소와 장소간의 거리를 극복하기 위한 행위가 보편적으로 통용되는 교통(交通)의 개념이라 할 수 있다.

한편 위키백과(http://ko.wikipedia.org)에서 정의한 교통이란 사람, 화물(화폐 포함)등의 장소적 이동 즉 수송 및 전달과 관련된 직접 · 간접적인 모든 행위와 조직 체계를 의미한다. 넓은 의미로는 인간과 재화에 관한 사고 · 정보 등이 전달행위도 포함시키나, 후자는 흔히 통신(通信)이라고 하여 협의(狹義)의 교통, 즉 교통 · 운송과 분리하여 생각한다.

다시 말하면 좁은 의미에서의 교통은 장소간의 거리를 극복하기 위한 유기체의 모든 활동을 말하며, 사람과 물건이 의도적으로 공간적 이동을 하는 것을 말한다. 이에 반하여 정보가 이동하는 것을 통신이라고 한다. 도로교통은 보행자를 포함해 여행과 화물의 운반을 위해 도로를 이용하는 수송의 모든 형태를 말한다.

이러한 교통은 일반적으로 특정한 목적통행을 수행하기 위한 수단으로 이해되고 있다. 즉 출근, 업무, 친교, 업무, 귀가 및 기타통행 등 목적수행을 위한 활동을 보조하는 중간재(intermediate goods)로서의 수단적 의미를 지니고 있다.

그리고 수단적 의미는 기능이 주어진 상태를 의미하는 것인데 역사적인 예로서는 비단길(실크로드)를 통한 동 · 서양의 재화나 문화교류 등을 통해서 교통의 기능을 살펴볼 수가 있다. 일반적인 교통의 기능을 살펴보면 다음과 같이 정리할 수 있다.

① 교통은 승객과 화물을 일정한 시간에 목적지까지 운송시킨다.
② 교통은 문화 · 사회활동 및 기타 건강 · 교육 등의 활동을 수행시키는데 이동성을 부여한다.
③ 교통은 도시화를 촉진하고 대도시와 주변도시를 유기적으로 연관시킨다.
④ 교통은 산업활동의 생산성을 제고시키고 생산비를 낮추는데 기여한다.
⑤ 교통은 도시 혹은 지역 간의 정치 · 사회적 교류를 촉진시킨다.

⑥ 교통은 소비자에게 여러 가지 물건을 제공해 주고 교역 범위를 확대시켜 준다.

또한 교통은 인체의 혈관과 같은 기능으로서 교통망(사방팔방으로 통하고 있는 도로, 철도, 항공로, 선로 등 교통로의 배치)이 발달하고, 새로운 교통수단이 등장함으로써 사회, 경제, 정치 등 인간 활동에 상당한 영향을 미치는 데 중추적인 역할을 담당하였다고 할 수 있다. 특히 과거 소품종 대량생산의 경제구조에서 다품종 소량생산의 추세변화로 인한 교통의 기능적 위치는 더 강화되고 있으며, 개인소득 향상에 의한 여가활동은 교통 자체가 지니고 있는 목적 기능의 중요성을 부각시키고 있는 것이다.

7.1.2 이동행태의 개념

가. 이동행태의 정의

인간 활동에 필요한 모든 자원들이 한 장소에서 얻어질 수 없기 때문에 사람과 물질들이 이동하게 되고, 이러한 이동행태 문제를 이해하는데 있어서 시 · 공간적 제약 개념은 매우 유용한 접근방법을 제공하게 된다. 실제 개인이 수행하는 여러 이동의 모습은 의무적 활동을 기본으로 하여 임의적 활동의 시간과 공간적 제약에 의해 결정되고 수행되어 진다.

박지영(2012)의 미래 인간이동행태 분석을 위한 기초연구에 따르면, 이동행태의 의무적 활동과 임의적 활동의 선택 구성은 산업별이나 개인의 소득수준 등 기초적인 사회경제지표뿐만 아니라 복합적이고 구체적인 제약변수들에 의해 결정될 수 있다고 하였다. 그리고 시 · 공간적 범위에 따라 다양한 형태로 나타난다고 한다.

먼저 장기적 이동으로는 생애주기에 따라 발생하는 다양한 목적에 의해 거주지를 이동하는 이주(move)가 대표적인 예이다. 이주도 공간상 거리에 따라 해외 이민과 같은 장거리 이주와 동일 권역 내의 근거리 이주로 나눌 수 있다.

단기간에 발생하는 이동은 일반적으로 거주지로 다시 돌아오게 되는 여행(tour)의 형태를 띠게 된다. 근거리 이동의 경우는 건물과 같은 공간에서의 움직임에서 부터 일상적인 하루 동안의 움직임 혹은 일반적으로 교통 분야에서 말하는 통행(trip) 등을 포함하게 된다.

여기서 통행(trip)이란 출발 지점에서 도착 지점으로 가는 한 방향의 이동인 반면, Tour는 출발 지점에서 하나 이상의 중간 도착 지점을 거쳐 활동을 한 후 출발지점으로 다시 돌아오는 연속되는 통행을 말한다.

현대사회에서는 교통수단의 발달과 글로벌 경제의 영향으로 단기간 동안 장거리를 이동하는 경우도 빈번하게 발생하고 있다. 또한 정보통신기술 및 네트워크의 발달로 인하여 앞으로는 시간과 공간의 한계를 극복해주는 시간과 공간의 수렴(Time space convergence) 현상이 더욱 가속화될 전망이다(한국교통연구원, 2011).

나. 이동의 발생과 활동유형

근본적으로 이동이 발생하는 이유는 현재 지점에서 얻을 수 없는 재화나 서비스를 얻기 위해서 다른 지점으로 움직이기 때문이다. 미국의 언어학자인 조지 지프는 이러한 이동을 설명하기 위하여 '최소 노력의 원리(Principle of least effort)'를 제시했다. 이 원리는 인간은 거리를 최소화하여 최단 경로를 선택하고, 재화나 서비스를 얻을 수 있는 장소 중 가장 가까운 지점을 선택하여 이동한다는 것이다. 이동을 발생시키는 이러한 원인들 즉 생계유지를 위해 필요한 활동(Activity)이라고 정의한다.

교통 분야에서는 이러한 개개인의 하루 이동행태를 대상으로 Trip chain분석, 시 · 공간 제약활동 스케쥴 분석 등 개인의 교통 행동적 접근방법(activity based approach)의 연구가 이루어지고 있다.

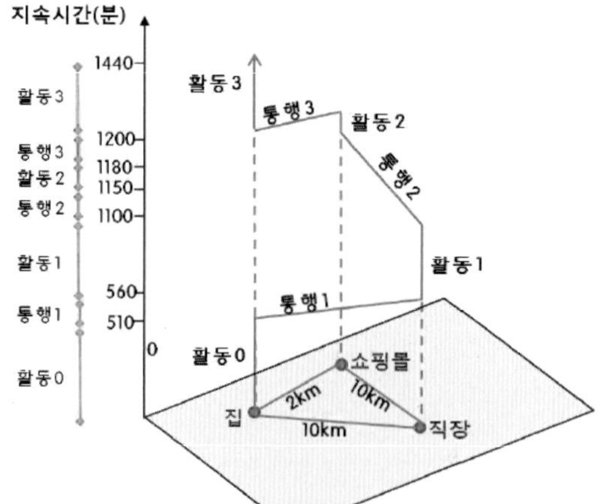

자료 : 한국교통연구원, 2012 p.13

〈그림 7.1〉 활동-이동간의 관계 예시

한편 활동에 따른 시 · 공간상의 이동이 실제 어떻게 이루어지는지 살펴보기 위해 하루 동안 이루어진 활동들과 그에 따른 이동을 예로 제시하였다. 실제 집, 직장, 쇼핑몰에서 각각 이루어지는 활동들과 이를 위한 이동을 시 · 공간상에서 표현한 것이다. 이 시공간 다이어그램에서 활동유형과 공간, 이동거리 및 시간 등을 나타낼 수 있으며, 사람들이 시 · 공간상에서 어떤 활동들을 하며 어떤 활동들이 이동을 유발시키는지 살펴볼 필요가 있다(박지영외, 2012).

한편 시간 지리학에서 제약적인 시간 및 공간적 환경 하에서 어떤 일을 수행되는 공간을 활동장(station)이라 한다. 이러한 활동장을 시간에 따라 연속적인 활동으로 연결하여 개인의 일상 경로(path)로 표현하며 서로 다른 사람의 여러 경로가 하나의 활동장에서 만나면 활동묶음(bundle)을 만들게 된다(조창현, 2006).

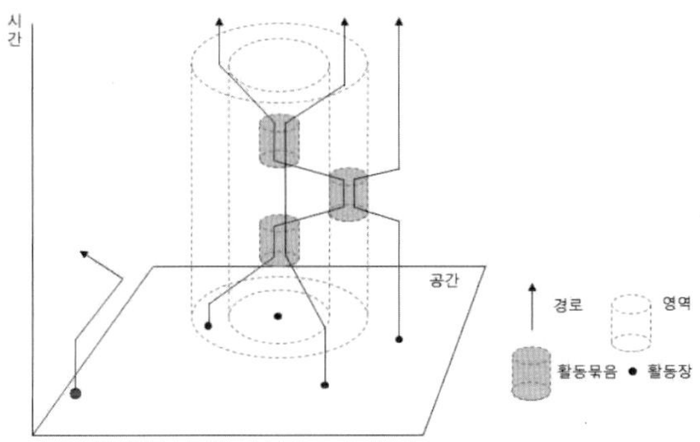

자료 : 조창현, 2006 p.263

〈그림 7.2〉 시 · 공간상의 경로, 활동장, 활동묶음

이러한 시 · 공간적 제약 개념을 이해하기 위해서는 실제 개인이 수행하는 여러 하루 생활의 이동시간외에도 이동평균시간과 시간대별 이동 통행비율 등이 어떻게 변화하였는지 이동행태를 분석하는 것이 중요하다. 또한 이동을 발생시키는 활동유형들은 사회적 · 경제적 변화 등에 따라 다르게 나타날 수 있으므로 이동행태 분석을 위한 활동유형 분류도 시대적 변화를 감안하여야 한다. 즉 이전에는 공간상 이동이 필수적 이었던 활동들이 최근 스마트 폰 이용과 인터 넷 뱅킹, 온라인 쇼핑 등으로 이동행태가 변화하고 있다.

특히 교통부문에 있어서 최근 고유가시대와 지구온난화를 대비하여 온실가스를 감축하기 위한 친환경 교통수단 등에 대한 관심과 기대가 증가하면서 교통수단 이용 또한 자전거, 도보, 철도의 평균통행시간이 증가하였고, 과거 출퇴근 및 업무 통행에 비해 여가나 기타 통행비율이 낮았으나, 이제는 여가나 쇼핑 등 기타 통행이 차지하는 비율이 점차 증가 하는 등 통행변화에 대해서도 주목할 필요가 있다.

이를 배경으로 국토해양부에서 국가교통DB의 통합적 구축과 자료제공을 위하여 국가교통DB센터를 설치하고, 1998년부터 현재까지 교통정책 및 계획수립 등에 필요한 기초자료를 조사 · 분석하여 공동 활용하기 위한 국가차원의 교통DB를 구축하고 있다(http://www.ktdb.go.kr).

다. 이동행태 구성요소

이동행태를 결정짓는 구성요소들은 크게 이동목적인 활동유형, 활동시간, 활동장소 이동방법 등으로 구분할 수 있다. 각 요소들 별로 이동행태를 구성하는 주요 내용을 살펴보면 다음과 같다.

① 이동목적(활동유형) : 시 · 공간상 움직임이 필요한 활동유형으로서 생활시간조사의 경우 이동은 통근, 통학 및 그 외의 이동으로 구분하고 있으며, 국가교통 DB조사의 통행목적은 에 따라 출근, 등교, 귀가, 업무, 쇼핑, 여가, 기타 등으로 구분하고 있음
② 활동시간 : 하루 동안 이루어져야 할 활동들의 실행여부와 시간적인 순서는 활동의 중요도와 활동시간에 달려있음으로써, 활동의 시간적 범위는 이동행태를 구성하는 중요한 요소가 됨
③ 활동장소 : 활동장소가 대체적으로 집, 직장, 학교 등으로 고정되어있고, 활동장소의 공간적 위치, 입지특성 등은 이동행태를 정하는 중요한 요소가 됨
④ 이동방법(교통수단) : 활동장소와 활동시간이 정해지면 시간적 제약과 공간상의 거리를 감안하여 이동방법이 정해지고, 개인적 속성에 따라 다른 행태로 나타나게 됨. 여기서 교통수단은 도보, 승용차, 버스, 철도/지하철, 택시, 자전거, 기타 등으로 분류함
⑤ 그 외의 요소들 : 이동행태에 영향을 미치는 사회적 경제적 환경요인 등 직간접적으로 관련된 요소들임

7.1.3 생활시간조사

가. 국민생활시간조사

국민생활시간조사(Time Use Study/ Time Bud get Study)는 최근 2010년 조사에 이르기까지 지난 30년간 9차례에 걸쳐 정기적으로 수행되어 오면서 국민여가활동 진흥 및 사회 각 분야에서 학술적 · 정책적 기초 자료로 활용되고 있다. 이러한 생활시간조사는 현재 세계 20여 개국에서 정기적으로 실시되고 있으며, 국가별 조사결과는 세계시간조사학회(IATUR)를 통해

발표됨으로써 국제 비교연구가 가능하게 되었다(한국방송공사, 2011).

최근 조사는 2010년 10월 16일~18일까지 3일간 평일과 토~일요일을 대상으로 전국 100개 지역을 선정하여 실시되었다. 조사대상자는 성별, 연령별, 시도별, 지역크기별로 유층화한 다단계확률표집방법(Stratifiedrandom sampling)을 사용하여 표본을 추출하였으며, 10세 이상 전 국민 중 3,500명을 대상으로 유효 피조사자 수는 토요일, 일요일, 평일(월요일) 각각 3,428명(유효율 97.9%)이었다.

시간대 조사는 하루 어떠한 행동들로 구성되고, 각 행동에 어느 정도 시간과 특정시간에 어떤 행위를 전체 몇 %를 차지하는지 알아보기 위해서 각 시간대별 행위자의 행위자율을 조사하고, 24시간을 15분 단위(하루 총 96개 단위)로 나누어 집계하여 이를 성별 · 연령별 · 직업별 · 학력별 · 시도별 · 지역별로 교차분석을 실시하고 있다(서울대 언론정보연구소, 2010).

데이터 구조는 〈표 7.1〉과 같이 1인 자료가 총 18칼럼으로 구성되어 있으며, 여기서 활용한 행동/재택코드는 이동행태로 분류된 통근, 통학, 그 외 통행의 15분 단위 1회 통행으로 기록된 시간대별 이동시간에 관한 자료이다.

〈표 7.1〉 국민생활시간조사 데이터 구조

칼 럼	코드명	코드 No.	설명
1~4	일련번호	-	조사자의 고유번호
5~6	도코드	01~16	특별시, 광역시, 도
7	지역코드	1~5	특별시, 광역시, 시, 읍, 면
8~10	지점코드	01~108	108개 조사지점
11	성별코드	1~2	남자, 여자
12~13	연령코드	나이	-
14	학력코드	1~9	재학중, 졸업구분
15~ 16	직업코드	1~10	-
17	시청환경코드	0~4	-
이후 매 5칼럼씩	행동/재택코드	-	행동분류별 코드

자료 : KBS한국방송, 2010년 국민생활시간조사, 2011.2

행동분류별 코드는 생활필수(수면, 식사, 신변잡일), 노동(일, 가사, 통근), 이동(통근, 통학 및 그 외의 이동), 여가(개인적 교제, 휴식, 레저 활동, 음악듣기, 동영상보기, 극장영화보기, 컴퓨터게임하기, 신문잡지책, 지상파라디오, 지상파텔레비전, 유료방송, 인터넷, 휴대전화), 재택시간으로 분류하고 있다.

이러한 국민생활조사 자료를 이용하여 시간활용에 대한 연구와 조사가 활발히 진행되고 있는데, 이제까지 주로 대중매체이용실태 및 여가생활에 초점을 맞추어 방송프로그램 편성을 위한 주기적인 조사연구로서「언론정보연구」를 중심으로 연구결과가 발표되고 있다.

해외 사례를 보면 12회 조사를 실시하는 나라는 미국, 영국, 캐나다, 프랑스, 핀란드, 이탈리아, 노르웨이 등이 대표적이며, 호주와 독일은 연 4회 조사를 실시하고 있으나(통계개발원,2008), 우리나라의 경우 조사 시기에 있어서 년 1회실시로 계절적 특성이나 시간적 변화를 제대로 측정하기 어려운 점이 있다. 이러한 조사방법의 한계점을 극복하기 위해서라도 유효피조사자 수에 대하여 생활시간조사 시간 량에 대한 상대표준오차를 계산하여 지역별 표본규모를 늘리는 방안이 검토되어야 한다(통계개발원, 2008).

나. 생활시간조사

통계청에서 주관하는 생활시간조사(time use survey)는 지난 1999년 9월 제1회 생활시간조사가 실시된 이래, 제2회 2004년, 그리고 제3회 2009년에 이르기까지 매 5년마다 국민들이 주어진 하루 24시간을 어떤 형태로 보내고 있는지를 파악하여 국민의 생활방식(life style)과 삶의 질을 측정할 수 있는 기초 자료로 제공하고 있다. 그리고 특성상 시간활용은 요일에 따라 상이하므로 특정행동의 시간과 행위자비율에 대한 자료는 평일, 토요일, 일요일로 분리하여 집계함으로써, 무급 가사노동에 소요된 시간을 파악하여 가사노동의 경제적 가치를 분석하고, 각종 노동, 복지, 문화, 교통 관련 정책수립이나 학문 연구의 기초자료로 활용되고 있다.

이러한 생활시간 조사는 하루 24시간의 활동형태를 10분 간격으로 시간일지(time-diary) 형식으로 자신이 한 행동을 일기 쓰듯이 2일 동안 직접 기입하는 방식(after-coded diary)으로 기록하여 조사하고 있다. 2009년에는 전국 약 8,100가구의 만 10세 이상 가구원 (약 21,000명)을 대상으로 총 3부문 : 가구관련사항(4항목), 개인관련사항(17항목), 시간일지(2일), 생활시간사용 만족도(2항목)의 조사가 실시되었다.

시간일지의 행동분류체계(조사용 분류체계 기준)는 응답자가 행동한 목적에 따라 행동을 9개 대분류, 50개 중분류, 144개 소분류로 분류하며, 대분류의 필수생활시간, 의무생활시간 및 여가생활시간은 아래 기준에 따라 재분류한다.

그 외 생활시간조사의 상세한 통계 시계열 및 조사설명 자료는 통계청 국가통계포털(www.kosis.kr)에 수록되어 있으니 참조하길 바란다.

- 필수생활시간 : 개인유지를 위한 시간으로 관련 행동분류 : ①개인유지(수면, 식사 및 간식, 개인위생, 의료적 건강관리 등)

- 의무생활시간 : 의무적인 활동을 위한 시간으로 관련 행동분류 : ②일, ③학습, ④가정관리, ⑤가족보살피기, ⑧이동
- 여가생활시간 : 개인이 자유롭게 사용하는 시간으로 관련 행동분류 : ⑥참여 및 봉사활동, ⑦교제 및 여가활동, ⑨기타

〈표 7.2〉 이동(의무생활시간) 행동분류표

구분	이동관련 행동분류
81	개인유지 관련 이동
82	출·퇴근 및 그 외 일관련 이동
83	통학 및 학습관련 이동
84	가정관리 관련 이동
85	가족 보살피기 관련 이동
86	참여 및 봉사활동 관련 이동
87	교제 및 여가활동 관련 이동
89	기타 이동
80	이동하기 위해 기다리기

자료 : 통계청, 2009년 생활시간조사 결과보고서, 2010. 3.

7.2 생활시간 활용과 이동행태 변화

7.2.1 전 국민의 생활시간활용

본 절에서는 전국의 만 10세 이상 국민에 대하여 하루 24시간을 어떻게 활용하고 있는지 약8,100개 표본가구에 거주하는 10세 이상 21,000여명을 대상으로 2일씩 조사한 「2009년 생활시간조사, 통계청」 결과를 간략하게 소개하고자 한다.

우리나라 국민(10세 이상)은 하루 24시간 중 10시간 53분(45.3%)을 잠자고, 식사하고, 씻는 등 필수적인 활동에 사용하고 있다. 구체적으로는 수면에 7시간 50분, 식사 및 간식에 1시간 45분, 기타 개인유지(개인위생, 외모관리, 의료적 건강관리 등)에 1시간 18분을 사용하고 있다.

그리고 수입 있는 일에 3시간 15분, 가사노동에 1시간 53분, 이동에 1시간 44분을 사용하는 등 의무적인 활동에는 8시간 7분(33.8%)을 사용한 반면, TV시청, 교재, 스포츠, 독서 등 여

가활동에는 하루 중 5시간 1분(20.9%)을 사용하고 있다.

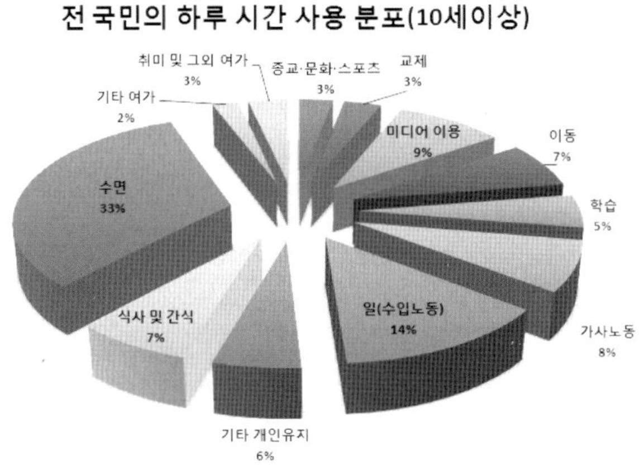

〈그림 7.3〉 전 국민(10세 이상)의 행동별 평균 사용시간

가. 취업자의 일 관련 이동

20세 이상 취업자의 평일 출퇴근 등 일 관련 이동 시간은 1시간 26분이며, 남자 취업자의 이동시간이 1시간 37분으로 여자 취업자(1시간 11분)보다 26분 더 많다. 또한 5년 전보다 이동시간이 6분 증가하였다.

취업시간이 주 36시간 미만인 취업자의 평일 일 관련 이동시간은 53분이고, 취업시간이 주 36시간 이상인 취업자는 1시간 33분이다.

〈표 7.3〉 취업자(20세 이상)의 출퇴근 및 일 관련 이동 시간(평일) (시간 : 분)

구분	취업자		취업시간 주 36시간 미만		취업시간 주 36시간 이상	
	2004	2009	2004	2009	2004	2009
전체	1:20	1:26	0:52	0:53	1:26	1:33
남자	1:31	1:37	0:59	0:56	1:35	1:43
여자	1:05	1:11	0:47	0:51	1:10	1:18

나. 학생의 학습 관련 이동

학생의 평일 등하교 등 학습 관련 이동시간은 1시간 20분이며, 5년 전보다 이동시간이 4분 증가하였다. 학교 급별로 보면, 대학생이 1시간 26분으로 가장 길고, 중학생 1시간 21분, 고등학생 1시간 17분, 초등학생 1시간 12분순으로 나타났다.

〈표 7.4〉 학생의 통학 및 학습 관련 이동 시간(평일) (시간 : 분)

	학생		초등학생		중학생		고등학생		대학생 이상	
	2004	2009	2004	2009	2004	2009	2004	2009	2004	2009
전체	1:16	1:20	1:07	1:12	1:15	1:21	1:18	1:17	1:22	1:26
남학생	1:15	1:20	1:07	1:13	1:15	1:19	1:19	1:18	1:20	1:30
여학생	1:17	1:19	1:07	1:11	1:14	1:24	1:18	1:17	1:25	1:23

다. 지역별 출퇴근 소요시간

평일 출퇴근 소요시간은 서울이 1시간 35분으로 가장 장시간이 소요되고, 광역시에서는 인천이 1시간 32분으로 가장 많고, 이외 모두 1시간 이상 소요되었다. 도 지역에서는 경기(1시간 20분)와 경북(1시간)이 1시간 이상 걸리고, 이외 지역은 50분 전후 소요된 것으로 나타났다.

5년 전에 비해, 서울의 소요시간이 가장 많은 9분 증가하고, 그 외 지역도 대부분 증가하였다.

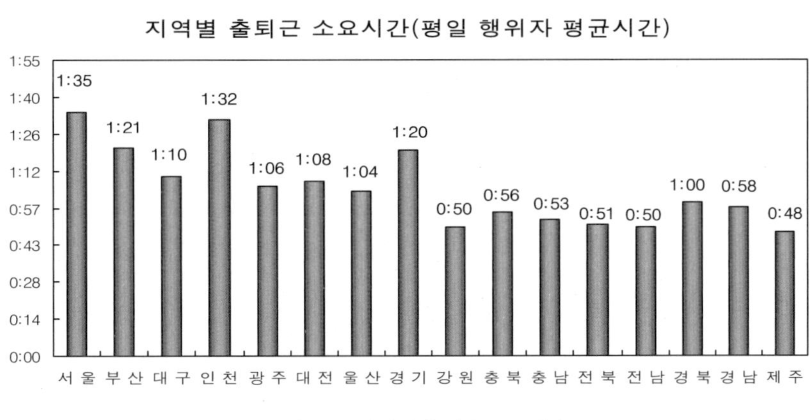

〈그림 7.4〉 지역별 출퇴근 소요시간

라. 시간대별 출퇴근 및 통학 비율

평일 시간대별로 출근 또는 등교하는 취업자와 학생의 비율을 보면, 대부분 아침 7시부터 9시 사이에 출근 또는 통학을 한다. 전반적으로 고등학생, 중학생, 취업자, 초등학생, 대학생 순으로 출근 · 통학시간이 빠르다.

퇴근 또는 하교 시간대의 비율을 보면, 취업자는 오후 6시부터 7시 30분 사이가 가장 높고 초 · 중학교학생은 주로 오후 3시부터 6시 사이에 높은데, 고등학생은 오후 9시와 10시 사이에 높게 나타났다.

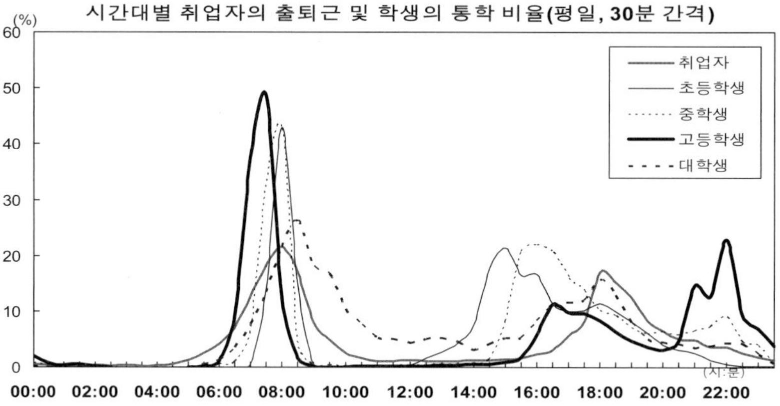

〈그림 7.5〉 시간대별 취업자의 출퇴근및 통학비율(평일)

7.2.2 이동행태의 변화

생활시간조사자료 가운데 노동(일, 가사)과 여가시간 및 이동을 중심으로 지난 10년간 각각의 행동에 어느 정도의 시간을 할당하고 변화하였는지 개략적으로 살펴보기로 한다.

우리나라 국민의 일일 행동별 전체 평균시간을 2000년 국민생활조사결과와 비교하면, 먼저 평일의 평균 노동시간(일, 가사)의 경우 7시간 22분에서 6시간 32분으로 50분정도 감소한 반면, 여가시간은 5시간 38분에서 6시간 1분으로 23분 증가하였다.

이러한 조사결과는 전국여객교통조사(KTDB)의 10년 동안에 있어서 출근/업무통행은 3% 감소하였으며, 여가/오락/친교통행은 3%, 기타통행은 3.6% 증가한 목적통행비율의 변화와 유사한 결과를 보이고 있다는 것을 알 수 있다.

여기서 지난 10년간의 근로자의 시간량별 행위자비율을 분석한 결과에 따르면(그림 7.4), 6시간 이하의 비율은 크게 변화가 없으나 6시간 15분에서 8시간까지의 비율이 32%를 차지함으로써, 이전에 비해 크게 증가한 반면 8시간 혹은10시간이상 비율은 상대적으로 감소하였다.

〈표 7.5〉 근로자의 일 행위자비율 및 평균시간변화 (단위 : 시간, 분)

구분	평일		토요일		일요일	
	비율(%)	평균시간	비율(%)	평균시간	비율(%)	평균시간
2000년	96	8.38	94	7.34	39	7.40
2005년	96	8.34	82	7.52	38	7.51
2010년	96	8.09	74	7.31	35	7.26

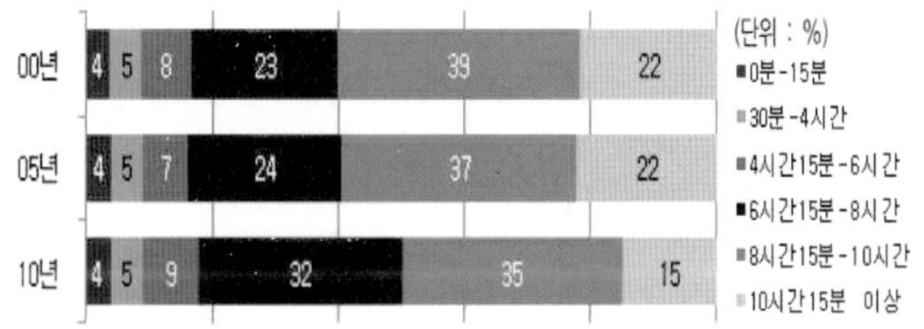

〈그림 7.6〉 근로자의 시간량별 비율(2000-2010년)

특히 이 시간대 가장 높은 분포를 보인 2000년 보다 약 7%이상 차이를 나타내고 있어서 과다한 초과근무 시간량이 점차 줄어드는 형태로 바뀌어 가는데, 이는 2000년대 고도 경제 성장기 22%에서 10시간 이상 근무는 점차 감소하여 선진국 형으로 바뀌어가는 생활시간의 행태를 보이는 것을 알 수 있다. 이와 같이 노동(일, 가사)과 여가 시간배분에 있어서 근로자의 일 행위비율 및 평균시간이 대체로 감소추세에 있는데, 이는 산업구조가 점차 서비스업과 지식경제, IT 정보기술 중심으로 변화되었기 때문이다.

한편 하루 중 이동에 소비하는 평균시간은 2010년 현재 평일 1시간 19분, 토요일 1시간 22분, 일요일 1시간 15분이며, 이동비율은 평일 93.0%, 토요일 90.9%, 일요일 83.9%이다. 2000년과 비교하면, 전체평균시간은 평일과 토요일 크게 차이가 없으나 일요일은 13분 감소하고 행위자 평균시간은 일요일 15분 증가했다.

가. 시간대별 이동비율 변화

1990년대 도시와 농촌의 이동행태를 비교한 결과를 토대로 시간대별 지역별 이동행태를 살펴보면, 도시 근로자의 경우 오전 오후의 피크시간대가 뚜렷하게 나타나는 반면, 농촌의 경우는 별 차이 없이 전시간대 걸쳐 낮은 이동율을 나타내고 있었다. 그러나 2000년에 이르러 도시 근로자는 10년 전 이동행태와 큰 차이를 보이지 않지만, 농촌은 오전과 오후 피크시간대가 이전에 비해 이동량이 뚜렷이 증가하여 도시와 유사한 패턴을 보이고 있다.

최근 2010년도와 2000년과 비교하면 오전 첨두시가 지난 10시부터 17시까지 이동비율이 전반적으로 증가한 패턴을 보이고 있다.

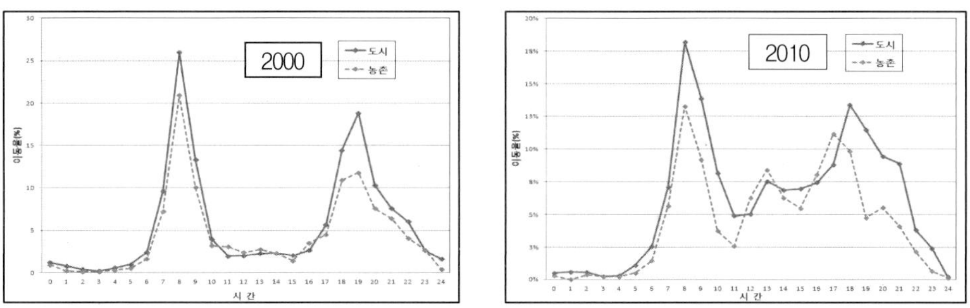

〈그림 7.7〉 시간대별 이동특성(2000-2010년)

이와 같이 2000년에 비해 2010년 이동행태 시간대 분포가 차이가 있게 나타난 것은 도시 근로자의 첨두시 이동율이 8시 18.5%, 18시 13.5%에 이르는 높은 집중율을 보이고 있기 때문이다. 그리고 한국교통연구원(2011) 자료에 의하면 전체통행의 28%가 오전 7시~9시간대에 이뤄지지만, 실제 하루 중 10~15시간대에 쇼핑(장보기), 여가, 친교통행량이 가장 많이 집중되고, 특히 오전 10~12시간대 쇼핑을 위해 움직이는 사람의 25%가 주부로 나타나는 등 10~15시간대와 퇴근 후 생활이동패턴이 훨씬 다양해진 것으로 나타났다.

이러한 이동특성을 지역별로 살펴보면, 이동의 전체 평균시간이 요일에 관계없이 시 지역에서만 증가하였고 다른 곳은 모두 감소추세를 보이고 있다. 또한 평일 이동율의 경우 특별시를 제외하고 모두 5%이상 증가하였고, 특히 읍면지역은 10년 전에 비해 각각 8.0%, 18.7% 이동율이 증가함으로써 이제 시 지역들과 큰 차이를 보이지 않고 있다.

물론 특별시의 경우 평일과 주말 모두 이동율과 평균이동 시간량이 조금씩 감소하고 있으나, 그 외 지역은 2000년과 비교해 볼 때 이동의 행위자비율과 평균 이동시간은 대체적으로 증가추세를 보이고 있다.

이러한 결과는 서울이 출퇴근시간대의 교통 혼잡이 극심하므로 이동시간대 제약을 덜 받는 시간으로 분산되는 경우가 있고, 타 도시에 비해 버스전용차로 및 도시철도망이 잘 갖추어져 있어서 1일 교통수단별 분담율은 승용차 25.9%, 버스 28%, 지하철 · 철도 35.2%, 택시 6%, 기타 4%인데, 여기서 대중교통 이용율이 63.2%으로 매우 높기 때문에 나타나는 차이라고 볼 수 있다(서울통계, http://stat.seoul.go.kr).

그리고 서울시민들이 이용하는 교통수단별 하루 평균 이동시간량은 택시 · 승용차가 41.1분으로 가장 길고, 그 다음으로 버스 · 지하철이 38.9분, 도보 29.5분, 기타 8.2분으로 나타났다(통계청, 2004 생활시간조사).

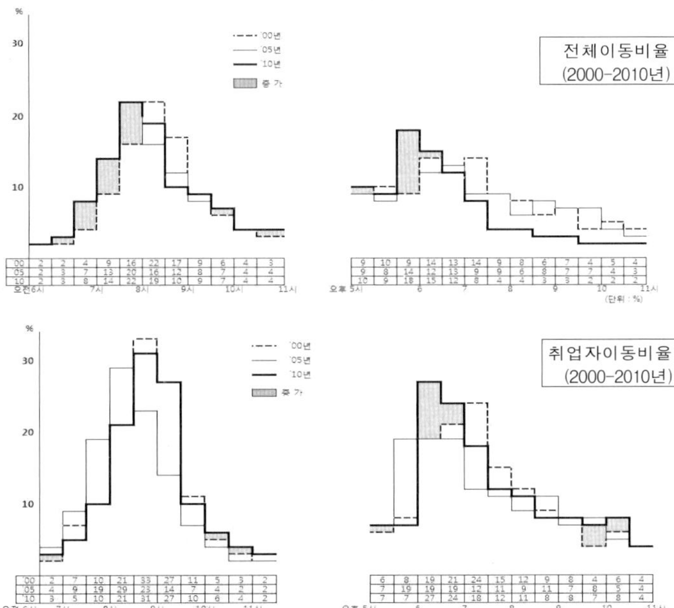

〈그림 7.8〉 시간대별 이동행위자 비율

나. 시간대별 이동비율 변화

전 국민의 시간대별 이동 행위자비율을 보면, 평일의 경우 최고시간대는 오전 8시부터 8시 15분사이로 이동비율은 2000년보다 6% 증가하여 22%에 이른다. 그리고 오후 첨두시는 오후 5시 45분부터 6시 사이로 9%증가하여 18%으로 나타났다.

직장인의 평일 시간대별 이동행위자 비율을 보면 오전 8시부터 9시 사이와 오후 6시부터

7시 사이에 집중되어 있음을 알 수 있다. 특히 지난 10년간 이동 행위자 변화를 살펴보면, 과거 오전 7시 출근시간대의 이동율이 점차 감소하다가 최근에는 8시 30분과 9시 30분대로 출근시간대가 늦어지는 형태를 보이고 있다. 그리고 도시권에 거주하는 사람들이 보다 일찍 출근하는 현상을 보인다.

퇴근시간대는 6시 이후 27%로서 2000년에 비해 무려 17%가 증가하여 정시 퇴근하고 오후 9시부터 밤 시간까지 귀가 시간대가 늦어지면서 활발한 취미활동 등 직장인들의 퇴근 후 여가활동이 다양해졌음을 엿볼 수 있다.

또한 소득수준이 높아질수록 전체 이동행위자의 비율이 좀 더 이른 시간대로 이동하고 있음을 알 수 있다.

참고문헌

1) 공간과 생활 교재편찬위원회, 1998, 空間과 生活, 계명대학교출판부.

2) 박지영외 3인, 2012. 미래 인간이동행태 분석을 위한 기초연구, 한국교통연구원

3) 생활시간조사를 활용한 통시적 분석",「한국언론정보학보」, 41:145-178.

4) 정병두, 2012. 국민생활시간조사 데이터를 이용한 시간대별 이동행태 변화에 관한 연구, 대한국토 · 도시계획학회지「국토계획」제47권 제4호.

5) 통계개발원, 2008. 생활시간조사 방법론 개선방안.

6) 추광영 · 이근용 · 이재현 · 송종현,2000."2000년도 한국인 생활시간의 개요",「언론정보연구」, 37:131-241.

7) 한국교통연구원, 2011. 우리나라 국민 10년동안 어떻게 통행했나?, KTDB.

8) 함승훈 · 정병두, 2006. "국민생활시간조사 데이터를 이용한 이동행태변화에 대한 비교분석",『산업기술연구소논문보고집』, 26 (1): 187-191.

9) KBS 한국방송, 2011. 서울대학교 언론정보연구소, 2010년 국민생활시간조사.

10) KBS 한국방송, 2006. 서울대학교 언론정보연구소, 2005년 국민생활시간조사.

11) K.Y.Choo, J.H. Lee, C.H.Song, 2011. "Major Time Use Survey Results of the Korean People in 2010 and Changes during the Industrialization Period",「언론정보연구」, 48(2):142-180.

12) 北村隆一, 森川高行, 2002. "交通行動の分析とモデリング-理論/モデル/調査/應用",「技報堂出版」.

13) http://www.nso.go.kr(통계청 홈페이지).

제 8 장

미래의 교통과 생활공간

8.1 인구성장과 구조의 변화

8.1.1 인구성장 전망

미래의 교통과 생활공간 변화를 알아보기 위해서 우선 인구가 어떻게 변화할 것인지 향후 30년간의 시도별 장래인구를 전망한 결과를 살펴보기로 한다. 여기서 시도별 장래인구(2010-2040)는 2010년 인구주택총조사 결과를 기초로 인구동태(출생 · 사망) 및 인구이동통계의 추이를 반영하고 코호트요인법(Cohort components method)을 적용하여 성 · 연령별 구조를 추계한 결과이다(통계청, 2012).

우리나라의 2010년 현재 총인구는 4,941만명에서 성장, 2030년 5,216만명을 정점으로 감소, 2040년에 5,109만명에 이를 것으로 전망하고 있다.

최근의 시도별 인구성장 추세가 지속된다면, 2040년에는 수도권과 중부권 인구는 2010년보다 각각 192만명(7.9%)과 65만명(9.8%) 늘고, 영남권은 76만명(-5.9%) 호남권은 13만명(-2.3%) 가량 감소할 전망이다.

구체적으로 수도권 인구는 2010년 현재 2,434만명(총인구의 49.3%)에서 늘어 2030년 2,669만명(51.2%)을 정점으로 감소하고, 중부권은 2010년 660만명(총인구의 13.3%)에서 지속적으로 성장, 2040년까지 65만명(14.2%) 가량 증가한다. 반면, 영남권은 2010년 1,287만명(총인구의 26.0%)에서 향후 30년간 76만명 감소, 호남권도 현재 561만명(총인구의 11.3%)에서 13만명 가량 감소할 전망이다.

〈표 8.1〉 시도별 인구전망(2010-2040) (단위 : 천명)

지 역	2010년	2015년	2020년	2025년	2030년	2035년	2040년	2010년 대비 2040년	
								증감	증가율(%)
전국	49,410	50,617	51,435	51,972	52,160	51,888	51,091	1,681	3.4
수도권	24,339	25,228	25,957	26,465	26,691	26,620	26,259	1,919	7.9
중부권	6,595	6,828	6,986	7,122	7,224	7,271	7,242	647	9.8
호남권	5,608	5,640	5,623	5,605	5,591	5,556	5,477	-131	-2.3
영남권	12,869	12,921	12,870	12,781	12,654	12,441	12,114	-755	-5.9
제주	547	563	567	569	570	568	562	15	2.7

국내 인구의 감소와 모도시인 서울의 인구감소에도 불구하고, 수도권의 총량적 인구의 증가

추세는 향후 서울대도시권의 공간적 영역이 확장되어질 것이라 예상할 수 있다. 즉, 세계 거대도시권의 성장과 마찬가지로 서울대도시권은 미래에는 거대도시권을 형성하는 추세를 진전시킬 것으로 전망된다.

8.1.2 인구구조의 변화와 주택수요의 증대

가. 고령화사회

우리나라 인구는 이미 2000년에 고령화 사회(인구 7%가 65세 이상)에 진입하였으며, 2019년에는 고령사회(인구 14%가 65세 이상), 그리고 2026년에는 초 고령사회(인구 20%가 65세 이상)가 될 것으로 예측된다.

최근 발표된 인구 추계 자료(통계청, 2012. 6)에 따르면, 전국적으로 65세 이상 고령인구는 2010년 545만명(11.0%), 2030년 1,269만명(24.3%)으로 두배 이상 증가, 2040년 1,650만명(32.3%)에 이를 전망이다. 즉 베이비부머가 65세 이상 고령인구에 진입하는 2020년부터 2030년까지 고령인구 비중이 전국적으로 8.6% 가량 급증할 것으로 예상하고 있다.

시도별로 살펴보면, 2010년 호남권의 고령인구 비중이 15%를 넘어섰고, 수도권은 8.9% 수준이며, 전남이 20.1%로 가장 높고, 울산이 6.8%로 가장 낮다. 2040년 경기를 제외한 도지역 및 부산은 고령자가 전체 인구 3명중 1명 넘어 전남 42.5% 강원은 38.7%로 가장 높고, 비중이 가장 낮은 지역인 광주, 대전, 경기도 27~28%를 넘을 것으로 예상된다.

85세이상 초고령인구도 향후 30년간 전국 평균 4.6배 증가하여 2010년 현재 85세 이상 인구는 37만명에서 2040년에 4.6배 증가하여 208만명(2010년 충남인구 수준)에 이를 전망되어 그에 적합한 미래도시의 개발전략이 제안되어야 한다.

〈표 8.2〉 2050년 인구성장률/인구구성비 추계(%)

연도		1990	1995	2000	2005	2010	2015	2020	2025	2030	2035	2040	2045	2050
인구 성장률		0.99	1.01	0.84	0.21	0.26	0.10	-0.02	-0.12	-0.25	-0.46	-0.67	-0.88	-1.07
인구구성비	0~14세	25.60	23.40	21.10	19.20	16.20	13.70	12.40	11.80	11.40	11.00	10.30	9.50	8.90
	15~64세	69.30	70.70	71.70	71.70	72.90	73.40	72.00	68.30	64.40	60.70	57.20	55.00	53.00
	65세이상	5.10	5.90	7.20	9.10	11.00	12.90	15.60	19.90	24.30	28.40	32.50	35.50	38.20

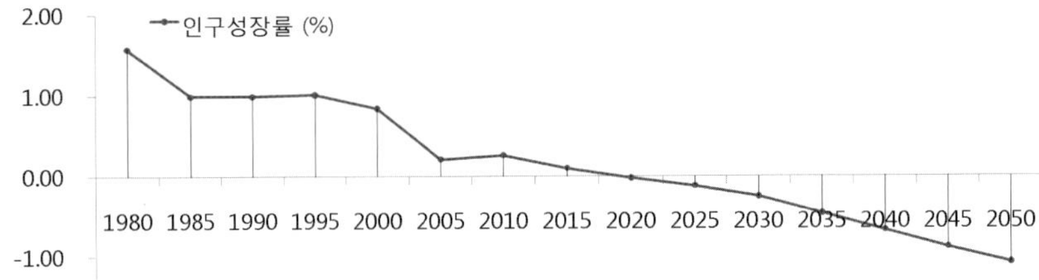

자료 : 통계청 홈페이지

〈그림 8.1〉 인구성장률

〈표 8.3〉 전국 인구 피라미드 전망

구분	1990년	2010년	2030년
전국	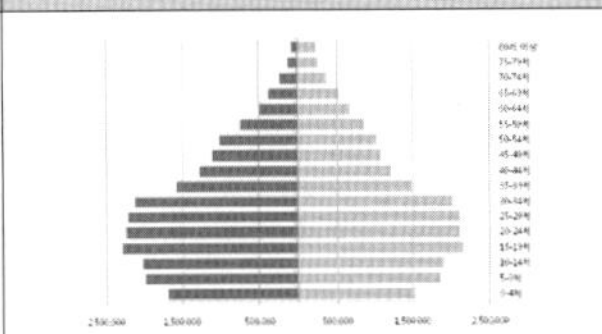	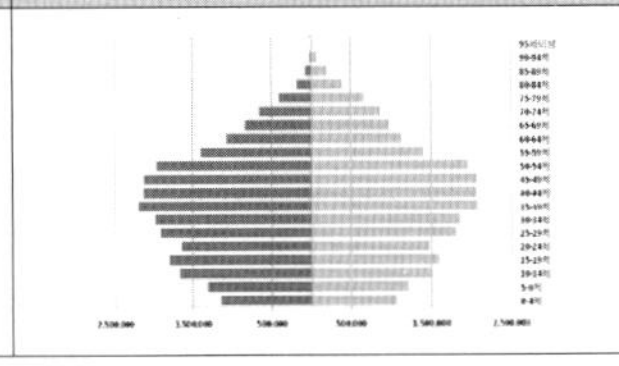	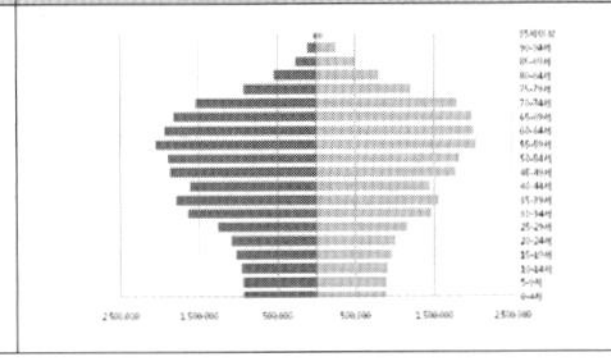

자료 : 통계청 홈페이지, http://kostat.go.kr

노인 인구가 증가하고 유소년 인구가 감소함에 따라 유소년부양비는 감소하고, 노년부양비와 노령화 지수는 증가할 것으로 예상된다. 통계청자료에 의하면 유소년 인구 1백명당 고령인구를 의미하는 노령화 지수는 2010년 68.4명에서 2017년에는 100명을 넘어서고, 2040년에는 288.6명으로 3.2배 증가할 것으로 예상된다.

지역별로 살펴보면2010년 현재 전남과 경북의 노령화 지수는 125.9명과 110.3명으로 고령인구가 유소년 인구를 초월하고 있지만, 2040년에도 전남, 경북, 강원은 유소년인구에 비해 고령인구가 4배 가까이 많고, 노령화 지수가 가장 낮은 광주도 고령인구가 유소년인구보다 2.1배 정도 많아질 전망이다.

이러한 고령화 사회 진전은 고령자의 이동행태 변화로 이어질 것이라 예상할 수 있다. 고령자의 경우에는 병원 등 의료시설과 문화시설, 여가시설, 그리고 상업시설 등이 인접한 곳을 주거 입지로 선택하는 경향이 강하다. 일본의 경우에는 고령화 사회로 진입함에 따라 이동이 편리한 도심회귀현상이 뚜렷하게 진전되었다.

이는 고령자의 경우에는 편익시설이 밀집한 곳을 선호하는 데 따른 것이다. 또한 고령자의 경우는 주로 가구원 수가 적은 1~2인 가구로 형성되는 특징이 있다. 이는 주거의 평형 규모가 작은 주택 형태의 공급정책이 추진되어야 함을 시사한다. 결과적으로 고령화 사회에서는 이동이 편리한 도심 등 편익시설이 밀집한 곳에서의 중소형주택 위주로 건축되어질 것으로 예상된다(한국교통연구원, 2010).

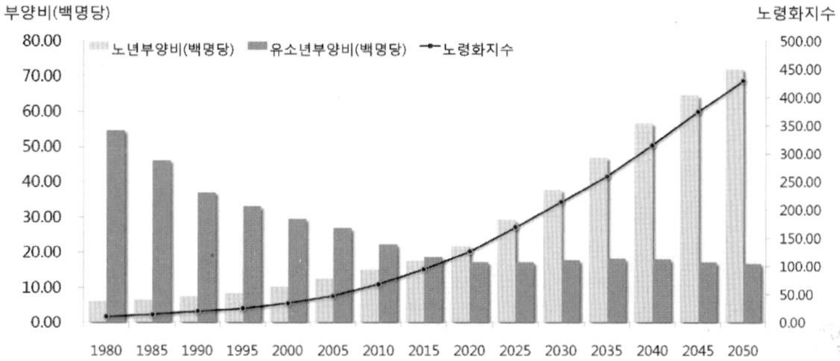

주 : 유소년부양비=(0~14세 인구)/(15~64세 인구)*100, 노년부양비=(65세 이상 인구)/(15~64세 인구)*100, 노령화지수 =(65세 이상 인구)/(0~14세 인구)*100

자료 : 통계청 홈페이지

〈그림 8.2〉 유소년/노년부양비, 노령화 지수 추계

나. 인구구조의 변화와 도시개발

앞에서 서술한 바와 같이 우리나라는 출산율의 감소와 빠른 노령화로 인구가 점차 감소할 것으로 예상된다. 고령자의 경우 한적한 교외의 생활보다는 생활의 편리함과 함께 다른 연령과 섞여 살고자 하는 희망이 크고, 커뮤니티 활동의 편의성, 의료시설의 편리성 등의 이유로 도시에서 생활하는 것을 선호하는 것으로 나타나고 있다.

'일반적으로 자녀 교육에 부담이 적은 사람, 일자리가 도심에 있으면서 도심이라는 입지적 혜택을 누리고자 하는 젊은 계층, 주거비 부담을 줄이고자 하는 계층들이 도심에 거주하기를 원한다.'는 연구결과와 우리나라의 미래 인구 구조를 볼 때 도심의 인구가 점차 늘어날 것으로 예상된다. 이러한 요인과 함께 여성의 사회적 진출이 늘어남에 따라 주거지역과 가까운 곳에서 한 번에 보육시설, 편의시설 등을 해결하고자 하는 욕구가 증대되고, 도심에서 자란 젊은 층이 도심 내 정착에 합류하며 도심회귀현상이 심화될 것으로 예상된다.

또한 성형곤외(2010)에서는 장래 인구구조 변화에 따라 압축도시 중심의 미래도시 개발이 불가피한 점을 예상하고 있으며, 도시인구가 증가하면 자연히 도심으로 자가용이 몰려 도로혼잡, 주차공간의 부족, 보행환경의 악화 등 다양한 문제를 야기할 가능성이 높다고 보고 있다.

그리고 동시에 우리나라의 가구구조 변화의 예측에 따라 늘어날 1인 가구는 다른 가구 집단에 비해 직주근접에 대한 선호가 강해 도심과 대중교통 지향성을 중시하는 것이 특징(1인 가구 주택공급 지원방안)이며, 특히 노령자의 경우 자가운전이 위험하기 때문에 보행환경 개선과 대중교통 확충이 필요할 것으로 판단하고 있다. 따라서 이러한 상황에서 각종 편의시설이 흩어져 있는 확산형 도시는 적합하지 않으며, 주거와 생활 편의시설과 문화시설 등을 함께 할 수 있는 복합개발이 필요할 것으로 예측하고 있다.

8.2 지속가능한 교통과 생활공간

8.2.1 교통 패러다임의 변화

과거 모토리제이션(Motorization)으로 인하여 자동차의 이용증가는 환경오염과 화석연료의 고갈과 교통사고 등 여러 교통문제를 유발하게 되었지만, 이제 이러한 모토리제이션의 개념은 자동차의 대중화, 생활화에서 벗어나 사람중심과 자연환경, 그리고 자동차와 공존할 수 있는 생활공간으로 바뀌고 있다. 그 가운데 주목할 만한 것은 1980년대에 전개되기 시작한 교통정온화(Traffic Calming)라고 할 수 있다.

실제 유럽의 각국에서는 1990년대에 들어서 교통계획분야에 있어 생활도로정비의 주된 개념으로 이미 정착되었고, 이제는 세계적으로 전개추세를 보이고 있다.

최근에는 다양한 기법을 적용한 지구내 교통정책의 개념을 확장하여 미래의 환경적으로 지속가능한 교통(EST: Environmentally Sustainable Transport)으로 그 영역을 확장해 나가고 있다.

이러한 EST 실현을 위한 교통정책의 이슈는 무엇보다도 자동차교통에 의한 환경부하를 줄이는데 초점을 맞추고 있다. 특히 지구교통에 있어 보행자의 안전성을 확보하기 위하여 과거에는 보차분리 하는 것이 일반적이고 우선시되었으나, 최근 생활도로에 있어서는 보행자의 안전성과 자동차의 편리성이라고 하는 다양한 요구에 적합한 「보차공존」 개념이 크게 보급되고 있는 것이다. 이러한 발상은 지구내 차량흐름을 「원활화」에서 교통량과 속도를 「억제」하는 방향으로의 전환이라고도 볼 수 있다.

이를 배경으로 우리나라에서도 이제까지의 자동차 소통위주 교통체계의 한계를 극복하고 인간중심 · 환경 친화적인 지구단위 교통체계구축의 필요성을 인식하고, 보다 여유 있고 쾌적한 가로환경과 보행자 안전을 위한 공간을 확보하고자 여러 측면에서 변화하고 있다.

이는 이면도로의 도로기능체계 정립은 물론 지구 내의 도로공간에 안전성과 쾌적성을 부여하는 생활환경개선 차원의 우리 동네 교통정비사업의 시초가 되었다. 즉 지금까지 차량소통 위주의 교통정책 시행으로 등한시 되었던 보행, 자전거 등 녹색교통수단의 편리를 도모하는 한편, 주차공간 확보, 소통증진 등을 병행하는 지구단위 교통개선사업으로서 자리매김 하였다고 볼 수 있다.

이러한 살고 싶은 도시 · 마을 만들기에 있어서 지속 가능한 교통이란 전략적 목표 달성을 위하여 1) 환경친화적 · 에너지 절감형 교통체계의 형성, 2) 보행자중심 · 자전거이용 환경의 정비, 3) 대중교통 이용활성화로 자동차 이용의 저감, 4) 안전한 교통여건 조성 등의 분야에 초점을 맞추어 자치단체의 정책방향 수립과 대책마련을 유도하고 있다.

생활도로에 있어서는 개인의 이동성과 접근성의 확보와 보행자 · 거주자의 주거환경 · 쾌적성의 개선을 주된 목표로 하고, 지구내의 자동차 교통의 흐름을 원활화하는 방향에서 통행량과 속도를 억제하는 방향으로의 전환이 요구된다. 구체적 방법으로는 험프, 통행차단, 보행자몰 등의 자동차 교통억제형의 방법이 있으며, 보행자의 안전성과 자동차의 편리성이라 하는 다양한 요구를 최대한 수용하기 위한 보차공존도로의 적극적인 도입이 필요하다.

8.2.2 교통정온화와 생활공간

가. 교통정온화의 정의

교교통정온화의 정의를 보면 Pharoah & Russel은 가로를 쾌적하고 안전한 환경으로 개선하는 시도로, Hass-Klau는 자동차의 속도를 억제하기 위한 모든 교통정책으로, Lovell은 자동차의 속도와 운전자의 행동을 통제하기 위한 교통공학 및 물리적인 수단으로 해석하고 있다(Lockwood, 1997).

Brindle(1997)은 교통정온화를 3단계로 구분하여 1단계는 자동차의 감속 및 사고대책, 2단계는 보행자전용지구, 대중교통지구(Tra-nsit Mall), 주차정책, 도심혼잡세 등을, 3단계에서는 교통수요관리정책(TDM) 및 교통체계개선정책(TSM)까지 포괄적으로 포함시키기도 한다.

이러한 기존의 교통정온화에 대한 정의와 함께 미국의 교통공학회인 ITE-(Lockwood, 1997)는 교통정온화란 자동차의 역효과를 감소시키고 자동차 운전자의 통행행태를 변화시키며 보행자 및 자전거 이용자들의 통행환경을 개선시키기 위한 여러 가지 물리적인 대책이라고 다음과 같이 정의하고 있다.

Traffic Calming is the combination of mainly physical mea-sures that reduce the negative effects of motor vehicle use, alter driver behavior and improve conditions for non-motorized street users.

한편, 일본에서는 네델란드의 본엘프를 변형하여 커뮤니티도로(Community Road)로 불리는 교통정온화기법을 사용하고 있다. 커뮤니티도로는 주택지 등의 지구를 대상으로 하여 자동차 주행속도의 억제 및 통과교통의 배제를 통하여 안전하고 쾌적한 지구를 형성하는 방안으로 해석하고 있다.

나. 교통정온화의 시대적 흐름

이상도시와 전원도시 이후 도시계획의 철학과 원리는 아테네 헌장, 생태도시, 스마트 성장, 뉴어바니즘 헌장, 녹색도시로 변천되어 왔다(원제무, 2010). 1980년 이후의 뉴어바니즘 원리는 친환경적인 보행도로 조성, 보행공간의 연결성을 확보하는 것으로 이러한 원리는 교통에서의 쾌적한 보행환경 조성이 목적인 교통정온화와 큰 맥락을 같이한다.

〈그림 8.3〉은 도시의 변천과정과 교통정온화의 시대적 흐름을 제시하고 있다(박완용, 2012).

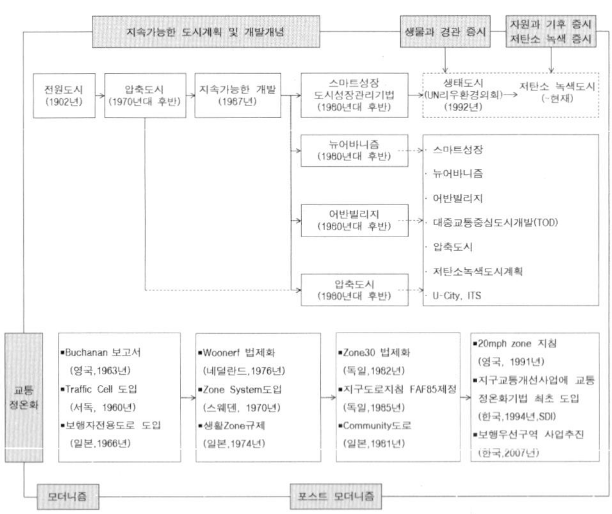

〈그림 8.3〉 도시 · 교통 관련 패러다임과 교통정온화의 시대적 흐름

유럽에서 적용한 교통정온화사업은 사업시행방식에서 영국의 홈존, 독일의 보차공존도로, 덴마크의 휴식과 놀이도로(Rest and Play Street)와 같이 도로가 갖고 있는 교통기능 이외에도, 주민들에게 쉴 수 있는 공간을 부여하기 위한 본 엘프형 방식과 교통안전에 주안점을 두고 차

량의 속도와 통행을 억제하는 독일의 템포 30(Tempo 30), 영국 존 30 등 두가지 유형의 교통정온화 기법이 사용되고 있다.

다. 교통정온화 주요사례

이러한 교통 패러다임의 변화를 교통정온화관련 사업을 중심으로 살펴보면, 실제 1990년대 이전에는 지구교통환경개선차원에서 실제 별다른 대책이 없었다고 해도 과언이 아니었다. 그렇지만 1994년부터 서울시 각 자치구가 시행주체가 되어 교통개선사업(TIP: Transportation Improvement Program)의 일환으로 지구교통개선사업(STM : Site Transportation Management)이 여러 곳에서 시행된바 있다.

그 외에도 보행환경의 중요성이 점차 부각되면서, 서울시에서는 1997년 덕수궁길의 보행자 중심 녹화거리 조성사업을 시행하여 보차공존도로인「생활도로」개념이 도입되기 시작하였고, 그 후에도 '어린이보호구역 개선사업', 서울시 보행권 확보와 보행환경개선에 관한기본조례 및 걷고 싶은 서울을 만들기 위한 보행환경 기본계획(1998년)을 수립하는 등 지구교통관리가 체계적으로 이루어지게 되었다.

1990년대 중반부터는 주민 · 시민단체 · 행정이 앞장서서 살고 싶은 도시 · 마을을 가꾸기 위하여 노력해 왔으며, 서울시 각 구에서는 1개소씩 시범가로를 조성하여 시민의 보행권과 삶의 질이 보장되는 걷고 싶은 도시 만들기 사업, 차 없는 거리 조성 등 보행자중심의 교통환경을 만드는데 큰 성과를 이루게 되었다.

그리고 새로운 도시평가체계를 개발하여 지자체와 주민이 주도하는 살고 싶은 도시 만들기 대상 제도를 마련하였고, 건설교통부에서는 우수도시의 시범사업을 통하여 정부 지원하는 등 살고 싶은 도시 만들기 정책을 국가 중요시책으로 추진하고 있다.

한편 서울시에서는 2004년도부터 담장을 허물어 주차장을 조성하고 여유 공간에 조경을 설치하는 Green Parking 사업을 선도적으로 추진하여 단기간 내에 저비용으로 많은 주차장을 확보할 수 있었고 주택가 이면도로에 생활도로를 조성하였다. 그리고 각 자치구에서는 담장허물기 참여 가옥이 50%이상 넘는 골목을 선정하여 특별 인센티브를 주는 환경친화적인「생활도로 조성사업」을 추진하고 있다.

특히 2006년 1월에는 교통약자의 이동편의증진법이 제정되었고, 이 법에서는 시장 또는 군수는 교통약자를 포함한 보행자의 안전하고 편리한 보행환경을 위하여 필요하다고 인정하는 때에는 도로의 일정구간을「보행우선구역」으로 지정할 수 있다고 명시하고 있다. 그리고 국토해양부에서 2007년 시범사업을 시작으로 전국적으로 23개 사업이 추진 중에 있음으로써,

보행우선구역 안에서 Green Parking사업과 함께 자동차의 일방통행 등 보행자의 안전 및 편의를 위한 조치계획을 수립하고 생활도로를 효율적으로 정비할 수 있는 좋은 기회가 마련되었다고 볼 수 있다.

최근 2012년에는 '보행안전 및 편의증진에 관한 법률제정에 따라 보행안전과 쾌적한 보행환경 조성을 위한 관련 계획 및 사업의 구체적인 법적근거를 마련하여 전국적으로 보행과 안전위주의 교통정책이 시행 예정에 있다.

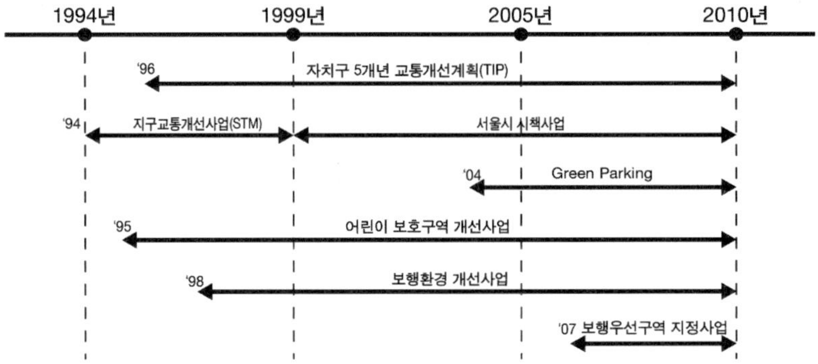

〈그림 8.4〉 국내 교통정온화 관련사업 추진현황

8.3 미래의 도시 · 교통서비스

8.3.1 미래 압축도시 개념과 교통기술의 발전

가. 압축도시의 개념과 개발여건 전망

첨단 3차원 압축도시는 2차원의 평면 압축적 토지활용을 구현하고자 하는 기존의 압축도시(Compact City)개념을 보다 확장하고자 하는 개념이다. 즉, 지하공간을 보다 적극적으로 활용하여 교통 및 물류와 도시기반시설을 입체적 · 복합적으로 배치하고, 지상공간을 사람과 환경 중심의 녹색교통체계로 정비하여 토지이용의 고도화를 도모하는 새로운 도시 개념이라고 할 수 있다(성현곤, 2010).

특히, 첨단 3차원 압축도시에서 교통물류체계는 통행속도, 수송능력, 탄소배출량을 기준으로 지상공간은 도보, 자전거, 간선급행버스(Bus Rapid Transit), PRT(Personal Rapid Transit) 위주의 녹색교통체계로, 지하공간은 도시철도, 경전철, 대심도 급행철도, 유료 지하고속도로 및 튜브 물류시설로 기능적 · 위계적으로 배분하여 구성하고 있다는 특징이 있다.

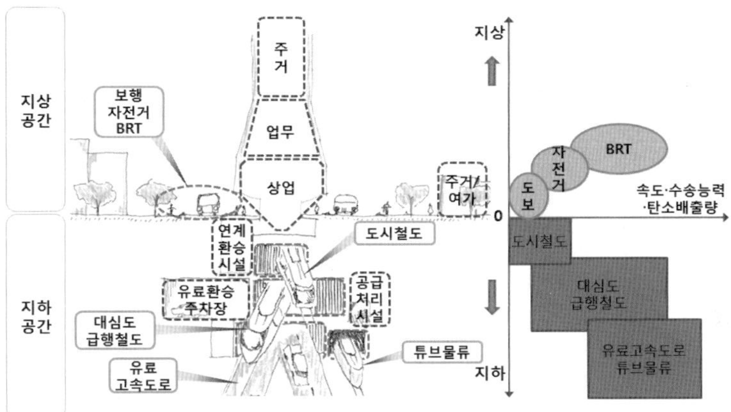

〈그림 8.5〉 첨단 3차원 압축도시의 개념

이러한 첨단 3차원 압축도시는 인구와 고용이 집중되어 있는 대도시권에서 적합한 개발모형이다. 세계적으로 대도시의 성장과 대도시권의 공간적 확장, 그리고 대도시권과 대도시권의 연담화에 따른 거대도시권이 형성되어질 것으로 예상되고 있다. 즉 개발의 필요성은 무엇보다도 장래 도시기능의 고도화와 대중교통 중심의 도시개발과 함께 지하공간을 충분히 활용함으로써 CO2 등 대기오염 배출량 저감에 기여할 수 있다고 보고 있다.

또한 미래의 교통기술발전을 고려한 새로운 교통체계와 수단을 적극적으로 검토하여 도입할 수 있으며, 지하물류자동운송 시스템, 지하자동화고속도로 시스템, 공륙비행자동차 수단, 개인대중교통 시스템 등 가까운 미래에 상용화가 가능하면서도 지속 가능한 교통체계 구축에 기여할 수 있을 것이다(성형곤, 2010).

나. 미래 교통기술의 발전

이제까지 모터리제이션으로 인한 제반 문제를 극복하고 대기오염 저감, 대체연료 등 친환경기술을 접목한 하이브리드, 연료전지자동차와 첨단안전자동차 등 새로운 기술을 접목한 자동차의 개발이 최근에 많이 이루어지고 있다. 그렇지만 미래에 교통수단과 교통기술이 어떠한 방향으로 발전될 것인가에 대해서는 다양한 연구와 예측이 있다.

우선 '위키피디아'에서는 〈표 8.4〉과 같이 미래 교통수단 및 주요특징을 전망하고 있다. 비록 이들 미래 교통수단들이 현실의 적용 가능성을 고려하고 있지는 않더라도 미래의 교통기술의 발전 전망을 고찰하는 데에는 시사점이 크다.

이러한 미래의 교통기술과 수단의 웜홀(wormhole)과 제트부츠(Jet Boots) 등은 공상과학 영화에서 주로 등장하고 있으며, 자기부상(Maglev)이나 태양력 배(Light Sail) 등은 현재의 기술력으로 만들어진 시제품이지만 당장 상용화가 가능하지는 않은 교통기술도 있다. 이처럼 미래 교통은 당장 실현 불가능하지만 현재의 교통문제, 예를 들어 시간과 공간의 압축이라는 미래의 소망을 담고 있으면서 과학기술의 진전에 따라서 실현 가능성도 배제할 수는 없다.

〈표 8.4〉 미래 교통수단의 주요특징

<table>
<tr><th colspan="3">분류</th><th>미래교통수단</th><th>주요특징</th></tr>
<tr><td rowspan="13">여객</td><td rowspan="7">공중</td><td rowspan="3">대중교통</td><td>Space Elevator</td><td>1985년 구상, 기지 수직이동→수평이동</td></tr>
<tr><td>Wormhole</td><td>물리학, 시공간 압축모델</td></tr>
<tr><td>Tractor Beam</td><td>UFO</td></tr>
<tr><td rowspan="4">개인교통</td><td>Flying Car</td><td>하늘 또는 도로 주행</td></tr>
<tr><td>Hoverboard</td><td>스케이트 보드 모양</td></tr>
<tr><td>Jet Boots</td><td>신발</td></tr>
<tr><td>Jet Pack</td><td>2008년 10분 비행(186mph)</td></tr>
<tr><td rowspan="5">지상</td><td rowspan="5">대중교통</td><td>Maglev</td><td></td></tr>
<tr><td>Rolling road</td><td></td></tr>
<tr><td>Personal Rapid Transit</td><td>수요 기반 논스톱 대중적 궤도교통수단</td></tr>
<tr><td>Motorized Bicycle</td><td>40~60㎞/hr, 전기자전거</td></tr>
<tr><td>Sidewalk Conveyor Belt</td><td>착석 가능, 60㎞/hr 이동 가능</td></tr>
<tr><td colspan="2">해상</td><td>Light Sail</td><td>태양력 배</td></tr>
<tr><td colspan="3">물류</td><td>Air-propelled Train</td><td>1948년 영국개발(뉴톤 4.8㎞), 최고속도 112㎞/h</td></tr>
</table>

지금까지 살펴본 교통수단별 특징과 기술적 난이도를 종합해 볼 때 미래 상용화가 가능한 미래 교통수단과 교통체계의 종류와 특징은 다음과 같이 정리할 수 있다.

- Automated Highway System(AHS) · Underground AH(UAH)
- Maglev(Magnetic Levitation Train)
- 고속전기자동차(High-Speed EV)
- Personal Rapid Transit(PRT) · Automated Public Transit System(APTS)
- Electric Bike
- Flying Car

〈표 8.5〉 지능형 미래 교통 · 물류 체계의 종류와 특징

구분	이미지		장점	단점
중·장거리 여객교통체계	지상 및 지하 지능형고속도로 (Automated Highway System)		· 용량 증대 · 에너지 저소비 · 안전성 및 이동성 제고 · 도로 공간의 효율성 증대 · Just-in-Time 효과 증대 · 여행시간 절감 편익	· 진출입 교통혼잡 · 토지이용 및 환경적 효과의 불확실성 · 대형 안전사고 가능성 · 형평성 침해 우려
	초고속철도 (MAGLEV, Magnetic Levitation)	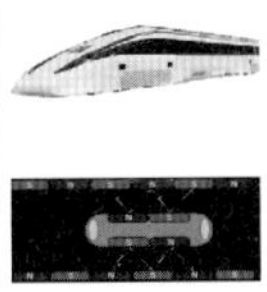	· 초고속(항공 이착륙 · 대기시간 감안 시 경쟁력 높음) · 자기부상으로 진동 거의 없음 · 전후진 동일 트랙 가능 · 대기오염 문제없음 · 대용량 운송수단	· 높은 건설 · 운용비용 · 소음
	개인 승용경비행기 (Transition Flying Car)		· 짧은 시간 교육 후 운행 · 공로와 항로 병행 운행 · 상용화 즉시 가능	· 높은 가격 · 형평성 측면 · 부대시설 토지 소요량 많음
	고속전기자동차 (High-Speed EV)		· 장거리 · 고속주행 가능 · 환경오염 최소화	· 높은 가격 · 충전시설 확충 필요
중·단거리여객교통체계	지능형 무인 대중교통 체계 (Automated Public Transit System)		· 승용차, 트램, 버스 등의 특징 보유 · 완전 자동화 시스템 · 공간점유 적음 · 교통혼잡↓ · 환경오염 없음	· 교통수요 높은 지역 등 적용 어려움 · 장거리 교통수요 대처능력 미흡 · 초기 투자비용 다소 높음
중·단거리여객교통체계	자전거급행도로 시스템 (Bike Rapid Transit)		· 장거리 운행 가능 · 교통안전 제고 · 에너지 사용량↓ · 건강증진 · Door-to-Door 기능 · 오염배출 · 토지사용 최소화 · 혼잡한 도심지역 효율성 제고	· 시스템에 따라 에너지 소비 증가 가능성 · 건설비 · 유지관리비 증가 가능성 · 사고발생 시 처리시간 증가 · 캡슐형 구조물의 온실효과 유발 가능성
	근린저속전기자동차 (Neighborhood Electronic Car)		· 단거리 저공해 자동차 · 주차공간의 최소화	· 기존 차량과의 병행운영 문제(제도 등) · 토지자원의 소요
물류교통체계	소규모 화물 집배송 자동 시스템 (CARGOCAP)		· 도로 교통혼잡 해소 · 환경에너지 효율성 제고 · 교통안전 제고 · 토지이용 효율 제고 · 화물 수송의 신뢰성 향상	· 지하 화물철도망(지름 1.6m) 구축비용 다소 높음
	지능형 화물원격조정 다수단 환적 · 운송체계		· 기존시설 이용 따라 추가비용 적음 · 24시간 · 365일 운영 가능 · 도로의 교통혼잡 해소 · 교통사고↓ · 에너지, 환경비용 최소	· 보급기술의 확산 소요시간 클 수 있음

자료: 성형곤, 박지형외 4인, 압축도시 중심의 미래도시 개발전략과 기본구상, 한국교통연구원, 2010.

8.3.2 개인 이동수단의 다양화

가. 초소형 개인 이동수단의 도입

대기오염, 지구온난화 등에 따른 국제환경규제의 강화와 함께 저탄소 녹색성장을 위한 산업군에서의 노력이 전 세계적으로 계속되고 있다. 이러한 산업군 중 자동차 분야에서는 녹색성장의 중요성과 함께 다양한 형태의 친환경 차량 개발에 막대한 투자가 이루어지고 있으며, 기술 경쟁 또한 심화되고 있다.

이러한 문제점에 대해 초소형 개인 이동수단(Personal Mobility Vehicle: PMV)이 대안으로서 전 세계적으로 주목받고 있다. 〈그림 8.6〉과 같이 초소형 개인 이동수단을 도입할 경우, 환경 문제 해결, 물류 효율 증대, 관광 · 지역 진흥 등의 다양한 사회편익을 얻을 수 있는 효과를 이룰 수 있을 것으로 전망된다(서인수외, 2012).

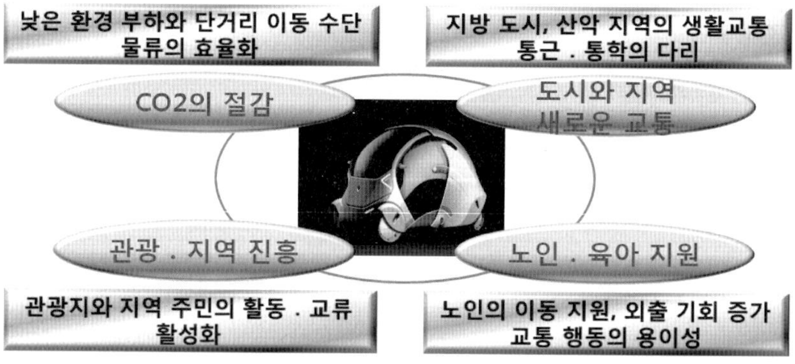

〈그림 8.6〉 국내초소형 개인이동수단 도입효과

세계 각 국의 자동차 업체에서는 다양한 특징을 보유한 초소형 자동차 시제품 및 콘셉트를 발표하여 세계시장을 주도하기 위해 노력하고 있으며, 이러한 사실로 초소형 자동차가 미래교통수단으로서 사회적, 경제적 측면에서 긍정적으로 인식되고 있음을 짐작할 수 있다. 이 차량들에는 안전성을 고려한 차체의 프레임 구조, 능동 안전장치 및 안전성, 편의성을 고려한 HMI(Human Machine Interface) 기능을 추기하거나, 로봇 제어 및 지능 기능을 추가한 경우를 볼 수 있다.

〈표 8.6〉 주요 초소형 자동차 시제품 및 콘셉트

 상품명 : Winglet 제조 : 토요타 특징 : 1인용 이동 로봇(세그웨이형)	 상품명 : Mobility Concept 제조 : 닛산 특징 : 2인용 전기자동차	 상품명 : Micro Commuter Concept 제조 : 혼다 특징 : 1~2인용 전기자동차
 상품명 : Q Concept 제조 : 스즈키 특징 : 1~2인용 전기자동차	 상품명 : Pico 제조 : 다이하츠 특징 : 1~2인용 전기차	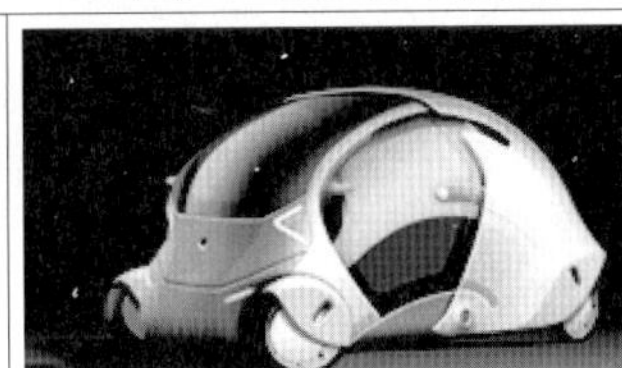 상품명 : KAIST FEV 제조 : KAIST 특징 : 접이식 전기차
 상품명 : COMS 제조 : 도요타 특징 : 1인용 전기자동차	 상품명 : Twizy 제조 : 르노 특징 : 1인용 전기자동차	

자료: 서인수, 이민영, 김제독, 초소형 개인 이동수단용 차량 기술 현황, 기술과정책 pp.38-47, 2012.

나. 개인 교통수단의 다양화와 공존성

자전거는 높은 모빌리티를 가진 건강한 친환경 교통수단임에도 불구하고, 아직까지 자전거 이용공간의 제약과 자전거도로가 충분히 정비되지 않아 안전하고 안심할 수 있는 여건은 아니다.

근년에는 보다 높은 모빌리티를 요구하고 있으며, 고령사회와 환경문제라고 하는 사회변화를 배경으로 해외에서는 전동 어시스트 자전거, 전동 4륜차, 소형 전동 휠체어 등 다양한 개인 단거리 교통수단의 개발과 보급이 이루어지고 있다.

개인교통수단의 다양화는 핸들형 전동 휠체어, 전동 어시스트 자전거, 전동 원동기 부착 자전거 외에도 국내에서도 최근에 도입된 세그웨이(Segway: 두바퀴 전동차) 등 단거리 보행

보조도구로써 콤팩트 한 개인 교통수단의 이용율이 현저하게 증가할 것으로 전망된다.

따라서 이러한 새로운 교통수단은 종래에 비해 형태나 제원이 크게 다르기 때문에 시스템 특성을 파악하고 공존성을 검토하여 보급에 따른 사전 안전 조치계획 등을 강구할 필요가 있다.

〈그림 8.7〉 다양한 개인 교통수단 예

장래 지속가능한 교통과 생활공간에 있어서는 이러한 교통수단이 이용하기 쉬운 도로공간 시스템(공간구성, 지침, 정보제공)을 구성하는 기술체계를 구축하기 위하여 정책체계, 교통의 공존성(Compatibility), 도로환경의 정보제공 등 기술이 개발되어야 한다.

여기서 공존성의 개념은 여러 가지 교통수단이 동일 도로공간 안에서 공존하기 위한 교통 시스템의 능력이며, 「교통수단의 제원 · 안전성능 · 특성」, 「도로공간의 배분 · 디자인」, 「교통제도 · 규칙 · 매너」에 의해서 규정된다.

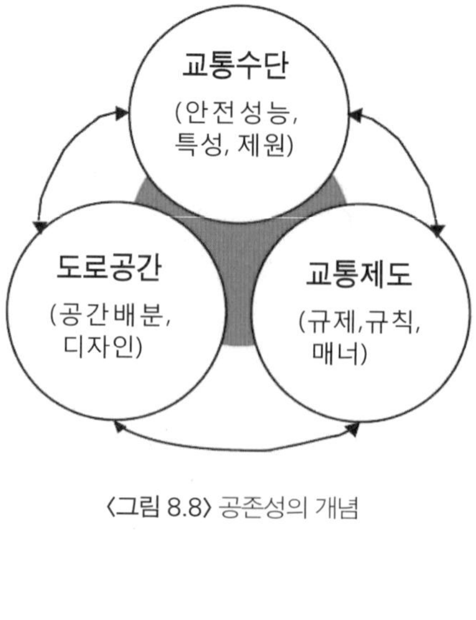

〈그림 8.8〉 공존성의 개념

다시 정리하면 장래 새로이 많이 보급될 단거리 개인 교통수단을 대비하여 교통수단, 도로공간, 교통제도 3가지 측면의 상호 관련성과 교통수단 우선권을 설정해서 기본적 인권(교통우선권)과 문화(교통제도 · 규칙 · 매너)에 맞도록 하고, 이것들을 동시에 최적화할 수 있는 교통환경이 앞으로 구축되어야 할 것이다.

마지막으로 이러한 개인 단거리 교통수단의 다양화에 따라 도로공간의 조건, 각 시스템의 형상이나 제원, 운전자 주행특성, 이용자의 요구 등을 종합화하고 공존성을 고려함으로써 고령화 사회에 대비한 미래 쾌적한 도로공간 구성과 원활한 이동이 이루어질 수 있도록 보다 많은 관심을 기울려야 할 것이다.

참고문헌

1) 국토해양부(2012), "제2차 교통약자이동편의증진계획(2012~2016)", 국토해양부

2) 김승준(2007), "자치구 단위 생활환경개선을 위한 교통개선사업 추진방안", 시정개발연구원

3) 김영호외 10인, "미래 교통시스템의 융합적 구상", 한국교통연구원, 2011.

4) 박완용, "교통정온화사업의 평가체계 개발 및 적용에 관한 연구", 한양대학교 도시대학원 박사논문, 2012.

5) 서인수, 이민영, 김제독, "초소형 개인 이동수단용 차량 기술 현황", 기술과정책 pp.38-47, 2012.

6) 성형곤, 박지형외 4인, "압축도시 중심의 미래도시 개발전략과 기본구상", 한국교통연구원, 2010.

7) 조현세, 정병두외 "가로환경계획매뉴얼", 청문각, 2001.

8) 통계청, 2012. 6, 장래인구추계 시도편 : 2010-2040, http://kostat.go.kr

9) 황희연 외, "입체도시계획의 활성화방안 연구", 건설교통부, 2001.

10) (社)日本都市計畵學會,『都市計畵マニュアルⅠ【土地利用編】-地域地區』, 2002.

11) 西淳二,『都市の地下活用 : 地下道路の必要性と課題』, 山海堂, 東京, 1992.

12) http://ko.wikipedia.org/(위키피디아)

제 9 장

건축공간의 이해

9.1 건축공간의 이해

9.1.1 건축공간과 건축물

건축은 공간을 창조하고 다루는 전공이다. 건축전공에 대해서 먼저 이해해야 할 점은 건축물은 배우지만 실제로 창조하는 것은 만져지지 않는 공간이라는 점이다. 건축전공을 벽돌을 쌓아 올리거나 콘크리트공사 기술, 또는 구조와 설비기술로만 이해한다면 매우 단편적인 접근으로 볼 수 있다. 건축물의 구조체가 둘러싸는 건축공간이라는 빈 공간은 다 지어놓은 다음에 느낄 수 밖에 없다. 그 공간 주변의 구조체가 건축설계와 공학의 종합적 결정체로서 조화롭게 둘러싸고 있을 때 가장 아름답고 합리적인 구조체로서 건축물은 건축공간과 함께 느껴지는 것이기 때문이다.

건축전공이 비교적 최근에 5년제 건축학 설계전공 영역과 4년제 건축공학의 영역으로 나눠지면서 학생들 간에 건축의 두 전공 구분 자체에 대한 오해나 편견이 생길 수도 있다. 하지만 건축전공에서 건축공간을 잘 만들기 위하여 건축 구조체를 합리적으로 설계하고 공학적인 기초 위에 지어나가는 과정은 결코 서로 분리되거나 따로 배울 수 있는 부분이 아니다.

그러므로 건축공간의 이해 관련 장에서는 건축공학 전공에 대한 폭을 넓히고 건축구조, 재료 및 시공, 환경 및 설비, 그리고 공학설계의 4개 전공영역에 폭넓게 접근하는 기반을 제공하고자 한다. 공과대학의 다른 전공학생들에게는 도시-교통-토목의 건축과 연관된 다른 전공영역과의 관계에서 건축이 가지는 특성을 보다 쉽고 흥미롭게 전달하고자 한다.

대한건축학회의 관점에서는 건축 전공을 10개의 지식영역으로 나누고 있음을 볼 수 있다. 계획, 설계, 역사, 도시 및 단지, 건축환경, 건축설비, 건축에너지, 건축구조(철근콘크리트 및 강구조), 건축재료, 건축시공의 영역은 대학 교육과정에서 배워나가야 할 지식영역으로 제시되어 있음을 볼 수 있다. 이 전통적인 지식영역에 더하여 새롭게 등장하는 기술 및 공학 영역들은 건축교육, 건축정책, 초고층, 지구환경 보전, 건축문화, 방재, 북한건축, 모듈러건축, 시설경영 및 관리, 장수명 건축, 건축리모델링, 건축융복합, 건축정보기술 등 다양한 신기술과 지식영역들이 건축과 관련하여 새롭게 나타남을 알 수 있다.

이 교재는 이러한 전반적인 지식을 포함하여 공대생으로서 건축 전공에 대한 이해뿐만이 아니라 연관된 전공의 상관관계를 이러한 전문교양과정을 통하여 보다 구체적으로 전달하고자 구성되었다.

9.1.2. 건축과 연관되는 전공들

'공간과 생활'과목은 전문교양의 관점에서 공대생들에게 건축-도시-교통-토목의 네 전공을 유기적으로 종합하여 그 유사점과 차이점을 전달하고자 한다. 여기서 건축은 건축공간과 주거생활이라는 두 주제로 압축하여 건축 전공을 소개하고자 한다.

도시는 건축물이 모인 집합으로서 도시 속의 건축물은 점으로 표현될 수 있다. 때문에 건축과 도시는 구글(Google) 지도에서 확대와 축소를 하면 변화해 보이는 것처럼 상호 밀접한 연관관계를 가지고 있으며 상호 스케일의 차이를 이해하고 연관관계를 이해하는 것이 중요하다.

교통은 도시의 선적인 요소로서 도로이며 그 흐름을 추적하고 분석하는 관점의 전공으로 이해될 수 있다. 때문에 도시의 일부분으로서 건축물과 건축물을 연결하는 선적인 요소가 교통 전공의 일부분이다. 한 채의 건물이 아닌 단지나 대규모 건축물에서 대지 및 단지 내외의 교통흐름 분석이나 건축설계 시 교통영향평가를 통한 건축과 교통전공과의 연관관계는 매우 밀접하다고 할 수 있다.

토목은 모든 건축구조물이 대지에 정착하여 안정성을 가지고 지반으로 연결되고 지하 공간 등을 형성할 때 기본적으로 연관되는 전공영역이다. 또한 건축과의 연관성은 모든 건축물은 대지에 서 있어야 하므로 매우 밀접한 전공이다. 특히 대지의 표면을 넘어서 지하로 들어갈 때에는 지하구조물과 옹벽 등 매우 중요한 기술적 공학적 지식을 함께 공유해야 한다.

이와 같이 연관성이 큰 건축-도시-교통-토목 전공의 각 부분은 공간과 생활이라는 주제로 한 틀 안에서 공대생들에게 다양한 시각과 지식을 전달하고 호기심을 유발시키고자 하는 것이 이 부분을 집필한 의도임을 먼저 밝히면서 건축공간과 주거공간에 대한 건축적 관점을 보다 구체적으로 정리하고자 한다.

9.2 건축공간의 의미와 구성체계

9.2.1 건축의 의미와 공간

건축공간을 체계적으로 이해하기 위해서는 먼저 건축공간이란 무엇인가 하는 의미, 구성체계, 기본요소를 살펴봄으로써 건축공간에 대한 전반적인 이해가 시작될 수 있다. 건축공학 전공의 경우 공학적인 접근이 강조되지만 공학 이전에 건축전공으로서 공간에 대한 체계적인 이해는 기본적인 지식이라고 할 수 있다. 공간이란 의미는 건축 전공의 적성을 공간지각능력이라는 적성검사의 유형으로 검증하는 것에서도 그 연관성을 찾아볼 수 있다.

건축과 공간이 연관된 체계적인 지식의 틀은 건축물을 바라보는 다음의 다양한 시각으로도 흥미롭게 설명될 수 있다.

가. 건축의 의미

건축의 창조적 의미는 곧 형태의 구성을 의미한다. 근대건축의 대표적인 거장인 건축가 르 코르뷔지에 (Le Corbusier) 는 저서 '새로운 건축을 향하여 (Towards a new architecture) 에서 다음과 같이 기술하고 있다.

> ".....건축이란, 순수한 재료를 사용하여 우리를 감동시키는 관계를 만들어내는 것이다. 건축이란, 효용성의 저편에 있다. 건축은 조형적인 것이다. 질서의 정신, 의도의 통일, 관계에 대한 감각, 건축은 매스를 처리하는 것이다. 정열은 생명이 없는 돌에서 드라마를 만들어낸다."

르 코르뷔지에가 말했듯이 건축은 인간생활을 담는 그릇이다. 외부로부터의 위협, 비바람, 지진 등의 기상이나 화재와 같은 인위적인 위협에 대하여 안전한 건축을 만드는 것이 건축의 목적이다. 이 목적을 충족시키도록 적절한 계획과 새로운 구조와 재료를 활용한 설계가 필요하게 된다. 이러한 조건을 뒷받침하기 위하여 고도의 공학과 기술의 학습, 효용성에 입각하면서도 조형적으로는 세련된 건축 디자인이 요구되고 있다.

9.2.2 공간의 구성체계

건축공간은 빈 공간을 의미하지만 이를 바라보는 시각은 분석적인 시각을 요구한다. '건축의 형태 공간 규범'을 참고하면 다음의 공간 구성체계는 이러한 공간을 바라보는 분석적인 틀을 제시한다.

가. 공간체계 (Space Program)

건축물을 구성하는데 필요한 실들을 지칭하는 공간 프로그램의 의미이다. 각 실로서의 공간들은 3차원적으로 통합되어 건축물의 다양한 기능과 상호 연관관계를 의미한다.

나. 구조체계 (Structural System)

건축공간을 둘러싸는 구조체는 기본적으로 벽과 바닥과 천장(지붕)이다. 이를 공간적으로 6면체인 실의 구성요소로서 구조적 요소들로 나눈다면 바닥면인 슬라브(Slab)는 그 밑의 보(Beam and Girder) 로 지지되며 보는 기둥 (Column)으로 하중이 전달된다. 기둥의 하중은 지반의 기초로 연결되어 건축물을 지반에 지지하는 기초가 된다. 이러한 하중과 힘의 전달체계가 구조체계이다.

다. 둘러쌈의 체계 (Enclosure System)

구조체도 공간을 둘러싸고 있지만 구조체는 건축물의 하중전달 및 지지가 더 중요한 기능이다. 건축적으로 공간을 둘러싸는 요소는 벽체로서 이는 비내력벽 또는 외벽체인 커튼월 등의 기능을 가진 힘을 전달하지 않는 벽체를 포함한다. 이는 창과 개구부를 포함하는 외벽체와 내부 칸막이 벽체의 다양한 구성요소를 포함한다. 또한 투명한 유리벽체도 공간을 둘러싸는 벽체로서 공간구획의 의미를 가지고 있다.

라. 동선체계 (Circulation System)

동선이란 사람이 움직이는 자취를 의미하는 것으로 공간 속을 걸어가는 사람의 그림자로 연상할 수가 있다. 공간의 크기와 사람의 흐름을 중첩지어 생각할 때 보다 구체적으로 공간의 의미를 파악할 수 있다. 건축물이 만들어내는 공간속에서 동선을 구상할 때 보다 흥미로운 공간적 연출을 상상하는 의미가 있다. 공간속에서 사람이 지나갈 때, 형태가 주는 느낌에 더하여 질감, 빛 등의 요소와 함께 생각할 때 보다 흥미로운 공간이 연출될 수 있다.

마. 컨텍스트 (Context)

건축물은 홀로 존재하는 것이 아닌 주위 환경과의 연관 속에서 존재한다. 주변의 자연환경, 건축물, 도로, 교통, 도시적 맥락 등 주변의 환경과 잘 조화될 때 보다 바람직한 건축물이 될 수 있다. 이러한 관점에서 건축은 주변과의 맥락을 감안하여야 하며 작게는 대지 내부 및 주변 건축물과 조화와 대비, 크게는 단지 내부 또는 도시적 맥락을 함께 감안하여야 한다.

9.3 건축 공간의 기본요소

9.3.1. 기본요소 - 점, 선, 면, 부피

공간의 기본요소는 점, 선, 면 그리고 부피를 들 수 있다.

점은 형태를 구성하는 기본 요소로서 공간 내에서 위치를 지정한다. 건축물에서는 그 구성요소로서 점으로 인지할 수 있는 다양한 건축적 요소가 있다. 탑이나 동상, 오벨리스크, 건축물의 첨탑 등은 점으로 인식할 수 있다. 도시적 맥락에서는 건축물 자체가 하나의 점으로서 도시 내에서의 위치와 요소가 될 수 있다.

선은 점이 확장된 형태로 길이, 방향, 위치의 특징을 갖는다. 건축물은 기본 요소로서 선적인 요소들의 집합체이다. 즉 기둥과 보의 요소들이 선적으로 건축물을 구성하고 있다. 도시적 맥락과 대비한다면 도로망이 될 수도 있고 도시의 형태 자체가 될 수도 있다. 워싱턴의 더 내셔널 몰(The National Mall) 로 불리는 중심부, 즉 링컨기념관과 워싱턴기념비, 국회의사당 사이의 넓은 일직선 형태의 공원은 선적인 요소의 대표적인 건축적 그리고 도시적 사례이다. 근대건축의 대표적 사례로서는 시카고(Chicago)의 IIT 대학교 건축대학의 크라운 홀(Crown Hall), 시그램 빌딩(Seagram Building)은 대표적으로 선적인 요소들을 가진 건축물로 소개되고 있다.

〈그림 9.1〉 크라운 홀(Crown Hall), Mies van der Rohe, Chicago, 1956

〈그림 9.2〉 시시그램 빌딩(Seagram Building) Mies van der Rohe & Philip Johnson, N.Y. 1956~1958

면은 선이 평면적으로 확장된 형태로 길이와 넓이, 형태, 표면, 방향, 위치의 특징을 갖는다. 면적인 요소는 건축물의 바닥과 벽면을 연상하면 아주 다양한 변형을 상상할 수 있다. 직선 뿐 만이 아닌 곡선까지 포함하면 변형과 조합을 통한 무한대의 상상력을 펼치는 건축적 형태와 공간이 탄생할 수 있다.

부피는 평면이 확장된 형태로 위치, 넓이, 폭, 형태와 공간, 표면, 방향의 특징을 갖는다. 부피는 그대로 공간적인 특징을 가지며 그 공간의 의미는 그 속에 존재하는 사람과의 관계에서 작은 방속의 사람이나 또는 큰 체육관 속의 사람인가의 차이처럼 크기와의 관계에서 축척(Scale)의 의미를 포함하게 된다.

9.3.2. 건축의 구성요소 - 면(Plane)

건축에서 점-선에 이은 면(Plane)은 공간에서 3차원의 크기를 나타낸다. 그 면은 다음의 세가지로 나누어 볼 수 있다.

바닥면은 사람이 걸어 다니는 바닥을 의미하며 모든 건축물의 기본 요소로서 출발점이라고 볼 수 있다. 물리적으로나 시각적으로 바닥면에서부터 건축물은 시작되며 편리한 주거나 장엄한 신전의 범위가 공간적으로 시작된다고 볼 수 있다. 또한 평면적 넓이와는 별도로 그 위치가 눈높이와의 연계에서 시각적인 연출 및 감정적 접근이 다양하게 느껴질 수 있다. 종묘 정전의 경우 안마당인 월대의 높이가 시각적으로 신성하고 근엄한 효과를 주는 것은 전통건축의 탁월한 사례이다.

〈그림 9.3〉 로비하우스 (Robie House), Frank Lloyd Wright, Chicago, 1909

〈그림 9.4〉 낙수장 (Fallingwater), Frank Lloyd Wright, Pennsylvania, 1936~1937

벽면은 바닥면과 연계하여 공간을 감싸고 한정하는 역할을 한다. 폐쇄적인 벽돌벽체인지 또는 시각적으로 개방되어 있는 유리 벽체인지의 건축적인 공간의 의미와 역할이 있다. 벽체 속의 창문의 크기와 위치에 따라서 많은 변화가 있지만 공간을 수평적으로 구획하는 중요한 요소이다. 전통적인 조적조벽체를 대신한 유리벽체는 근대건축이 보여주는 기술적 발전이자 공간 의미의 확장을 보여준다.

천장면은 건축적 공간을 수직적으로 구획하는 또 다른 중요한 요소이다. 건축물 자체와 실내공간의 크기와 높이를 규정 짓는 중요한 기능을 담당하고 있다. 고딕성당의 장엄한 실내공간과 아늑한 주거의 나지막한 천장은 느낌과 이미지가 현저히 다를 수밖에 없다. 대개의 현대적 건축의 경우 구조적 천장과 실내마감을 위한 내부 천장이 분리되어 있기 때문에 그에 포함되는 기술적 기능과 역할이 매우 다르다. 또한 외부에서 볼 때는 건물 자체의 천장인 건물의 옥상바닥은 방수 및 단열 등 외부 기후조건과의 연계성에서 기술적인 고려사항이 많다. 이는 건축물의 외피인 외벽체 역시 함께 고려되어야 하며 이 경우 외피로서의 둘러쌈(Enclosure) 관점으로 외부 기후 차단과 에너지 효율과 관련하여 현대적인 기술적 관련성이 많다.

프랭크 로이드 라이트의 로비하우스(Robie House) 와 낙수장(Fallingwater), 게리트 리트벨트의 슈뢰더 하우스 등은 면적인 특징이 두드러진 근대적 건축물로 인식되고 있다.

9.3.3. 건축의 형태와 매스 (Form and Mass)

부피가 강조된 건축은 바닥면, 벽면, 천장면의 면적인 요소에 더하여 건축물의 매스(Mass) 로 표현되는 부피 즉 볼륨(Volume) 의 특징을 나타내게 된다. 이는 평면, 입면, 단면적 요소에 더하여 덩어리로서의 건축을 의미하게 된다. 내부가 빈 육면체 내부 공간 뿐만이 아니라 그 건축물 자체가 부피로서 즉 덩어리로서 인식되는 건축적 특징은 르 꼬르뷔지에의 롱샹 성당이 대표적인 건축물로 알려져 있다.

〈그림 9.5〉 롱샹 성당 (Notre Dame Du Haut), Le Corbusier, Ronchamp, France, 1950~55.

건축에 있어서 형태는 매스와 공간이 만나는 접점이라고 할 수 있다. 건축적 형태, 질감, 재료, 음영, 색 등은 모두 건축공간에 의미를 부여하기 위해 결합한다. 건축의 형태는 내부공간과 그것을 둘러싼 주위 환경에서 이러한 요소들을 조화시키는 설계자의 기술에 의해 좌우된다.

형태 (Form) 은 건축의 기본적인 덩어리 (Mass)의 3차원적 특징을 의미한다. 형태는 형상, 크기, 색깔, 질감 등의 여러가지 특성을 가지는데 이러한 특징은 종합적으로 나타나며 분석은 필요하되 종합적으로 이해하고 적용하여야 한다.

형상 (Shape)은 덩어리의 표면과 모서리의 특징을 종합한 결과이다. 예를 들어 같은 반죽 덩어리로 만든 육면체와, 사각뿔, 구형의 모양에서 볼 때 소요되는 재료는 같지만 면과 모서리의 조합으로 전혀 다른 이미지의 형상이 구현될 수 있다.

크기 (Size)는 같은 형태에서도 그 비례를 달리할 때 다양한 조합의 형태가 나올 수 있다. 단순한 육면체를 잡아 늘리면 나무젓가락의 형태부터 눌렀을 때 널빤지의 형태까지 다양한 형태의 변형을 활용할 수 있다. 하나의 방이나 건축물 자체도 육면체인 경우가 많지만 그 크기의 변형으로 인하여 전혀 다른 건축물의 형태가 탄생하기도 하며 이를 조합할 경우 더욱 흥미로운 크기가 나타날 수 있다.

동일한 형태에서 색깔 (Color) 과 질감 (Texture) 의 차이는 공간적인 의미에 더하여 건축 마감에서 주는 다양한 느낌을 연상할 수 있다. 이런 특징은 건축물이 외부에서 보이는 형태, 즉 외피로서의 마감과 이미지에 크게 영향을 준다고 볼 수 있다다.

9.4 건축 공간의 구성 원리

건축물의 형태 (Form)와 공간 (Space)를 구성하고 이해하는데 구성원칙으로서 규범 (Order)이 필요하다.

건축물을 설계하고 시공하기 위해서는 기존의 많은 건축물들을 이해하는 과정이 필수적이다. 이러한 과정에 이해를 위한 기준이 필요하며 이러한 기준은 다음의 체계적인 틀을 가지고 접근하는 것이 필요하다. 이런 접근에서 사례조사 대상 건축물에 대한 이해를 체계적으로 구축할 수 있다. 이러한 건축물의 분석이 체계적으로 이루어진 후에 건축에 대한 각종 지식이 체계적으로 구축될 수 있을 것이다.

9.4.1 대칭과 축 (Symmetry & Axis)

점과 선의 의미를 가지며 공간 내의 두 점간의 관계로 이해할 수 있다. 형태와 공간을 배열시키는 데 가장 중심이 되는 선이다.

북경의 자금성이 보여주는 강력한 중앙의 남북 중심축은 15 세기 이래 건축물 하나 하나와 자금성 전체 또한 북경시 전체가 가지는 강력한 축을 상징적으로 보여준다. 우리의 한옥이 가지는 비대칭적 배치 또는 형태와 대비하여 북경의 도시주거인 사합원(四合院)이 보여주는 중심축의 의미도 상징적으로 축과 대칭의 관계를 잘 보여주고 있다.

균형 있는 공간과 형태의 분배가 역사적인 전통적 건축이라면 보다 비대칭 및 비정형을 추구하는 것은 보다 현대적인 경향으로 볼 수 있다. 대칭에는 축을 중심으로 한 좌우대칭과 어떤 기준점을 중심으로 한 방사형 대칭으로 나누어 볼 수 있다.

9.4.2 위계 (Hierarchy)

위계는 형태나 공간을 규모, 형태, 배치관계에 따라 차이를 두어 관계를 설정한 것이다. 규모가 상대적으로 클 경우, 형태가 독특할 경우, 배치가 독특할 경우 더욱 위계를 설정하는 의미가 강조된다.

건축물에 접근할 때 대지의 입구부터 점차로 높아지는 위계에 따라서 보다 더 엄숙하거나 권위를 설정한 건물에 대한 경험을 누구나 어렵지 않게 연상할 수 있을 것이다. 우리의 전통사찰은 친숙한 공간이면서도 매우 엄격한 위계질서를 보여주는 좋은 예라고 할 수 있다.

9.4.3 리듬과 반복 (Rhythm & Repetition)

리듬과 반복은 유사한 형태 혹은 공간을 연속적으로 구성하기 위한 반복적인 패턴의 이용과 그 결과로서 생기는 통합된 활동을 의미한다.

연속성과 규칙성에 의해 형태 및 공간의 패턴을 한가지로 모아 구성하도록 하는 하나의 선, 면, 부피의 의미이다. 기준선은 다양한 요소들을 비교 분석하는 기준점을 제공한다. 그러므로 변화를 감지하기 위해서는 기준이 필요하며 이것은 선이나 면이나 입체가 될 수도 있다. 이러한 기준의 내외에서 그러한 기준과 연관관계를 통하여 분리되거나 통합되는 구성이 형성된다.

리듬과 반복에 의한 패턴은 건축적 형태와 음악적 연관성에 대해서도 다양한 상상력의 기회를 제공한다.

9.4.4 변형 (Tranformation)

변형은 건축의 개념, 구조가 정체성이나 개념의 변화 없이 특수한 환경에 적응하도록 일련의 조작과 교환에 의해 바뀔 수 있는 원칙이다. 건축공간에 대한 이해과정은 분해와 해체, 합성과 변형, 새로운 시도와 가능성의 도전 등 끊임없이 반복적인 작업 가운데 회전방향과는 달리 앞으로 나아가는 나사못처럼 차근차근 발전하는 과정이다.

건축교육은 기본적으로 이전의 건축사례들에서 많은 지식과 경험과 장단점을 배울 수 있다. 특히 공간적인 3차원을 다루는 건축은 평면적인 도면이나 작은 모형과 달리 다 완성하고 난 다음의 3차원 공간을 접했을 때만이 원래의 설계자의 의도가 파악될 수 있으며 그때 공간과 형태에서 감동을 준다면 잘 진행되어온 건축으로 이해될 수 있다. 그러한 건축적 체험을 위해서는 기존의 사례들에 때한 끊임없는 조사와 분석 또한 다양한 변형의 시도로서 3차원적인 도전에 차근차근 접근하여야 한다.

> 서른 개의 수레바퀴살이 하나의 바퀴통에 모이는데
> 그 바퀴통의 빈 부분 때문에 결국 수레바퀴로 사용하게 된다.
> 진흙을 빚어 그릇을 만드는데
> 그 속이 비었으므로 그릇으로 이용할 수가 있다.
> 방을 위하여 문과 창을 만드는데
> 방안이 비었으므로 방으로 쓰일 수 있다.
> 그러므로 있는 것의 이로움은 비어있음을 활용하는 것이다.
>
> 노자 도덕경 11장

> 당신은 돌, 나무, 콘크리트 등을 사용하여 집을 지을 수 있습니다. 이것이 바로 건축이다.
> 그런데 여기에는 약간의 재주가 필요하다.
> 당신은 기본적인 재료를 사용함으로써 다소간 실용적 필요성에 의해 나의 감동을 불러일으키는 어떤 관계를 만들어낸 것이다. 이것이 바로 건축이다.
>
> 르 꼬르뷔지에(Le Corbusier), Towards a New Architecture

9.4.5. 건축적 공간과 형태의 사례

르 꼬르뷔지에가 1914년 주장한 새로운 근대건축의 개념 중의 하나이다. 돔-이노 구조 시스템 (Dom-Ino Structural System) 은 집을 의미하는 라틴어 '도무스'(Domus)와 혁신을 의미하는 이노베이션(Innovation) 의 합성어로, 새로운 근대적 시대정신 위에 새로운 기술과 재료를 이용해 구조시스템의 새로운 원형을 제시한 것이다.

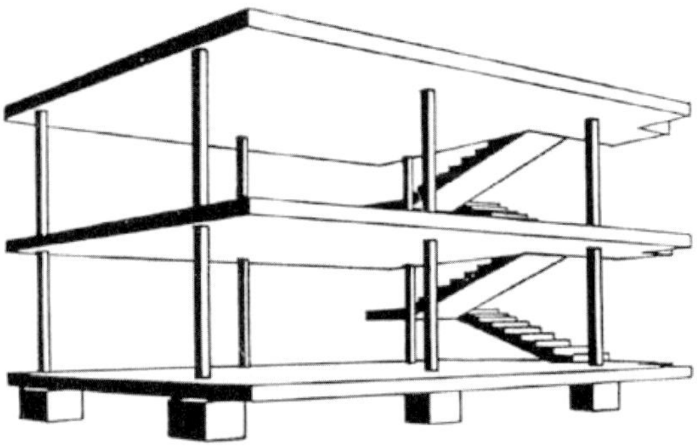

〈그림 9.6〉 돔-이노 구조시스템, Dom-Ino Structural System, 1941

6개의 기둥, 3개의 슬래브, 그리고 계단으로서 건축의 기본 모델이 제시되어 있다. 이 기본 모델은 개개의 단위를 어느 방향으로나 서로 연결할 수 있어서 공간의 확장이 용이한 기능적 측면이 강조되어 있고, 그러면서도 구조적으로는 견고한 시스템이다. 또한 이전 시대의 조적식 내력벽체 건축이 지닌 한계를 벗어나 내벽과 외벽을 자유롭게 구성할 수 있고, 그로 인해 개방적인 공간을 만들 수 있음을 보여준다. 특히 외벽은 단부가 돌출된 캔틸레버 형태로 처리할 수 있는 가능성이 열린 것이다.

이는 자유로운 평면(Free Plan)의 개념과도 연계되어 있다. 이는 내부공간을 구획하는 구조적 내력벽이 없는 개방형 평면(Open Plan)을 의미한다. 이러한 새로운 구조시스템은 내부공간과 건축물 구조체를 공간을 구획하는 내력벽으로부터 분리시키고 내부의 구조내력벽은 기둥으로 대체하여 자유로운 평면의 구성이 가능하게 한 점으로 근대건축의 이전의 건축과 다른 개념적 근거이다. 이러한 구조적 분리로부터 외벽체에 횡으로 긴 수평창이 가능하게 되어 건축적 입면에 큰 변화를 가져오게 되었다.

9.5 한국 건축공간의 전통

한국의 건축공간의 전통에 대하여 특히 사찰과 주택에 초점을 맞추어 건축공간과 인간생활의 관계를 살펴보고자 한다. 전통건축은 현대사회에서 잊혀져가는 생활 양식, 가치관, 사회

제도 등에 기초한 것으로 우리 현대인에게는 생소하지만 최근 한류의 영향과 우리문화에 대한 관심으로 다시금 주목 받고 있다. 전통건축은 한국 풍토에 알맞은 풍부한 공간체험을 제공함을 알 수 있으며 현대건축에도 시사하는 바가 적지 않다고 하겠다.

9.5.1 자연과의 조화

우리나라의 큰 사찰들을 대개의 명찰은 명산에 위치하고 있으며 주변의 산으로 에워싸여 있어 마치 어머니의 품속에 포근하게 안겨 있는 인상을 받게 된다. 비교적 규모가 큰 건축이라 하더라도 주변의 산세 등이 건축에 너무나 접근되어 큰 영향을 주고 있으며, 그리고 작은 건축규모에서는 자연의 힘을 빌어 공간형성을 보완했다고 볼 수 있다. 역으로 말하면 자연지형에 따라 건축의 규모가 적절하게 조화되었다고 할 수 있다.

지붕의 물매는 산의 경사와 같으며, 지붕들의 중첩된 모습은 여러 산들의 중첩된 모습과도 유사함을 느낄 수 있다. 건물의 배치에 있어서도 지형과 주변의 산세에 따라 똑 같은 것이 없으며 강물이 흐르듯 유연하게 배치되어 있음을 볼 수 있다.

통도사에 가보면, 얼핏 보면 건물이 직선 축에 따라서 직각으로 정연하게 배치된 듯 하지만 유심히 보면 건물 하나하나가 모두 틀어져 있음을 발견할 수 있다. 해인사의 경우, 주요건물인 대광보전은 그 위치가 밑에서 볼 때 주변의 산세와 조화되는 위치를 택했고 그 건물의 향은 그 위치에서 정면으로 전개되는 시야를 고려해서 배치되었다. 일주문에서 위의 대웅전까지의 축선이 약간씩 꺾이거나 평행이동하고 있는데 오히려 일직선에 놓인 것 보다 변화가 있어 단조롭지 않으며 지형에 따른 변화가 오히려 자연스럽다.

9.5.2. 공간의 위계성

사찰의 영역은 일주문에서 시작한다고 보겠지만 흐르는 개천을 따라 거슬러 올라가는 일주문까지의 긴 접근성은 건축의 영역이 그 과정에서도 무한히 연속되고 있다고 볼 수 있다.

일주문을 지나 금강문 그리고 천왕문을 지나 중루에 이르면 공간의 흐름은 대웅전 앞에서 절정을 이룬다. 일주문과 금강문 그리고 천황문 등의 중문 사이는 양옆의 수림이나 울담으로 싸여져 있어서 이곳을 지나면 삼엄한 기분을 주는 동시에 깊숙이 진입함에 따라 공간의 심연성을 느끼게도 한다.

대웅전 앞의 주 건물은 멀리서 직접 노출시키지 않고 간루의 건물로 차단시킨 다음 사람이 어두운 루 밑을 지나 좁은 계단으로 오르면 시계가 갑자기 터지면서 대웅전을 극적으로 눈

앞에 전개시키기도 한다. 공간의 흐름은 여기서 그치지 않고 다시 명부전, 응진전 등에 이르게 되면 여기서 무한한 대자연 속으로 확산되어간다. 통도사에서는 대웅전을 끼고 돌아 구릉지를 통해서 금강계단에 이르게 되며 여기에서 대자연과 천공으로 흘러들어 가는 공간의 여운을 느끼게 해준다.

이와 같이 공간의 연속성과 함께 깊이 들어갈수록 공간은 점차 위로 흐르면서 건물들의 레벨 또한 높아지고 있으며, 건물의 중요도에 따라 건물의 레벨이 높아지고 이것으로 건물의 위계성을 나타낸다고 할 수 있다.

9.5.3. 연결된 공간의 체계

한국의 불사건축은 끊임없이 흐르는 물과 같은 하나의 연속된 공간체계를 이루고 있다. 이 연속된 건축공간은 그 사이에서 다양하게 변화하며 전개되는데 이것은 성격상 크게 과정적 공간, 주요공간, 부공간, 매체공간, 승화공간으로 나눌 수 있다.

가.과정적 공간

연속된 공간 중에서 주요한 공간에 이르기까지 전위적이고 과정적인 역할을 하여 산문의 이동과 체험적 기억을 축적시켜 공간의 심연성을 느끼게 하는 공간으로서 일주문과 금강문, 천왕문 같은 여러 산문을 통과하면서 체험하는 공간이 여기에 해당된다. 일단 일주문만 들어서면 유인감을 느끼게 되며 진입하는 과정이 지루함이 없이 즐겁게 전개되는 것이 과정적 공간의 특색이다

범어사의 천왕문과 천이문 사이는 양 옆이 울담으로 싸여 있고 단수가 적은 계단으로 연결되어 있어서 점차로 올라간다고 하는 시각적 효과가 크며 공간의 심연성을 높여 주는 좋은 예이다. 특히 범종루 앞은 단수가 많은 높은 계단으로 되어 있어서 주요공간으로의 진입을 미리 암시하기도 한다.

나. 주요공간

가장 핵심이 되는 건물 앞에 크고 넓은 주요한 공간을 말하며, 연속된 공간 체계에 있어서 절정을 이루는 곳이다. 이곳이 중심이 되어 크고 작은 여러 공간들이 여기에 조화되도록 연결되어 전체적으로 통일된 공간체계를 이루고 있다. 대웅전 앞의 큰 뜰이 여기에 해당되며 회랑이나

부속건물에 의하여 주변이 에워싸여져 있다. 여기는 석탑이나 석등이 놓이는 것이 보통이다.

하동의 쌍계사는 대웅전 앞의 넓은 뜰이 세 개의 낮은 계단으로 구분되어 있어서 팔영루에서 대웅전까지의 거리감을 강조하여 깊이를 느끼게 함으로써 상대적으로 대웅전을 크게 돋보이게 한다.

부공간은 주요 공간 측면에서 주요공간과 대조되는 작은 공간으로서 주요공간의 깊이를 느끼게 한다. 크기는 작으나 보다 본질적이고 핵심적인 공간으로서 극락전, 영산전, 조사당 앞 뜰이 여기에 해당될 것이다.

다. 매체공간

두 또는 그 이상의 여러 공간 사이에서 공간끼리 서로 연결시키는 통로로서의 역할 또는 건축공간과 주변의 자연공간을 유기적으로 융합시키는데 매체가 되는 공간을 말한다, 해인사나 화엄사의 경우 층단 상부는 단하부보다 약 3~4m 가량이나 높아서 밑에서는 잘 안 보이던 주변의 자연 조망이 시원하게 트이면서 건축공간과 자연공간을 유기적으로 융합시키는 매체가 되고 있다. 봉정사의경우 덕휘루에서 옆으로 긴 공간은 한 단 높은 대웅전 앞의 주요공간과 극락전 앞의 부공간을 이어주는 매체 역할도 아울러 겸하고 있는 매체공간이 되고 있다.

라. 승화공간

승화공간은 상향적으로 연속되는 공간체계 속에서 궁극적으로 자연 속으로 스며 들어가는 공간을 말한다. 통도사의 경우 일주문과 천왕문 그리고 불이문을 지나면 대웅전 주변에서 공간은 절정을 이루고 있으나 그 흐름은 다시 구룡지가 있는 작은 공간에서 일단 작아졌다가 사리탑이 있는 소위 금강계단에 이르게 되고 여기서 공간은 자연 속으로 하늘 높이 스며들고 만다.

9.6 건축공간과 건축환경 및 설비

많은 생물들은 자기의 몸을 환경에 적응시키면서 한정된 환경 속에서만 살 수 있다. 그러나 인간은 지혜와 기술을 가짐으로써 자연에 적응하며 인위적으로 생존할 수 있는 환경을 만들어 생활의 터를 확대할 수 있었다.

각종 도구와 불의 사용은 음식물의 종류를 증가시키고 나무와 돌을 재료로 한 집 짓기를 가능케 하며 비, 바람과 추위, 외적으로부터 몸을 지킬 수 있게 되었다. 그러므로 인간은 저위도의 더운 지역에서부터 고위도의 한랭한 지역에까지 넓게 분포되어 살 수 있게 되었다.

인간의 생존은 몸에 직접 섭취하는 산소, 물, 음식물 및 의복, 생활용구, 주거 등 다양한 물질, 물건, 그리고 그것들을 생산하고 공급하는 사람들과 그것들을 모두 내포하는 자연의 생태계 속에서 이루어진다. 인간은 자연계의 일원이며 자연을 떠나서 살 수 없다. 만일 이 관계를 파괴시키면 인간의 생존은 불안해진다.

산업화, 도시화, 현대화 이후 기술의 발달과 생산성향상은 사회 전반을 현저하게 발전시켰으나 급격한 도시화와 인구증가는 도시의 과밀화와 주택문제를 초래하였다. 이러한 문제는 근래에 와서 더욱 심각해지고 있으며 환경오염, 하천과 대기의 오염, 녹지의 감소 등으로 인한 환경파괴가 진행되어 생활의 어려움이 증가되고 있다.

한편 철, 콘크리트 및 유리, 기타 여러 가지 건축재료의 출현과 가스, 전기, 상하수도 등에 관련되는 설비기기의 발달은 생활을 편리하게 만들었지만 인간의 생활환경을 인공적인 것으로 바꾸어 자연과의 관계를 희박하게 만들고 있어 이 관계를 어떻게 회복하느냐가 앞으로 중요한 과제가 될 것이다.

9.7 건축공간과 건축적 교훈들

1. 장식은 죄악이다.아돌프 로스 (Ornament is crime. Adolf Loos)

'장식은 죄악이다.'라는 문구는 1908년도에 아돌프 로스가 쓴 에세이에서 유래한다. 그는 이 에세이를 통해 건물과 가구, 의복 그리고 기타 일상용품에서 장식을 사용하던 당대의 경향이 문화수준의 평범함을 감추는 수단이었다고 주장한다.

로스의 관점에서 진정한 죄악은 기능적인 사물을 장식함으로써 덧없는 유행의 세계에 휩쓸리게 만드는 것이었다. 즉 장식이, 수명이 얼마 되지 않는 장식적인 직물이나 카펫에는 적절한 것이지만, 내구성 있는 재료로 훌륭하게 설계된 건축물이나 사물에는 모욕인 것이다. 또한 로스가 스스로 '매끈하고 품격 있는 표면에 대한 열정'을 가지고 있다고 선언했던 것처럼, 그의 주장은 미학적인 것이었지만 동시에 진화적이고 도덕적인 측면에도 관련되어 있었다. 즉 그는 잘 만들어진 사물을 유행에 뒤처지게 만드는 장식으로 인한 자원의 낭비를 싫어했다.

2. 형태는 기능을 따른다. 루이스 설리반 (From follow function. Louis H. Sullivan)

'형태는 기능을 따른다.'고 주장하던 기능주의 지지자들은 기쁨 또는 아름다움이란, 건물의 기능적이고 구조적인 요구사항에 적절한 주의를 기울여야만 얻을 수 있는 결과라고 믿었다. 즉 건축물은 철저히 그 용도와 기능적인 측면에서의 만족이라는 입장에서 보는 합리주의적 견해이다.

1930년대에 '국제주의 양식'이라는 용어가 생겨나면서'형태는 기능을 따른다.'는 사상과 관련된 건축은 창의적인 문제 해결이라기보다 미적인 포장의 형태로서 불필요한 것을 모두 뺀, 장식 없는 설계의 접근과 점차 동일시되었다.

'형태는 기능을 따른다.'는 명제는 두 방법들 중 하나로 해석된다. 미에 대한 설명적 해석 혹은 미에 대한 규정적 해석이다. 설명적 해석의 미는 기능의 순수함과 장식의 부재에서 기인한다는 것이다. 규정적인 해석은 디자인에서 미학적 고려는 기능적 고려 다음이어야 한다는 것이다. 이 주장은 20세기 초 현대 건축가들에 의해 채택되어 대중화되었으며, 이후로 여러 원리에서 디자이너들에 의해 채택되고 있다.

또한 무엇보다도 우선되어야 하는 것은 기능이며, 건축의 미는 이러한 모든 기능이 만족스럽게 해결되었을 때 자연스럽게 수반되는 것이라고 여기며 불필요한 형태, 형태를 위한 형태를 배제하자는 사고가 바탕이 되고 있다. 현재에는 형태나 기능이냐 어느 것에 속하느냐가 중요한 것이 아니라 우리 인간이 이 지구상에 살아 있는 한 건축은 인간과 함께 자연 속에서 조화를 이루며 살아가야 한다는 것이다.

3. 적을수록 풍부하다. 미스 반 데어 로에 (Less is more. Mies van der Rohe)

"적을수록 많다(Less is more)"는 20세기 디자인이 추구했던 기계 미학의 정신을 상징적으로 가장 잘 표현해 주는 디자인 개념이다. '장식이 적을수록 의미는 풍부해진다', '형식을 절제할수록 본질에 가까워진다.', '과거의 양식과 결별할수록 새로운 시대를 더 잘 맞이할 수 있다' 등으로 해석할 수 있는 이 말에는, 서구의 근대화 · 산업화 과정에서 새로운 시대에 부합하는 새로운 미학을 꿈꾸었던 아방가르드 디자이너들의 이상이 반영되어 있다. 현상보다는 본질을, 결과보다는 원인을, 외면보다는 내면을 중시했던 그들은 절제된 형식과 간결한 조형 언어를 통해 이상적인 유토피아를 실현하고자 했다.

미스 반 데어 로에가 자신의 작품에 나타난 두 가지 양상으로 접근법을 표하기 위해 사용한 말이다. 하나는 구조를 이루는 본질적인 요소에 대한 건축표현의 기초를 마련하기 위함이었고, 다른 하나는 시각적 혼란을 없애기 위해서였다.

자신의 디자인관을 이론적으로 정립하고 피력하기보다는 작업 그 자체에 몰두했던 미스는, '신은 상세한 곳에 있다(God is in detail)'라는 말을 남기기도 했는데, 이것은 조형적 형태감각과 철저한 장인 정신을 중시했던 그의 디자인관을 반영한 것이다. 하지만 그는 1910년대 초 발터 그로피우스(Walter Gropius), 르 코르뷔지에(Le Corbusier) 등과 함께 피터 베렌스(Peter Behrens)의 사무실에서 작업을 하면서, 점차 근대적인 디자인의 조형 언어들을 획득해 갔다. 1929년에 발표된 바르셀로나 의자는 바로 고전적 질서와 근대적 조형 감각을 잘 조화시킨 그의 대표작이다.

9.8 인간척도 관련 이론들

비례체계는 건축의 형태와 공간에 대한 기능적, 기술적 요소와는 별개의 것으로, 각 부분의 치수에 대해 미적인 근본 원리를 부여한다. 모든 요소들을 같은 체계에 통합함으로써 건축 디자인 요소들의 다양성을 시각적으로 통일시킬 수 있다. 그것들은 공간에 높은 연속성과 질서감각을 부여할 수 있다. 그들은 건물의 외부와 내부 요소 사이에 연간관계를 수립한다.

비례에 관한 이론은 역사를 통해 발전해 왔다. 설계체계를 고안해 내는, 그리고 그 수단을 전달하려는 관념은 역사상 모든 시대에 걸쳐 공통적인 것이었다. 실제의 체계가 시대마다 각기 다르기는 하지만, 보편적 원리가 모두 포함되어 있으며, 설계자에게는 그러한 것들의 가치가 늘 동일하게 존재한다.

9.8.1 비례이론

비례이론에는 황금분할, 고전적 질서, 르네상스 이론, 모듈, 인체측정학적 비례, 스케일 등의 다양한 이론들이 있다. 비례의 수학적 체계는 "모든 것은 수로 표현될 수 있다."라고 하는 피타고라스의 개념과 조화로운 우주의 구조는 명백하게 제시될 수 있다는 믿음으로부터 비롯된다. 고대시대로부터 사용되어왔던 이러한 관계식 중의 하나가 바로 황금분할이라 불리는 비례이다. 그리스인들은 인간과 신은 높은 우주의 질서에 속해 있다고 믿었으므로 인체의 비율은 신전구조에 당연이 영향을 미치게 되었다. 또한 황금분할은 르네상스 건축가들의 작품 속에서도 나타나 있다. 르 코르뷔지에의 모듈화 시스템이 황금분할을 근거로 해서 시행되었으며, 오늘날에 이르러서도 모든 건축에서 사용된다. 황금분할은 생체구조에서 뿐만 아니라 건축에 있어서도 그 존재를 설명해 주는 중요한 대수학적, 기하학적 비례 개념이다.

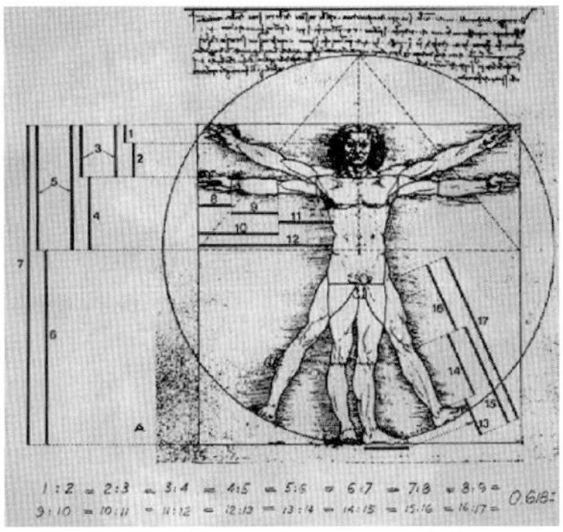

〈그림 9.7〉 황금분할

〈그림 9.8〉 그리스 기둥양식

고대 그리스, 로마의 건축양식에서는 미와 조화의 완벽한 표현을 각 요소들의 비례로써 나타내었다. 이 때 치수의 기본 단위가 된 것은 기둥의 직경이다. 샤프트, 기둥 머리, 기둥 다리, 윗부분의 엔터블레처와 섬세한 장식에 이르기까지 이 모듈이 사용되었다. 기둥 사이 건축도 기둥 직경에 근거하여 행해졌다.

기둥의 크기는 건물의 크기에 따라 다르므로 건축양식에서 고정된 단위치수를 적용할 수는 없다. 오히려 건물이 모든 부분이 비례관계로 상호 조화를 이루도록 하는 데 그 취지가 있다.

아우구스투수 시대의 비트루비우스는 건축양식의 실제적인 예를 연구하여, 이상적인 비례를 '건축 10서'(The Ten Books on Architecture)에 실었다. 이탈리아 르네상스 시대에는 비뇰라가 이러한 규칙을 재규범화 하였는데, 그의 기둥양식 형태는 오늘날까지도 잘 알려져 있다.

9.8.2 팔라디오의 모듈 개념

팔라디오 저택의 공간분할과 르 코르뷔지에 저택의 구조적 그리드간에는 유사한 점이 있다. 두 개의 저택은 비슷한 비례체계와 고도의 수학적 질서관계를 공유하고 있었던 한편, 팔라디오의 저택은 일정한 형태와 조화로운 상호 관계를 지니는 공간으로 구성되어 있고, 르 코르뷔지에의 저택은 바닥 슬래브와 지붕 슬래브에 의해 규정된 자유로운 수평층으로 구성되었다. 이 방들은 모양이 다양하며 각 층마다 비대칭적으로 배열되었다.

팔라디오는 이탈리아 르네상스에 대해 가장 큰 영향을 준 건축가라 할 수 있다. 1570년 베니스에서 처음 출판된 [건축 4서]에서 그는 알베르티나 세를리오와 같은 선배 건축가들의 발자취를 따랐고 7가지 이상적 평면 형태로 "방을 가장 아름답고 비례에 맞게 만드는 기법"을 제안하였다. 팔라디오는 또한 방의 폭과 길이를 적당한 비례로 만드는 높이 설정방법을 제안하였다. 평평한 천장이 있는 방의 설계 시에는 방의 높이를 폭과 똑같이 구성해야 한다. 볼트형 천장으로 된 정방향의 방에서는 방의 높이를 폭보다 1/3정도 더 높여야 할 것이다. 그 외의 방에 대한 높이를 결정하는데 있어서는 피타고라스의 이론을 적용하였다. 여기에는 산술적, 기하학적, 조화적인 세 가지 유형의 방법이 있을 수 있다.

9.8.3 르 코르뷔지에의 모듈러(Modulor)

르 코르뷔지에는 자신의 비례체계인 모듈러를 개발했는데, 그것은 비례체계가 포함하는 것들과 치수에 질서를 부여하기 위한 것이었다. "모듈 : 건축과 기계에 공통적으로 널리 적용될 수 있는 인체척도에 대한 조화로운 측정단위" 라는 저서를 1948년에 출간하였다. 그는 그리스와 이집트, 그리고 그 밖의 측정도구를, "인체의 수학적 부분을 형성하기 때문에 무한히 풍족하고 미묘하며, 우아하고 품위가 있고, 우리를 감동시키는 조화와 아름다움의 원천"으로 보았다. 그러므로 그의 측정도구인 모듈은 두 가지의 수학식인 황금분할의 미적 치수와 피보나치 수열과 인체비례를 기초로 했다고 볼 수 있다. 기본적인 그리드는 황금분할에 따라 113, 70, 43의 3가지 측정단위로 이루어진다.

113, 183, 226은 공간을 인체구조에 맞도록 한정한다. 113과 226으로부터 르 코르뷔지에는 적색과 청색을 개발했고, 인체와 관련된 척도를 만들었다.

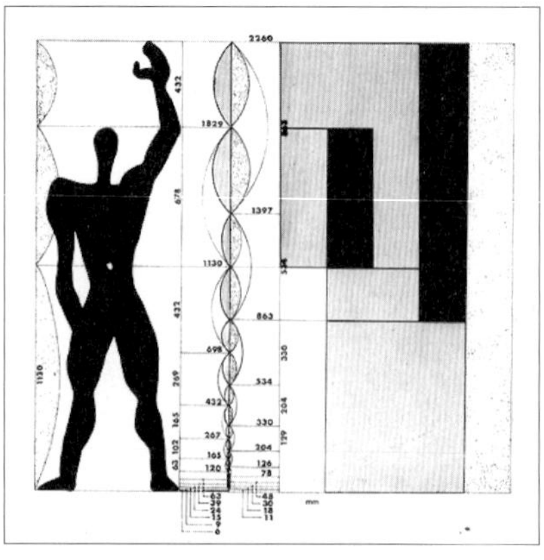

〈그림 9.9〉 르 꼬르뷔지에의 모듈러(1)

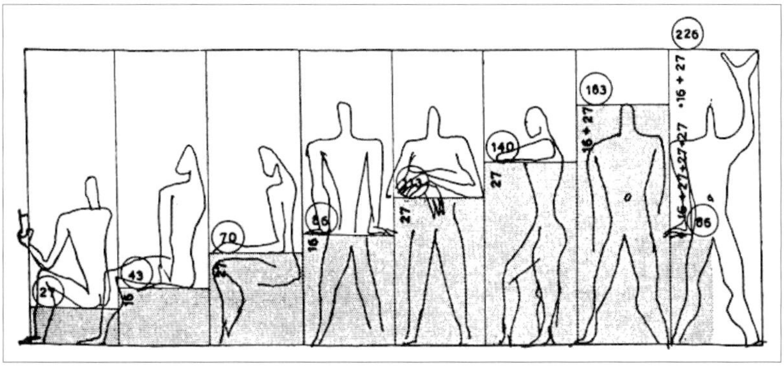

〈그림 9.10〉 르 꼬르뷔지에의 모듈러(2)

르 코르뷔지에는 모듈러를 단순히 조화를 이루는 수의 연속이 아니라, 길이와 외관, 크기를 조절하고 인체척도를 유지시키는 하나의 측정단위 체계로 보았으며, 무한한 조화를 성립시키는 상이한 여러 요소들을 통일시키는 것으로 간주했다. 모듈러를 사용했던 르 코르뷔지에의 작품으로 마르세유에 세운 아파트인 유니데 타비타시옹을 들 수 있다. 여기에는 길이 140미터, 넓이 24미터, 높이 70미터의 15모듈 사이즈가 이용되었다. 르 코르뷔지에는, 모듈의 비례로 얻을 수 있는 패널의 크기와 외양의 다양성을 충분히 활용하였다.

참고 문헌

1) 공간과 생활 교재 편찬 위원회. 공간과 생활. 계명대학교 출판부. 1993

2) 권영걸. 한중일의 공간조영. 국제. 2006

3) 대한건축학회 지음. 건축공간론. 기문당. 2010

4) 박언곤. 한국의 누. 대원사. 1991

5) 박언곤. 한국의 정자. 대원사. 1989

6) 반영환. 한국의 성곽. 대원사. 1991

7) 서현. 건축, 음악처럼 듣고 미술처럼 보다. 효형출판. 2010

8) 오영근. 인간척도론. 시공문화사. 2003

9) 임석재. 우리 건축 서양 건축 함께 읽기. 컬처그라퍼. 2011

10) 조재현. 공간에게 말을 걸다. 멘토프레스. 2009

11) 권영걸. 공간디자인 16강. 국제. 2001

12) D.K Ching. 건축의 형태 공간 · 규범 (Architecture Form, Space and Order). 국제. 2004

13) Robert Venturi. 건축의 복합성과 대립성 (Complexity and Contradiction in Architecture). 동녘. 1966

14) 안영배. 한국건축의 외부공간. 보진재. 1980

15) Le Corbusier, Towards a New Architecture. 1927

제 10 장

주거생활 공간의 구성

10.1 주거와 생활

10.1.1 주거와 주택의 개념

주거(住居)란 사람이 생활을 영위하는 장소로서 그 안에서 이루어지는 생활까지를 모두 포함한 의미이다. 즉, 주거란 사람이 생활주변에서 가깝게 접촉하는 가구, 가전제품, 실내공간에서부터, 주택과 마당, 대지를 포함하는 삶의 영역을 모두 포함한다. 이를 보다 확대하면 단지로 표현되는 개인적 주거지 주변까지 포함하는 물리적인 영역으로 표현할 수 있다. 또한 생활의 관점에서 본다면 취침, 세면 등 개인생활, 취미, 식사, 휴식 등의 가족 공동생활, 접객 등의 사회적 교류 및 근린생활과 생활공동체로서의 단위 지역생활을 포함한 사회생활이 함께 어우러지는 생활의 장소로 개념 지을 수 있다. 이러한 주거의 역할은 개인과 가족의 생활을 보호, 유지하고 가족의 화목을 도모하며 가족을 양육하고 보호하는 기능과 휴식 및 노동력을 재충전하는 기능, 가사노동의 장소부터 지역 사회생활이 기반이 되는 기능까지 포함한다.

이와 대비하여 주택(住宅)은 물리적인 건축물 자체를 의미한다. 사람이 비, 바람이나 추위, 더위와 같은 자연적 영향과 개인의 자유에 대한 외부의 침해와 도난 같은 사회적 위해로부터 보호하기 위하여 지은 건축물을 의미한다. 현대사회에서는 가족의 구성원이 변화함에 따라서 1인 주택 및 고령화 주택 등 다양한 특성을 포함하는 주택형태가 나타나고 있다. 이와 동시에 인간의 생리적 욕구인 식사, 수면 등을 해결하고, 재창조를 위한 휴식과 여가활동, 문화생활을 담는 그릇으로서 기능을 가지고 있다. 한편 이러한 개인생활에 관한 욕구는 적절한 사회적 관계, 즉 공동적 지역사회 관계에 포함되어 함께 형성된다. 또한 사람이 거주하는 각 지역의 풍토적 환경과 지역적 민족적 특성은 주택을 다양한 형태로 나타나게 되었다.

10.1.2 주거와 주택의 특징

공간과 생활이라는 본 교과목의 범주 내에서 건축과 주거는 상호 밀접한 연관을 가지면서도 조금은 다른 분석을 시도하고자 한다.

주택은 건축교육과정에서 가장 먼저 배우면서 건축적 공간에 대한 이해를 키우는 과정이다. 또한 각 실의 기능을 배우면서 건축은 다양한 기능을 가지고 있다는 기능적 해석을 이해해야 한다. 또한 각 실에 대한 요구사항의 집합인 건축프로그램에 대해서 배우면서 기능과 그 동선을 통한 연관관계에 대한 이해를 키우게 된다. 이를 3차원 공간으로 구성하면서 인간척도와 모듈에 대한 개념 즉 공간적 척도에 대한 이해를 갖추게 된다. 주택 사례분석과 계획 및 설계

과정을 통하여 익힌 건축적 기초지식은 다양한 건축물의 모든 유형으로 확장되어도 같은 기준과 방법으로 진행하게 된다. 또한 다양한 건축 용도별 분석과 기능 및 프로그램의 분석의 동일한 프로세스를 통하여 건축의 공간과 형태에 쉽게 접근하여 다양한 건축물의 이해가 가능하게 된다.

이러한 관점에서 주택을 본다면 우리가 접하는 좋은 주택사례는 대개가 이러한 기본적인 건축적 요구사항을 충족하였을 뿐만 아니라 건축적 철학 즉 건축가의 개념과 건축주의 요구사항이 어우러진 매우 복합적인 과정의 결과물이다. 때문에 건축적으로 걸작으로 꼽히는 건축물에는 크기만 대형인 건축물보다 건축주의 요구사항을 건축적으로 독특하게 해석해 낸 결과물로서의 주택건축이 많다. 이는 기본적인 요구사항인 기능과 형태, 또한 3차원적 건축공간에 대한 종합적인 결과일 뿐 아니라 건축적 철학의 결정체인 경우가 많다.

그러므로 이 장에서는 주거의 특징, 주택의 기본 요소를 바탕으로 전통건축의 특징, 전통건축의 사례, 서양 주택의 사례 등을 통하여 이론적인 내용들이 어떻게 건축가가 의도하는 궁극적인 결과물에 도달하였는지 설명하고자 한다.

10.1.3 주거생활의 종류와 내용

주택은 가족구성원들의 숫자, 나이, 생활수준, 취미, 여가활동, 선호하는 주거형태들을 수용하여 그 특징을 결정하게 된다. 주부, 자녀와 가장 등 가족구성원의 가족내 활동내용의 본질적인 기능에 근거하여 주거의 기능을 형성하게 된다. 또한 개인의 기호나 가족내 관계의 심리적 요인 등을 고려한 프라이버시 공간과 함께 상호교류 공간이 공존할 수 있도록 고려되어야 한다.

이를 구체적으로 본다면 주부의 주거생활 활동은 식사준비 및 요리, 휴식, 세탁, 여가 등의 활동이 있으며, 자녀의 주거생활 활동은 공부, 휴식, 놀이, 대화 등의 활동이 있고, 가장의 주거생활 활동은 주거내 사업활동, 업무 이후의 휴식, 개인적 업무 및 독서, 가족 간의 대화와 여가 등이 있다.

현대사회의 주거생활 유형은 보다 다양해지고 있다. 과거 주택의 기능은 잠자고 먹는 행위를 중심으로 단순하게 생리적 요구만을 충족시키는 공간이었으나 최근에는 이러한 기본적 주거생활 활동뿐만이 아니라 가족간 다양한 여가활동도 포함하고 있다. 이러한 다양한 기능을 원활하게 수행될 수 있도록 여러가지 기능의 실들과 필요한 시설이 편리하고 안락하게 구성되어야 한다.

주택에서의 주거생활 활동의 유형을 구분하면 다음과 같이 개인과 가족생활, 가사와 위생, 접객과 여가활동으로 구분지어 볼 수 있다.

개인생활은 사색, 취침, 휴식, 학습, 독서, 컴퓨터 활용, 취미생활 등이 있으며 가족생활은 대화, 식사, TV 및 음악감상, 오락, 체육, 육아 등이 있다.

가사활동은 식료품 준비, 조리 및 저장, 세탁, 의류정리 및 수납, 청소 등이 있으며 위생활동은 화장실, 세면실, 욕실을 중심으로 일어나는 모든 기능을 포함하며 규모에 따라 화장 및 탈의의 기능도 포함된다.

접객생활은 손님 접대, 명절 모임, 친지 모임 등이 있으며 여가활동은 실내외 운동, 작업활동, 식물재배, 동물사육, 취미활동 등이 있다.

이런 다양한 주거생활의 종류와 내용을 수용하여 건축적인 기능을 분석하고 각 실의 규모를 설정하고 그 연관관계를 설정하며 건축 프로그램을 구성하는 것이 주택공간을 구성하는 첫 단계이며 이미 주어진 주택의 사례를 분석하는 것도 이런 순서의 역순으로 그 의도를 추적하면서 건축주와 건축가의 의도를 분석하는 것이 주거생활공간의 이해를 쌓는 방법이다.

10.1.4 주거생활양식과 주거 공간

주거생활양식이란 개인과 가족의 특징에서 보이는 다양한 생활방식, 행동양식, 사고양식, 문화적 차이 등 생활의 모든 측면을 포함하는 삶의 양식을 의미한다. 이는 라이프스타일로 표현할 수도 있는데 생활주기별로 생활의 단위활동, 관심사, 의견 등을 통하여 생활의 동기와 욕구를 이해하는 것을 포함한다.

연령, 직업, 결혼, 교육 및 경제수준, 가치관, 취미는 물론 레저생활에 대한 관심과 주변 친구, 현재의 환경, 태도 및 행동의 독특한 구조에 따라 주거생활양식 즉 라이프스타일이 다르다는 것을 의미한다.

개인과 가족의 가치관 특성과 생활적 특성 등을 분석하고 거주자의 주거형식, 위치, 주거규모, 개방 정도 등에 대한 선호내용을 결정하는 요인으로 주거생활양식을 결정하게 된다.

한국 사회에서도 결혼제도를 통한 부부와 자녀로 구성된 전형적인 가족의 비율은 감소하고, 독신자, 부부만의 가족, 고령화 세대 또는 노인 독거가족 등 다양한 형식의 가족이 급증하고 있다. 이러한 다양한 가족구성이 확산됨에 따라서 구성원의 가치관과 생활조건이 변하게 되고 각기 독특한 라이프스타일을 추구하고 있는 경향이 뚜렷해지고 있으므로 주거생활양식도 다양하게 변화하고 있다.

주거생활양식과 주거공간의 변화를 가져오는 라이프스타일의 변화를 살펴보면 다음과 같이 정리할 수 있다.

가족구성원의 변화로 현대가족은 구성원 개인의 동등한 권리와 평등을 더욱 요구한다. 그 결과 가족 공동의 공간인 거실과 부엌이 중심 공간으로 자리 잡는 등의 변화를 보이고 있다. 주거수준의 욕구 향상과 기대수준의 변화로 인하여 거주자 기대가 높아지고 변화가 생기고 있다.

냉난방 공급의 기본적 욕구, 쾌적한 화장실 및 욕실, 편리한 주방 등의 기대수준의 변화는 주거생활양식의 향상은 물론 주거공간의 수준을 크게 변화시키게 되었다.

도시화, 산업화에 따라 인구의 지역 간 이동이 활발해지면서 전통적인 공동체 의식과 정주개념은 매우 희박해졌다. 주거공간은 바쁜 도시생활에 맞추어 기능 위주의 공간으로 재편성되고 1인주거 형태가 보다 보급되었다.

집합주택의 대량공급으로 주거양식이 크게 변화하였다. 주거기능과 편리함을 추구하는 도시생활의 욕구가 넓게 확산되었다. 편리하고 쾌적한 도시형 집합주택이 확산되면서 전원 한가운데 아파트가 건설되는 등 주거공간이 급변하는 결과를 초래하였다.

주택의 상품화, 경제적 투자대상화가 심해졌다. 주택을 거주자의 주거생활의 안식처에 그치지 않고 투자대상, 재산증식의 수단으로 보는 경향에 따라 주택을 상품으로 인식하고 공급하여 주택공급이 대량화되면서 때로는 부정적인 측면의 생활양식 변화가 초래되었다.

10.1.5 고령화 시대의 주거생활공간의 개념

고령화시대인 현대사회에서는 주거생활공간에서 이전 시대와는 다른 새로운 접근이 요구된다. 즉 친환경적이고 에너지 절약이 강조된 건축이 현대의 기술적 유행이라면 고령화시대의 누구나가 편리하게 거주할 수 있는 공간을 만드는 것은 주거생활 공간적으로 매우 중요한 개념이 되었다.

이를 유니버설 디자인(Universal Design, 공용화된 설계)으로 정의할 수 있는데 성별, 연령, 국적, 문화적 배경, 장애의 유무에도 상관없이 누구나 편리하게 쓸 수 있는 환경을 만드는 디자인을 의미하며 이는 장벽없이 누구나 사용할 수 있다는 의미로 배리어프리 디자인(Barrier Free Design) 으로도 불린다. 즉 모든 사람을 위한 디자인으로서 범용디자인이라고도 불리는데 이제는 장애의 유무와는 상관없이 고령화시대에 누구에게나 편리하게 디자인된 도구, 시설, 설비 등을 사용하는 것이 중요하고 이는 장애가 있는 사람뿐 아니라 건강한 사람들에게도 유용한 것이기 때문이다.

배리어 프리(Barrier Free)는 고령자나 장애인들도 살기 좋은 사회를 만들기 위해 물리적 · 제도적 장벽을 허물자는 운동에서 시작되었다. 국내에는 한국장애인개발원을 중심으로 장애물 없는 생황환경의 인증제도가 시행되고 있으며 다양한 자료가 홈페이지를 통하여 제공되고 있다. (http://bf.koddi.or.kr) 1970년대 이후 미국 일본 · 스웨덴 등 선진국을 중심으로 휠체어를 탄 고령자나 장애인들도 일반인과 다름없이 편하게 살 수 있게 하자는 뜻에서 주택이나 공공시설을 지을 때 문턱을 없애자는 운동을 전개하면서 세계 곳곳으로 확산되었다. 2000년 이후에는 물리적 배리어 프리뿐 아니라 제도적 법률적 장벽을 비롯해 각종 차별과 편견, 나아가 장애인이나 노인에 대해 사회가 가지는 마음의 벽까지 허물자는 운동의 의미로 확대 사용되고 있다. 고령화 사회인 우리나라에서도 그 중요성 및 활용도가 더욱 증대하고 있다.

장애를 기준으로 보았을 경우에는, 배리어프리 건축개념을 지체 장애, 시각장애, 청각 장애를 위한 설계 및 시설상의 배려로 볼 수 있는데 이제는 고령화 시대이기 때문에 누구에게나 해당된다는 관점이 더욱 중요하다. 그중 지체장애를 고려한 주거환경의 경우, 휠체어 사용이 우선적으로 계획되어야 한다. 이때 가장 중요한 것은 휠체어의 접근 및 활동공간을 확보하는 것으로 단차 제거 및 휠체어의 회전 및 통행공간 확보 등 접근성과 밀접한 연관이 있다.

배리어 프리 디자인은 주거생활공간 개념으로 다음 세가지로 나누어 볼 수 있는데 안전한 사회적 활동을 위한 안전성, 장애물의 제거를 통한 이동 접근성, 시각 및 청각장애의 인지력 향상을 위한 식별성의 제공 등이 중요하다. 베리어프리 디자인은 휠체어의 이동 접근성을 위한 단차 제거, 복도와 문의 회전공간 등의 충분한 유효 폭 제공, 각 실과 그 연결동선의 실질적인 공간적 연계가 중요하며 이러한 기본적인 것들에서부터 출발하여야 한다.

10.2 주거공간의 구성

10.2.1 주거공간의 개념

주거공간은 주거생활이 이루어지는 공간이다. 주거공간의 그 특징과 요소는 다음과 같다.

주거공간은 우리의 일상생활과 가장 밀접한 주택을 다루고 있으며 모든 건축 전공영역이 종합된 매우 복합적이고 중요한 부분이다.

우선 건축주의 요구사항에 대한 이해, 건축물의 사용자에 대한 기본적인 건축적 이해, 생활양식에 대한 이해가 충족되어야 하며 이러한 바탕위에서 건축전공의 핵심 영역들인 건축계획 및 설계, 건축법, 구조, 시공, 설비 관련 과목들에 대한 이해가 바탕이 되어야 주택 한 채가 완성될 수 있기 때문이다.

그러므로 주택을 건축설계 과목의 첫번째 과제로 선정하는 이유는 이러한 복합적인 전공영역의 연관성을 소개하고자 하는 취지이며 주택설계는 사실상 건축주의 요구사항 및 건축가의 건축 철학적 개념 구현, 규모에 상관없이 모든 시공의 공종이 다 포함되는 복잡성 등으로 누구나 쉽게 좋은 결과물을 거두기 힘든 주제이다.

하지만 이러한 주거공간을 전공 교육에서 먼저 소개하는 취지는 누구나 살고 있는 주거공간에 대한 체계적이고 분석적인 시각을 제시함으로써 건축 전공에 대한 이해를 높이고 건축을 접근할 때 이러한 다양한 요소들에 대한 생각이 분석적으로 또한 종합적으로 필요함을 설명하기 위함이다.

주거공간 계획에서 중요한 과정은 건축설계 전단계 과정인 건축계획과정의 프로그래밍이다. 프로그램이란 건축주의 요구사항과 대지 및 법규적 제약조건 등을 조사, 분석하여 설계 시 필요한 기능분석과 적정면적 산출 등을 정리한 것이다. 건축설계 과정은 프로그래밍 단계에서 분석된 결과를 기반으로 건축가의 종합적이고 창의적인 설계를 통하여 배치계획, 매스계획, 내외부 공간계획, 실내 디자인계획, 외관계획 등을 하는 것이다.

이러한 과정에서 주거공간에 대한 이해는 가장 기초적인 내용으로서 건축전공의 핵심 부분이 되며 주거공간을 먼저 이해한 이후에는 그러한 접근방식으로 다양한 건축 유형에 대한 공간적 분석과 종합을 시도하는 것이 건축공간을 이해하는 순서이다.

10.2.2 주거공간의 구성요소와 방법

주거공간의 구성요소는 각 실과 내외부 공간, 그 공간들을 이어주는 동선, 공간의 외부표면인 입면과 매스 등이 있다.

주거공간은 이들 요소를 어떻게 조합하여 구성하느냐에 따라서 주택의 성격이 결정된다. 때문에 저명한 건축 거장들은 거대한 건축물로 명성을 얻는 것이 아닌 작은 주택 하나이지만 그 속에 담긴 공간의 구성, 건축적 프로그램, 건축주에 대한 이해, 건축가로서의 건축적 철학 등으로 세계적인 거장으로 평가받는 경우가 많다.

프랭크 로이드 라이트(Frank Lloyd Wright) 는 낙수장(落水莊, Fallingwater)으로 불리는 작은 폭포 언덕위의 독특한 주택이 대표작 중의 하나로 꼽히며 위대한 건축가로 꼽히고 있다. 이는 그의 다른 어느 거대한 건축물보다도 인간과 자연과 공간에 대한 이해와 또한 그의 건축적 상상력이 충분히 발휘된 경우이기 때문이다. 이 건축물에 대한 미국인들의 애정은 공공재단에서 관리하는 공식 홈페이지에서도 확인 할 수 있다.

미스 반 데르 로에(Mies van der Rohe)는 판스워드주택 (Farnsworth House) 으로 주택이 대표작으로 소개되는데 이 또한 규모보다는 건축적 철학이 중요시되기 때문이다. 이 경우 재미있는 것은 같은 시기에 지어진 필립 존슨의 글라스 하우스(The Glass House)와 형태가 유사하면서도 각각의 건축 개념적인 우수성으로 모두가 걸작으로 꼽히고 있다는 점이며 개념적인 출발은 미스 반 데르 로에로 알려져 있는 점이다.

르 코르뷔지에(Le Corbusier)의 빌라 사보아(Villa Savoye)는 뒷 부분에서도 소개되는데 이는 건축물에 더하여 그가 주창한 근대건축의 5원칙이란 철학적 개념을 담고 있는 주택으로 더 유명하다.

위의 사례들에서 소개된 건축가와 건축물들이 근대건축의 3대 거장이고 근대건축의 대표적인 건축물로 꼽히는 이유는 작은 규모의 주거공간이지만 건축적 공간과 개념에서 그 이전의 시대와 달리 새로운 개념과 공간을 제시했다는 점을 알 수 있으며 이는 지금도 유효한 새로운 공간과 개념이므로 주거공간의 구성요소를 충족하면서도 세계적인 걸작으로 인정받는 것임을 알 수 있다. 여기서 주거공간을 건축 계획적으로 분석해보면 각 주거공간은 크게 침실 등의 사적공간과 거실, 식당, 부엌 등의 공적공간으로 구분할 수 있으며 사적인 공간과 공적공간의 구성요소를 어떻게 연관 지어 구성하느냐가 주거공간 구성의 핵심이다.

주거공간에서 특히 규모가 작을수록 핵심적인 구성요소로서 생활공간인 거실 L(Living Room), 식사공간인 식당 D(Dining Room), 조리공간인 주방 K(kitchen)의 조합을 중요하게 고려하고 배치하여야 한다.

가족 구성원의 숫자와 생활 형식을 어떻게 이끄는가에 따라서 L,D,K의 다양한 조합이 이루어질 수 있다. 젊은이들이 선호하는 도시형 1인 주거의 형태는 LDK 가 모두 집약된 공간구성을 가질 수밖에 없으며 대가족 생활양식의 경우 거실, 식당, 주방을 어떻게 독립적으로 유지하는가 하는 것은 공간적 구성 측면에서 매우 다양한 조합을 만들 수 있다. 거실과 식당을 인접시켜 넓은 공간을 원하면 LD+K 형식을 활용할 수 있으며, 대형 주택에서는 각 공간의 독립성을 높이기 위하여 L+D+K를 채택하기도 한다.

10.2.3 주거공간의 기능

주거공간은 개인적인 모든 활동이 일어나는 공간이며 가족 간의 공동생활에서 사회적 활동이 시작되는 기본적인 단위공간이다. 또한 주거 공간 내외부가 생활 속에서 밀접한 관계를 맺고 주거 내외부의 공간이 유기적으로 연결되어 실내외부가 기능적으로 연계되어야 한다.

여기에 필요한 기능은 각 소요공간의 특징, 공간적 연계성, 구조적 안전성, 설비적 쾌적성, 외부 환경으로부터의 보호, 물리적 및 심리적 쾌적성을 지녀야 한다. 때문에 가장 편안하고 쾌적하며 안락한 기능이 종합되어 주거공간이 되어야 한다. 또한 가사노동의 능률화, 동선 계획의 편리성을 통하여 주거공간에 대한 개성과 편리성을 추구할 수 있어야 한다.

주거공간의 주요 기능으로는 쾌적성, 안전성, 편리성, 보건성, 접근성, 효율성, 가변성, 정체성 등이 있다.

가. 쾌적성

주거공간에서는 우선적으로 주거생활의 쾌적함이 고려되어야 한다. 쾌적성을 확보하기 위해서는 충분한 일조, 적정한 온도 및 습도, 통풍 등의 실내환경, 적당한 창과 채광 및 조명의 설계, 조용한 생활환경 등의 생리적 쾌적성이 요구된다. 개인생활, 가족생활 및 주변과의 사회생활을 원활하게 수행할 수 있는 적정규모가 되기 위해서는 가족의 구성에 따른 방의 수, 거주밀도, 취침밀도의 적정화 등이 필요하다. 이와 아울러 주거 공간과 그 건축적 형태가 주는 모습에서 주변 공간과의 시각적 쾌적성, 문화적 분위기에 의한 만족감, 교육 및 복지 등과 같은 생활공간으로서의 정신적, 감각적 만족감 역시 이에 포함된다.

나. 안전성

주거공간의 안전성은 인간의 생명에 관계되므로 가장 중요시해야 하는 목표이다. 외부 자연재해, 화재 및 폭발 등 내부 재해, 또한 주변 환경으로부터의 범죄 및 사고 등으로부터 생명과 재산이 안전하게 보호되어야 한다. 자연재해에는 폭우, 수해, 붕괴 등이 해당되므로 눈, 비, 배수시설, 지형 등이 안전하게 고려되어야 한다. 내부 재해로는 누전, 화재, 가스폭발, 환기불량으로 인한 질식 등 다양한 사고를 미연에 방지할 수 있어야 한다.

범죄와 사고의 예방을 위해서는 범죄예방적 설계의 개념을 도입한 「셉테드(CPTED-Crime Prevention Through Environmental Design)」를 적용하는 개념이 소개되고 있다. 셉테드(CPTED)란 '환경 설계를 통한 범죄예방'이란 뜻으로 건축물 설계 시부터 범죄예방을 위해 다양한 안전시설물을 고안하고 건축물을 완성시켜 시설을 이용하는 사람들을 범죄로부터 사전에 차단하여 안심할 수 있는 수단을 선 적용시키는 개념이다. 한국셉테드학회에서 추가로 다양한 정보를 접할 수 있다. 이제는 개인적인 안전 대비의 소극적인 관점이 아니라 건축 전공에서 사전에 그런 시설을 배려하는 시대로 전환되어감을 의미한다.

다. 편리성

주거공간에서의 편리성은 가사 노동의 단순화에서 출발한다. 평면계획에 있어 가족의 동선을 단축시키고, 거실, 주방, 세탁실 등을 조화롭게 배치하여 특히 주부의 능률을 증대시키며, 주거의 설비 및 수납공간의 배치 등을 합리적으로 계획하여야 한다. 또한 온돌의 좌식생활과 식탁을 중심으로 한 입식생활을 동시에 누릴 수 있도록 계획해야 하며, 가족 구성원의 생활 습관과 경제적 여건, 주거인의 수 등을 고려하여 실의 크기와 수, 주택의 넓이, 기능적인 형태 계획이 주거공간에서 이루어져야 한다.

10.2.4 주거공간의 기능변화

주거공간은 기본적인 기능을 바탕으로 시간의 흐름과 자녀의 성장과 출가 등을 포함한 거주자의 라이프스타일의 변화에 따라 새로운 기능들이 요구된다. 따라서 시대성을 반영한 주거의 다양한 기능과 거주자의 거주성을 높이기 위해서는 주거의 기능변화의 요인을 정확히 진단하고 예측할 수 있어야 한다.

주거공간은 기본적으로 추위와 비바람 등의 자연환경과 외부 위험으로부터 은신할 수 있는 보호의 기능이 중심이었다. 또한 산업화시대를 통하여 대량화, 기계화, 조립식 등 새로운 재료와 기술의 사용으로 새로운 주거공간의 기능이 등장하였다. 여기에 더하여 거주자들의 개성을 반영한 다양한 형태도 등장하여 건축적으로 요구되는 기능과 함께 개성표현으로서 의미를 가지게 되었다.

현대에 와서는 자연과의 관계에 더하여 생활의 편리함이나 재산 가치로서의 주거기능이 확대되었다. 또한 고밀화, 고층화에 따른 도시화가 심화되었고 주거공간은 거주자의 생활공간을 담는 것에서 다양한 기능을 포함하는 것으로 크게 변화하였다. 하지만 소득의 증가에 따른 여유와 자연과 환경에 대한 관심이 증대되면서 친환경 건축, 저에너지 건축, 목조건축, 현대화된 전통건축 등 다양한 기능이 소개되고 있다. 또한 고밀도 아파트에 식상한 도시인들이 주거공간은 개인주택 및 저층 저밀도 주택을 선호하는 경향이 생기면서 주거공간은 보다 다양화되는 시대를 맞이하고 있다.

이러한 주거공간의 기능변화는 하나의 현상에 단순하게 반응하는 것이 아니라 여러 가지 현대사회의 환경변화가 복합적으로 반응하면서 거주자 요구, 사회적 환경변화, 과학기술의 발달 등의 영향을 받는다.

기능변화 요인 중 가장 직접적인 요소는 바로 거주하는 사람들의 변화이다. 인간적 측면에서의 변화요인은 신장 등의 체형의 서구화에 따른 신체변화와 개인주의 적 가치관의 변화, 1인 도시생활 등 삶의 방식에서의 변화 및 전통적 가족구성의 변화와 생활양식의 변화로 볼 수 있다. 사회적 변화요인으로 도시적 사회변화, 급격한 고령화에 따른 인구구조의 변화, 문화, 경제, 교육 등의 주변 환경변화 등의 주거의식의 변화이다. 또한 기술의 발달로 주거가 보다 전자화 및 자동화되어 가는 전자 및 정보통신 기술의 발달, 신소재 및 신기술공법 활용, 친환경적 에너지 기술 개발 및 절감기술 등이 주거공간의 새로운 기능변화를 제공하고 있다.

10.2.5 새로운 주거공간기능

앞으로의 사회는 개개인이 원하는 주거공간과 그에 요구되는 새로운 기능을 담은 개성있는 주거공간을 추구하게 될 것이다. 고령화에 따른 건강 프로그램형 주거, 친환경 저에너지형 주거, 첨단기술 접목형 주거, 가변형 및 주문형 주거 등 새로운 요구사항이 계속 나올 것이며 이러한 요구를 반영하여 새로운 기술을 접목하는 새로운 주거도 지속적으로 개발되어야 할 것이다.

가. 고령화 시대의 건강 프로그램형 주거

건강 프로그램형 주거는 건강을 일상적으로 진단하고 병원과 원격상담이 가능하며, 검진과 진료를 동시에 할 수 있는 기능을 포함할 것이다. 건강주거, 생애주거, 고령주거, 의료주거, 재활주거 등이 등장할 것이다. 여기에 여가활동을 다양하게 제공하는 주거로서 주거공간 영역안에 고령화세대에 적합한 취미활동과 여가활동을 위한 기능들이 복합적으로 나타날 것이다.

나. 친환경적 저에너지형 주거

친환경적 저에너지형 주거는 생태계 순환원리를 반영하여 자연생태계에 유기적으로 통합되고 에너지 소비와 생산을 병행함으로써 궁극적으로 에너지 소비를 제로로 만드는 주거를 의미한다. 이는 기존의 에너지 소비적 건축물과 달리 건설과정부터 에너지 및 자원을 절약하고 환경부하를 최소화하고 자연을 보호하며 인간의 건강과 쾌적성 향상을 가능하게 하는 저에너지형 주거를 의미한다.

다. 첨단기술 접목형 주거

현대사회의 특징 중 하나는 디지털 및 전자통신기술에 의한 첨단기술의 활용이다. 이러한 속성은 첨단기술 접목형 주거에서 다양한 신기술이 개발되면 그때마다 미래 주거의 기본적인 요소가 될 것이다. 또한 첨단기술이 접목됨으로써 보다 편리해지고 기술적이 관점에서 뿐만 아니라 영화의 한 장면과도 같은 다양한 디지털 기술로 인해 생겨나는 고도로 인텔리전트화된 주거가 등장할 것이다.

라. 융통성을 반영한 가변형 및 주문형 주거

가변형 주거는 기존 주거공급자 관점의 고정벽체 등이 아니라 사용자가 다양하게 변화를 시도함이 가능한 가변형 벽체 설치 등 가변성과 융통성이 반영된 주거이다.

주문형 주거는 대량생산에 의한 기존 방식을 탈피하여 실제 거주자가 계획과정에 적극적으로 참여하고 주문함으로써 생산되는 맞춤형 주거이다. 이는 다른 산업이나 다른 고가의 제품과 비교하여 본다면 자동차나 PC처럼 주문형 제품이 보편화된 산업이 이미 있기 때문에 언제든지 가능한 기술이다. 단지 건설산업의 특성상 또한 주거공간이라는 규모 때문에 아직 적용이 활성화되지 않았을 뿐 부품화, 건식화, 조립화, 선주문, 생산관리, 사전 시뮬레이션 등의 기술이 집약된 주택의 생산 공급방식이다. 따라서 거주자의 생활패턴이나 잠재적 욕구에 대한 지속적 탐구와 연구를 바탕으로 거주자의 개별적 요구사항을 반영한 새로운 미래의 주거를 지속적으로 준비해야 할 것이다.

10.3 한국 전통건축의 특징

10.3.1 전통건축의 특징

전통한옥의 특징은 우선 기본적으로 인간중심적 크기이다. 1칸 (약 1.8 m) 간격의 나무기둥 구조와 사방 1칸의 방 크기, 그 방 앞의 폭 30㎝ 쪽마루, 쌍여닫이 판문인 중문의 폭 60㎝ 높이 150㎝ 정도의 크기, 대청마루에 서면 내다볼 수 있는 담장의 높이 등은 사람의 치수가 고려되고 생활의 경험에서 우러나오는 섬세한 치수 비례를 반영한 결과이다.

전통한옥의 각 공간은 사람의 신체가 기본적으로 고려된 한국적 척도의 산물이며 모듈의 개념이 기본적으로 내재되어있다. 그래서 부분과 전체가 균형 된 조화를 가지고 있으며 살기에 편안한 느낌을 주게 된다.

조선시대의 건축계획적 지식을 담고 있는 서적인 민택삼요(民宅三要)는 조선시대의 주택건축의 주요 구성요소, 배치, 좌향 등의 원리를 기술하고 있다. 특히 주택에서 가장 중요한 세 가지 요소(三要)를 문(門), 주(主), 취(炊)로 규정하고 있다.

문은 사람이 다니는 길, 주는 거처하는 곳, 취는 먹을 물건이 있는 곳을 의미한다. 따라서 대문, 방, 부엌을 가장 중요한 요소로 보았다. 전통 주택건물의 기본형인 삼간집은 전면3칸, 측면1칸으로 안방 1칸, 윗방 1칸, 마루 1칸의 구성이었다.

조선시대의 가족은 대가족제도 하에서 3-4세대의 대가족과 하인 등으로 구성되어 질서와 남녀 분별이 있었다. 한옥은 독립적인 채(棟) 들의 구성방식으로 이루어져, 사당채, 안채, 사랑채, 행랑채, 별채 등 이러한 각각의 기능과 질서를 수용할 수 있었다.

10.3.2 전통주택의 다양한 의미

주택과 관련이 있는 한자로는 가(家), 주(住), 옥(屋), 택(宅) 등이 있다. 가(家)는 집 가, 가문 가, 남편 가 로 표기되며 가족의 뜻을 포함하고 있다. 주(住)는 머무를 주, 거처할 주 등으로 표기되며 사람이 주인이라는 글자모양처럼 사람의 뜻을 포함하고 있다. 옥(屋)은 집 옥, 지붕 옥 등으로 표기되며 지붕이 있는 건물을 의미한다. 때문에 옥은 가옥과 함께 물리적인 실체 즉 건물을 의미한다. 택(宅)은 집 택, 살 택, 자리 택 등으로 표기되며 집과 자리, 집 전체 등을 의미한다. 대지와 건물을 포함하는 거주하는 장소의 의미이다.

주택(住宅)은 사람이 주인인 집을 의미하여 넓은 뜻으로 사람들의 집을 의미한다. 촌락이나 전통적인 가족과 가문의 의미보다는 주거공간의 기능이 강조된 거주처로서 현대적 주거기능 중심의 의미로 볼 수 있다. 가택(家宅)은 가족과 가문의 집을 의미하여 넓은 의미의 가문의 집을 의미한다. 가문의 전통이나 가족의 정체성을 상징하고 전통적인 거주처를 의미하며 건물과 마당을 다 포함하는 영역의 의미를 가지고 있다. 때문에 전통적 사회생활에 연관되는 전통한옥은 가택이라는 표현이 더 어울린다고 볼 수 있다.

10.3.3 전통주택, 한옥의 특징

한옥의 특징을 거론하면서 흔히 처마의 선이 아름답다거나 배흘림 기둥이 아름답다는 얘기는 이제는 무수히 들어왔다고 생각된다. 앞으로 한류가 보다 국제적인 영향력을 가지는 시대가 된다면 이러한 감상적인 평가와 우리끼리만 이해할 수 있는 설명은 우리 문화의 국제화에 그리 도움이 되지 못할 것이다. 한옥 역시 우리끼리 한국 내에서만의 특징을 강조하기 보다는 한국, 중국, 일본의 관점에서 무엇이 비슷하고 무엇이 다른 가운데 어떠한 특징을 가지고 있는지를 보다 구체적으로 설명하여야 할 것이다.

우리 조상들은 뒤로는 산을 등지고 앞으로는 개울물이 흐르며 안산(案山, 집터 건너편의 산)의 기운이 마을 앞 고목사이로 비치는 곳에 집을 지었다. 그러한 곳이라면 공기는 맑고 계절 따라 물소리 등의 자연의 소리들과 함께 하면서 우리의 정서를 풍성하게 하고 자연경관을 음미할 수 있는 좋은 조건으로 보았기 때문이었다. 이런 점에서 보면 '자연과의 조화'라는 관점애서 집터를 세심하게 골랐을 것으로 보인다.

한옥의 가장 큰 특징은 난방을 위한 온돌과 마루가 균형있게 배치된 구조를 갖추고 있는 점이다. 또한 한옥의 형태는 지방에 따라 즉 기후에 따라서 그 구조가 다르다. 북부 지방에서는 외부의 냉기를 막고, 내부의 열을 유지하기 위한 가장 효율적인 구조로, 방을 두 줄로 배열하는 형태의 겹집 구조와 낮은 지붕의 한옥이 발달했다. 이에 비하여 남부 지방에서는 바람이 잘 통하도록 방을 한 줄로 배열하는 홑집 구조와 마루 구조가 발달했다. 이러한 특징만을 보아도 한반도 내에서의 기후에 대응하는 동안 다양한 형태로 변형되고 발전되어 왔음을 느낄 수 있을 것이다. 이러한 연장선에서 향후 한류의 문화를 한중일의 비교 · 문화적 관점에서 분석하는 것은 우리 자신의 특성을 보다 잘 이해하고 문화를 더욱 아끼고 계승하는 길이 될 것으로 생각된다.

또한, 한옥은 상류주택과 민가에 따라서도 구조를 달리한다. 대가족이 함께 어우러져 사는 한국의 전통사회에서 상류 계층의 주택은 신분과 남녀, 어른과 어린이를 구별한 공간적 배치구조를 하였다. 즉, 집채를 달리하거나 작은 담장을 세워 주거 공간을 상 · 중 · 하로 구획했다. 상의 공간인 안채와 사랑채는 양반들이 사용했고, 대문에서 가장 가까운 곳에 위치하는 행랑채는 하의 공간으로 머슴들이 기거하는 곳이었으며, 중문간 행랑채는 중간 계층인 청지기가 거처하는 중의 공간이었다.

지붕으로는 기와지붕과 초가지붕이 가장 보편적이다. 부유한 집에서는 기와로 지붕을 올렸고, 서민들이 거주하는 민가에서는 대부분 볏짚으로 이은 초가지붕을 얹었다. 초가지붕은 겨울에는 열을 빼앗기지 않고 여름에는 강렬한 태양열을 차단해 주며, 구하기 쉬워서 지붕의 재료로 가장 널리 사용되었다.

10.3.4 전통건축 연구 현황

우리의 전통건축에 대한 이해는 건축전공자 뿐만이 아닌 우리나라 사람들에게는 상식이 되어야 할 우리 전통에 대한 지식이다. 최근 들어 국제적으로 한국과 한국문화에 대한 관심이 더욱 높아지고 한류의 영향이 커짐에 따라서 '한스타일'(www.han-style.com)로 칭해지는 우리의 전통문화에 대한 관심이 보다 구체적으로 확산되고 있다. 한글, 한식, 한복, 한지 한국음악에 더하여 한옥에 대한 관심은 특히 우리 자신의 문화와 역사에 대한 폭 넓은 지식을 갖추어야 하는 시대임을 다시 느끼게 해준다.

한편 국가적으로 한옥문화의 진흥과 한옥의 활성화를 위하여 정부는 2011년 5월 국가한옥센터를 설립하여 다양한 지원을 하고 있는데 이러한 지식은 전문적인 영역을 포함하고 있지만 우리의 전통과 문화에 대한 관심으로서 필히 알아야 할 건축전공 관련 지식이다.

10.3.5 전통건축의 구성 요소

가. 집터와 방위

전통 건축에서는 집터를 닦을 때 방위를 제일 먼저 고려하였다. 남향이 햇빛을 잘 받기 때문에 집은 가급적 남쪽을 향해야 한다는 것이 주된 상식이었다. 하지만 남향이 지켜지지 않을 때도 있었으니 그것은 주변 지세가 남향에 적절하지 않을 때였다. 남향이란 상식적 기준도 그때그때 조정되는 것은 것도 결국은 자연과 주변환경에 순응하는 것이 기준임을 볼 수 있다.

나. 지붕

전통건축의 아름다움은 지붕과 처마에 있다고 모든 자료가 설명한다. 검은 기와를 얹은 모습은 장중하고, 처마 선은 날렵하다고 소개되고 있다. 장중한 기와의 분위기와 가볍게 올라간 처마선에서 조화와 균형을 찾을 수 있다고 보인다. 장중함과 날렵함은 상반되는 조형미로서 우리 전통건축이 가지는 특징을 그대로 보여주면서 더 나아가 중국과 일본과의 차이를 가장 뚜렷하게 보여주고 있다. 중국식은 과도한 곡선과 장식, 일본식은 직선적인 단순 간결함이 직관적으로 느껴지는 차이일 것이다.

다. 기둥

전통 건축의 기둥은 간결하면서도 구조 그 자체를 그대로 드러내 보여주고 있다. 기둥은 또한 목구조 방식의 핵심으로서 건물의 크기를 칸으로 규정할 뿐 만 아니라 기둥 상부의 부재들의 조합으로 공간의 크기, 부재의 조합으로 다양한 변형과 시대의 흐름을 상징적으로 보여주고 있다. 기둥, 주두, 보와 창방, 평방, 소로, 첨차 등의 다양한 부재는 그 정밀한 가공과 구성방법의 복합성을 그대로 보여준다. 이러한 부재들은 정교하게 짜여져서 못 없이도 구조체를 이룰 뿐 아니라 지붕의 무게에 의해서 다시 한번 결속력을 가진 목구조체의 장점을 보여주게 된다. 이러한 목구조는 특히 측벽에서 목재부재와 흰 회벽의 조화로운 구성을 보여주어 있는 그대로의 구조적 아름다움을 보여주게 된다.

라. 문

전통통건축은 문의 종류가 많으며 문을 지칭하는 명칭도 솟을대문, 사주문, 일주문, 해탈문, 천왕문, 원통문, 봉황문 등 다양하다. 문의 크기나 위치에 따라 대문과 중문으로 나뉘며 형태나 진입 방식도 다양하다. 이는 공간을 나누고 공간을 연결하는 그 기본적 기능이 다양하게 활용되어 왔음을 의미한다. 또한 공간적으로 기둥 두 개가 문의 역할을 하기도 하며 누각의 아래 공간이 문의 역할을 하기도 한다. 허리를 굽혀야만 들어갈 수 있는 문에서는 원래의 기능뿐만이 아닌 지은이의 의도가 방문자에게 무언의 압력이 되는 것도 느낄 수 있다.

마. 채와 마당

전통건축은 안채, 사랑채, 별당 등 채로 분화되고 다시 이들 채들은 그 자체 내에서 안방, 사랑방, 침방, 대청 등 간으로 분화된다.

전통주택은 남녀 구별에 의한 공간분화를 기본적으로 가지고 있다. 남성을 위한 사랑채, 여성을 위한 안채 그리고 이들 채들과 담장으로 둘러싸인 마당들 모두가 엄격한 남녀 구별 의식에 근거를 두고 있음을 알 수 있다.

각 채들의 주위는 마당으로 되어 있으며 이 마당은 각각의 담장으로 둘러싸여 있다. 이 마당은 내부 실내공간의 주거기능의 연장으로서 주거기능의 일부를 이 외부공간인 마당에서 함께 이루게 함으로써 그 채에 부속된 반내부 공간과 같은 개념으로 생각되는 것이다. 이렇게 채와 간, 마당과 담장으로 내외부공간은 연속적으로 분화되며 또한 결합되고 있다.

바. 폐쇄성과 개방성

전통건축은 외적으로는 폐쇄성을 가지나 내적으로는 개방성을 가진다. 즉, 대지와 주위를 담장과 행랑으로 둘러싸고 그 속에 사랑채, 안채, 별당 등을 배치하고 이들 사이를 나지막한 담장과 중문간 행랑으로 구획하고 있다. 가장 외부에 면한 바깥행랑에는 외부로 높은 들창만 있고 중앙에 솟을 대문만 설치되기 때문에 외부적으로는 극히 폐쇄성이다. 그러나 담장속의 각 채들은 대부분의 벽채가 창호로 구성되어 있고 이들은 모두 접어서 들쇠에 매달게 되었기 때문에 담장 안에서는 극히 개방적이라 할 수 있다.

10.4 전통 주택 사례

10.4.1 전통 주택 선정의 배경

전통건축의 특징과 의미, 구성요소 등의 소개에 더하여 이러한 내용을 가장 빨리 이해하는 방법은 실제로 좋은 전통건축의 사례를 이해하는 것이다. 전통 주택건축의 이론적인 소개나 한옥의 개념적인 소개를 보다 구체적으로 전달하고자 전국 각 지역에서 대표적인 주택들을 선별하여 소개하고자 한다.

서울지역은 창덕궁의 연경당을 선정하였는데 궁궐 내에서 사대부의 생활을 경험하고자 하는 취지에 따라 좋은 전통주택의 사례가 될 수 있다고 본다. 충청도 예산의 추사고택은 다른 지방의 지역적인 특색을 함께 갖춘 다양성을 포함한 주택이다. 전라남도 구례 운조루의 경우, 양반집의 살림모습을 보여주는 좋은 사례이다. 강원도 강릉 선교장의 경우 지역 부농으로서 지역적 특색을 잘 보여주고 있다. 영남지역의 경우 안동 하회마을과 경주 양동마을의 대표적인 주택을 선정하여 우리나라 유네스코 문화유산에 선정된 마을의 한 부분을 살펴볼 수 있도록 하였다.

10.4.2 서울 창덕궁 연경당 (昌德宮 演慶堂)

서울 종로구 율곡로 창덕궁 안에 있으며 2012년 8월 16일 보물 제1770호로 지정되었다. 정면 6칸, 측면 2칸, 단층 팔작지붕집으로 1828년(순조 28) 세워졌다. 창덕궁에 있는 다른 건물이 단청을 한 데에 비해 연경당은 하지 않았다. 안채와 사랑채가 남향(南向)하여 동서로 나란히 있어 딴채처럼 보이지만 실은 한 채로 된 집이다. 매우 단촐하고 아담하여 조선시대 사대부의 집 형태를 잘 보여준다.

연경당은 비원이라 칭해지던 창덕궁의 후원에 자리 잡고 있다. 연경당은 조선시대 후기인 1828년에 순조가 건립하였다. 당시 사대부의 생활을 경험할 수 있는 사대부가를 궁내에 지은 것이라고 한다. 따라서, 연경당은 조선시대 상류주택의 전형적인 구성과 격식을 갖추고 있으며, 오늘날 조선시대 후기의 한옥을 연구하는 데 귀중한 자료가 되고 있다. 연경당이 일반 사대부가와 다른 점은, 그것이 궁궐 안에 지어졌기 때문에 사당을 두지 않았으며, 안채 건물에는 부엌이 없고 대신 안채의 후면에 음식을 준비하는 반빗간이 설치된 것이다. 반빗간이란 반찬을 만드는 곳이란 뜻으로 음식을 준비하던 건물이다.

주합루와 영화당 구역을 감싸고 있는 작은 능선을 지나면 골짜기에 연경당이 자리 잡고 있으며 주변 환경은 아름다운 숲과 연못 및 정자 등이 어우러져 이상적인 경관을 이루고 있다. 우측의 솟을 대문인 장양문은 사랑채로 통하고, 이 문을 지나 사랑마당에 들어서면 좌측에는 안마당과 사랑마당을 경계 짓는 담장이 꺾여 있으며 담장 가운데에 문인 정추문이 있다. 그리고 좌측의 평대문은 안채로 통하는 수인문이다.

〈그림 10.1〉 서울 창덕궁 연경당

사랑채와 안채가 담으로 구분되어 있기는 하나 한번 꺾여 하나로 연결되어 있고, 전체 공간구성은 서로 연결된 만(卍)자 형으로 구성되어 있다. 연경당이란 이름은 원래 사랑채를 가리킨 것이었으나 지금은 이 건물들을 통틀어 연경당이라 부르고 있다. 사랑채의 오른편으로는 서재 구실을 하는 선향재가 위치해 있으며, 선향재 뒤편의 경사진 언덕에는 화계를 설치하고 제일 높은 곳에 농수정을 배치하였다.

사랑채 건물은 장대석기단 위로 사다리꼴의 초석에 네모기둥을 세우고 평주 위에는 장여가 도리를 받고 있는 굴도리집이다.

여기서 주목할 점은 안채는 사각형의 납도리로 되어 있으나 사랑채는 원형의 굴도리로 되어있다는 점과 안채, 사랑채 모두 각기둥을 사용했다는 점으로 조선시대의 남녀유별과 가옥규제에 대한 법령을 충실히 따랐음을 볼 수 있다.

10.4.3 충청남도 예산 추사고택 (秋史古宅)

청남도 예산군 신암면 용궁리 798에 있으며 1976년 충청남도 유형문화재 제43호로 지정되었다. 조선 후기의 대표적인 실학자이며 서예가인 추사 김정희(1786~1856)의 옛 집이다. 안채와 사랑채 2동짜리 건물로 조선 영조(재위 1724~1776)의 사위이자 김정희의 증조할아버지인 김한신에 의해 지어진 집이라고 한다.

추사 고택은 추사체라는 서체로 이름을 날린 명필 김정희가 태어나고 어린 시절을 보냈던 집이다. 양지 바른 곳에 있는 이 집은 사랑채와 안채가 분리되어 만들어진 전형적인 중부지방 반가의 모습이다. 집 안에 있는 김정희의 영정과 도장, 염주, 붓과 벼루 등은 일괄 보물 제547호로 지정되어 보관되고 있으며, 고택에서 조금 떨어진 곳에는 그가 어려서 공부했던 절 화암사가 있다.

〈그림 10.2〉 충청남도 예산 추사고택

원래는 99칸집이었다고 하나 지금은 안채와 사랑채 · 문간채 · 사당채가 있다. 동쪽에 사랑채를, 서쪽에 안채를 배치하되 안채 대청의 방향은 다른 고택들과는 달리 동향이고 사랑채는 남향이다. 각방의 앞면에는 툇마루가 있어 통로로 이용하였다. 안채는 6칸 대청과 2칸의 안방과 건넌방이 있고 부엌과 안대문 · 협문 · 광 등을 갖춘 ㅁ자형의 집이다. 이러한 ㅁ자형 가옥은 중부지방과 영남지방에 분포된 이른바 대갓집 형태이다.

이 집은 당시 한양에서 나라 건축을 하던 목수를 불러다 만든 집으로 실제 쓰임새에 맞게 문과 창을 낸 실용적인 구조의 건물이다. 이에 붙어 있는 주련은 추사의 글씨를 붙여 놓은 것이며, 방방마다 다양한 창살의 문양을 살펴보는 것도 이 집을 관람하는 또 다른 묘미이다. 안채는 가운데의 안마당을 중심으로 사방이 막힌 ㅁ자형의 배치를 보이고 있다. 살림살이가 이루어지던 안채는 문을 들어서면 바로 보이지 않도록 판벽을 설치하여 막아놓았다.

10.4.4 전라남도 구례 운조루 (雲鳥樓)

전라남도 구례군 토지면 오미리에 있으며 중요 민속문화재 제8호로 지정되었다. 조선 중기의 집으로 영조 52년(1776)에 삼수부사를 지낸 유이주가 지었다고 한다. 풍수지리설에 의하면 이곳은 산과 연못으로 둘러싸여 있어 '금환락지(金環落地)'라 하는 명당자리로 불려왔다.

집의 구성은 총 55칸의 목조기와집으로 사랑채, 안채, 행랑채, 사당으로 구성되어 있다. '운조루' 는 일종의 택호에 해당하는데, 원래는 큰사랑채 이름이다. '구름 속에 새처럼 숨어 사는 집' 이란 뜻이다.

〈그림 10.3〉 전라도 구례 운조루

사랑채의 구성은 궁전 침전에서와 같이 완전한 누마루 형식을 취하고 여기에 일반 대청이 연립하여 있다. 또, 사랑채에는 보통 큰 부엌이 없는 법인데, 안채 통로까지 겸한 큰 부엌이 마련되어 있다. 더구나 본 사랑채와 직교한 누마루가 또 있어, 전체 살림을 한눈에 관찰하도록 되어 있어 특이하다. 지붕은 사랑채, 안채가 이어 있으며 팔작지붕이다.

사랑채의 오른쪽은 안채로 평면이 트인 형인데, 중행랑채를 형으로 만들어서 전체 윤곽이 몸채 뒤쪽의 날개부분까지 합쳐 형이 되어 아주 독특한 평면이다. 중행랑채는 一자형 곳간채의 왼쪽 끝에서 2칸이 앞쪽으로 돌출하여 있다. 이 2칸은 내루형으로 처리되어 1칸은 방이 되고 1칸은 판상(板床)을 높이 설치한 다락이 되었다.

머름을 드리고 문짝을 달았으며, 서벽 밖으로는 쪽마루와 난간을 설치하였다. 이 누하주(樓下柱) 서쪽에 안채로 들어가는 길이 나 있는데, 죽담에 오르는 것을 층계로 하지 않고 경사진 길로 만들어 또한 특색을 보이고 있다. 안채의 중심부분은 대청으로 주간(柱間)이 개방되어 있다. 대청 좌우로는 안방과 건넌방들이 자리 잡고 있다.

운조루는 조선시대 양반집의 전형적인 건축양식을 보여주고 있는 건물로 호남지방에서는 보기 드문 예이다. 이곳에는 여러 가지 살림살이와 청주성의 지도, 그리고 상당산성의 지도 등의 유물도 상당수 보존되어 있다.

운조루에는 두 가지 큰 자랑거리가 있다고 한다. 첫째는 '타인능해(他人能解)'라는 글이 새겨진 큰 쌀독이다. '누구든 이 쌀독을 열 수 있다.'는 뜻이며, 흉년이 들었을 때 굶주린 사람들에게 이 쌀독을 열어 구제했다는 말이 전해오고 있다. 쌀독에는 두 개의 구멍이 있는데 한 개의 구멍에 꽂혀있는 나무를 돌리면 다른 한 개의 구멍에서 쌀이 쏟아져 나왔다고 한다.

운조루의 두 번째 자랑거리이자 이 집만의 특징 가운데 하나가 굴뚝이다. 운조루에는 첨탑과 같이 하늘 높이 쌓아올린 멋들어진 굴뚝이 없다. 운조루의 굴뚝은 전혀 예상치도 못했던 곳에, 눈에 잘 띄지도 않게 숨어 있다. 밥 짓는 연기가 멀리 퍼지는 것을 막고자 함이며, 끼니를 거르는 사람들이 이 집의 굴뚝 연기를 보면서 더욱 소외감을 느끼지 않도록 배려한 것이라고 한다. 굴뚝이 높아야 연기가 잘 빠진다는 것을 집 주인이나 목수가 몰라서 굴뚝을 이처럼 낮게 만든 것이 아닌 것이다. 작은 것에도 배려를 아끼지 않던 우리 조상들의 아량이 운조루 굴뚝에 남아 있다.

이와 같이 역사적으로 남아있는 전통주택에는 주택 그 자체만이 아닌 그 시대의 삶의 자취가 남아 있기에 오늘의 우리에게 더욱 교훈을 주고 있다.

10.4.5 강원도 강릉 선교장(船橋莊)

선교장은 99칸의 전형적인 사대부가의 상류주택으로서 개인소유의 국가 문화재(중요민속자료 제5호)로서 그 명성을 이어오고 있다. 효령대군(세종대왕의 형)의 11대손인 이내번에 의해 지은 집으로 안채를 건립한 1756년부터 약 200년간 9 대에 걸쳐 확장되어 왔다. 300여년 동안 그 원형이 잘 보존된 아름다운 전통가옥으로 주변의 아름다운 자연미를 활달하게 포용하여 조화를 이루고 돈후한 인정미를 지닌 후손들이 지금가지 거주하는 살아 숨 쉬는 공간이다.

〈그림 10.4〉 강원도 강릉 선교장

하늘이 족제비 무리를 통해 점지 했다는 명당터인 선교장은 300여년전 안채 주옥을 시작으로 동별당, 서별당, 연지당, 외별당, 사랑채, 중사랑, 행랑채, 사당들이 지어졌고 큰대문을 비롯한 12대문을 그대로 간직하고 있어서 대장원을 연상케 한다. 입구에는 인공 연못을 파고 정자를 지어 활래정(活來亭)이라 이름을 짓고 연못과 함께 경포호수의 경관을 바라보며 관동팔경 유람하는 조선의 선비와 풍류들의 안식처가 되었다. 만석꾼 곳간채에는 항상 곡식이 가득하여 흉년에는 창고를 열어 이웃에게 나누어주며 베푸는 집안의 표상이 되기도 하였다.

보통 양반집은 '당'이나 '각' 등의 이름을 붙이는데 이 집은 유독 '장'이란 이름을 붙였다. 집의 규모가 워낙 큰 '장원(莊園)'이기 때문에 '장'자를 붙였다는 것이다. 장원은 한 집이 자급자족하는 경제적 시스템을 갖춘 것을 이르므로 단순히 식구가 많고 큰 집을 뜻하는 차원이 아니다.

선교장은 개방적인 남방형 가옥과 추위를 막기 위하여 폐쇄적인 북방형 가옥의 특성을 고루 갖춘 특별한 모습이기 때문이다. 또 '관동지방'의 대갓집 형태를 고이 간직하고 있다다.

10.4.6 경상북도 경주 양동마을 향단 (香壇)

경주 양동마을은 경주시 강동면 양동리에 위치하는 한국의 대표적인 전통마을이다. 양동마을은 하회마을과 더불어 양반들의 생활상과 주거양식을 보여주는 대표적인 민속마을이다. 이 마을의 가옥들의 형태는 'ㅁ'자 형태이고 가옥의 위치를 보면 골짜기를 따라 가옥이 위에서 아래로 위치하는데 가장 위쪽에는 대종가가 자리 잡고 있으며 아래로 그 자손들이 자리하고 있고 가옥의 규모는 내려올수록 작다. 맨 아래에는 외거노비가 살던 '가랍집'이라고 하는 집이 있다. 이것은 당시 문중내의 위계를 반영한 것이며 유교적인 신분질서가 공간적으로 나타난 것이라 할 수 있겠다.

아름다운 자연 환경 속에 수백년 된 기와집과 나지막한 돌담길이 이어지며, 전통문화를 그대로 간직하고 있어서 마을 전체가 중요민속자료로 지정되었으며, 통감속편(국보 283), 무첨당(보물 411), 향단(보물, 412), 관가정(보물 442), 손소영정(보물 1216)을 비롯하여 서백당(중요민속자료 23) 등이 있다.

양동마을의 향단(香壇)은 조선 중종 이언적(李彦迪:1491~1553)이 경상감사로 부임하였을 때인 1540년에 건립한 것이라고 한다. 이 고택이 향단으로 이언적이 어머니를 모시던 동생 이언괄에게 지어준 살림집이다. 양동마을에는 보물과 문화재로 지정된 한옥이 많이 있지만, 향단은 그 가운데에서도 가장 대표적인 고택이다. 원래 향단은 99칸이었으나 화재로 불타고 현재는 56칸의 단층 기와지붕이다. 일반 상류주택과 다르게 행랑채, 안채, 사랑채가 모두 한 몸체로 이루어지며 각각의 마당 즉, 2개의 마당을 가진 특색 있는 구성을 하고 있다. 2개의 마당 중 하나는 안마당으로 쓰이고 다른 하나는 행랑마당으로 쓰인다. 이 건물은 마을 전체에서 가장 먼저 눈에 띄는 위치와 모습 뿐 만 아니라 상류주택의 일반적 격식에서 과감히 벗어난 형식으로, 주생활의 합리화를 도모한 우수한 공간구성을 보이고 있다.

〈그림 10.5〉 경상북도 경주 양동마을 향단

전면의 한층 낮은 곳에 동서로 길게 9칸의 행랑채가 있고 그 후면에 행랑채와 병행시켜 같은 규모의 본채가 있다. 그 중앙과 좌우 양단을 각각 이어서 방으로 연결하여, 전체 건물이 마치 '日'자를 옆으로 한 것 같은 평면이다. 따라서 행랑채, 안채, 사랑채가 한 몸체로 이루어진 2개의 마당을 가진 구조로 되어 있다.

내부는 온돌방과 마루를 서로 번갈아 배치하였으며 동단에 큰 대청이 있고 서단에는 곳간, 중앙에 제일 큰 온돌방을 두었다. 안마당으로 들어가는 대문간은 앞채의 동쪽에서 세번째 칸에 마련하였으며 중앙의 큰 온돌방 북쪽에는 좁은 통로가 있어 이곳을 거쳐 그 안에 있는 마당에 들어간다. 사대부가의 격식과 품격을 갖추면서, 주거문화의 합리화를 꾀한 공간구성을 보이는 주택이다.

10.4.7 경상북도 안동 하회마을 북촌댁 (北村宅)

하회마을(중요민속자료 제122호)은 풍산유씨(豐山柳氏) 동족마을로 주변이 산지로 둘러싸여 있고, 강이 마을 전체를 휘감고 흘러나간다고 해서 '하회(河回)'라고 부른다.

마을에 300여채에 해당하는 달하는 양반가옥과 초가 등의 살림집과 흙으로 쌓은 판축(版築)형식의 담장으로 이루어진 마을길도 잘 보존되어 있다. 이곳의 명물인 하회탈은 한국의 많은 탈 가운데 유일하게 국보(제121호)로 지정되어 있다.

북촌댁은 양진당(養眞堂, 보물 제306호)과 함께 하회 북촌을 대표하는 규모가 큰 집으로 북촌의 중심에 자리 잡고 있다.

화천(花川)의 흐름에 따라 남북 방향의 큰 길이 나 있는데, 이를 경계로 하여 위쪽이 북촌, 아래쪽이 남촌이다. 북촌의 양진당(養眞堂)과 북촌댁(北村宅), 남촌의 충효당과 남촌댁(南村宅)은, 역사와 규모에서 서로 쌍벽을 이루는 전형적 양반가옥이다. 이 큰 길을 중심으로 마을의 중심부에는 류씨들이, 변두리에는 각성(各姓)들이 살고 있는데, 이들의 생활방식에 따라 2개의 문화가 병존한다.

〈그림 10.6〉 경상북도 하회마을 북촌댁

유도성이 철종 13년(1862)에 지었고 크게 안채, 사랑채, 별당채, 대문간채, 사당으로 구성되어 있다. 대문을 들어서 앞에 보이는 건물이 'ㅁ'자형 몸채이며 오른쪽에 있는 건물이 별당채이다. 사당은 별당채를 지나 안쪽에 별도로 담장을 둘러 지어 놓았다.

안채와 사랑채로 구성된 몸채는 완벽한 'ㅁ'자 평면을 가지고 있다. 앞쪽이 사랑채로 오른쪽에 큰 사랑, 왼쪽에 작은 사랑을 두었으며 각 끝 칸에 대청을 만들었다. 큰 사랑에는 '화경당(和敬堂)'이라고 쓴 액자가 걸려 있는데 한석봉의 글씨라고 한다.

안채는 높은 축대 위에 세웠으며 기둥도 매우 높이 올렸다. 안대청을 중심으로 왼쪽에 부엌과 안방, 오른쪽에 아들과 며느리의 방으로 쓰는 건넛방(윗상방)이 있다. 안방은 '田'자 구조로 함경도 지방의 형식을 띠고 있고 부엌은 3칸이 넘는 크기로 2칸의 아랫방과 연이어 있다. 건넛방 앞에 툇마루와 연결된 방(아랫상방)은 살림을 물린 노부모가 사용하는 방이다.

별당채는 앞면 7칸 · 옆면 2칸 크기로 부엌, 온돌방, 대청, 마루방 순으로 구성되어 있는데, 여러 액자가 걸려 있고 건축 구조상 많은 장식으로 꾸며 지은 집이다.

10.5 서양 주택 사례

10. 5.1 서양 주택의 선정 배경

주거와 주택에 관한 많은 배경 지식 및 이론들은 좋은 주택사례들을 분석함으로써 실제로 종합적으로 이해할 수 있다. 또한 건축 전공을 배우는 과정은 분석적인 측면과 종합적인 측면이 함께 존재하는데 실제로 지어진 좋은 주택을 분석하면서 다양한 전공지식이 어떻게 종합적으로 활용되는지 확인할 수 있다.

반면에 주택사례는 건축주의 가장 주관적인 요청에 따른 결과물이고 또한 건축주 개인의 취향이 반영되어 있기 때문에 일반화하여 설명하기에 쉽지 않은 것도 사실이다. 또한 건축가 역시 건축주의 요구사항에 더하여 주거에 대한 건축가 자신의 철학을 반영하고자 하기 때문에 걸작으로 꼽히는 주택사례는 우리 주변의 보편적인 주택이라기보다는 먼저 철학적이고 시적인 표현이지만 과연 보통사람이 일반생활에서 편리한 주택인가는 또 다른 의문점을 주는 경우도 있다.

한편 건축공학적 관점의 구조, 설비, 시공의 전공영역은 유명한 건축물을 설명할 경우 대체로 구체적인 설명이 누락되는 편이다. 이는 건축물의 설명이 건축가의 설계과정의 철학적 분석에 보다 집중하는 것이며 건축계획 및 설계적 개념의 설명에 치중하는 것이지 기술 및 공학적인 내용이 포함되었다는 것을 먼저 알아야 할 것이다. 건축전공이 공학과 학 분야로 이원화되는 최근의 경향은 공학적 접근만이 아닌 건축물 자체를 이해하려는 폭 넓은 접근이 더욱 요구되는 시점이다.

그러한 관점에서 여기에서 소개하는 서양의 주택은 건축가의 철학이 가장 잘 표현된 걸작 건축물 중에서도 건축 전공의 입문과정을 감안하여 육면체의 기본 형태에서 시작되는 주택건축을 중심으로 선정하였다. 하나의 단순한 육면체를 건축주의 요구와 건축가의 설계과정에서 어떻게 다양하게 해석하였는가를 이해한다면 건축의 무한한 상상력 및 창의적인 과정은 보다 폭넓게 이해될 것이다.

10.5.2 빌라 사보아, 르 꼬르뷔지에 (프랑스, 1929)

르 코르뷔지에(Le Corbusie,1887~1965)가 설계한 여러 주택 중에서도 가장 널리 알려진 빌라 사보아(Villa Savoye)는 프랑스 파리 교외의 푸아시(Poissy) 지역이 있으며 1929년 완공되었다. 사각형과 육면체를 기본으로 하면서 '근대건축의 5 원칙'을 압축해서 보여주고 있으며 콘크리트와 철과 유리를 주재료로 하여 지어진 인터내셔널 스타일의 양식으로 분류된다.

이 시대 무렵의 근대건축은 근대 이전의 수공예적 건축 생산방식의 전통과 근대 이후 다른 산업의 대량생산의 기계적 생산방식의 사이에서 갈등을 겪게 되었다. 당시 기술적 발전은 선박, 항공기, 자동차 등에서 모든 기계적 결과물들은 군더더기인 장식이 필요 없이 꼭 필요한 기능을 가진 장치들로 구성되어 있었다. 그러므로 건축도 역시 시대정신에 따라서 그런 기능에 따라서만 구성되어야 한다고 믿게 되었다. 불필요한 장식과 함께 구조적 역할과 기능적 역할로서 모호한 부분은 배제되어야 한다고 믿게 되었다.

〈그림 10.7〉 빌라 사보아 (프랑스, 1929)

또한 비행기는 날기 위한 기계라면 집은 살기 위한 기계라는 믿음을 가지게 되었다. 그러므로 건축의 구성요소 중 불필요한 것들은 버리고 필수적인 것들은 새로운 철, 유리, 콘크리트의 재료와 함께 기능에 적합한 새로운 형태로 재창조되었는데 그 중의 가장 걸작이 바로 이 빌라 사보아이다.

이전 시대의 전통적인 석조건축 방식에서 벗어나 철과 유리, 콘크리트의 새로운 재료를 활용하여 새로운 형태, 표현방식, 이전의 건축양식과 사조를 탈피하려는 노력은 이 건축물로서 새로운 건축개념의 실제 사례가 되었다. 근대건축의 5원칙은 이 건축물에서 이론이 아닌 구체적인 건축물로서 보여지게 되었다.

날렵한 기둥 위에 올라앉은 빌라 사보아는 다양한 존재감을 지닌다. 하중을 부담하는 벽이 없으므로 입면과 평면을 자유롭게 설계할 수 있을 뿐 아니라 가로로 낸 창문을 통해 최대한의 자연광을 받을 수 있다. 경사로를 사용한 동선 체계는 평평한 옥상까지 이룬다. 1층부터 3층의 옥상정원까지 램프로 연결되는 주택내부는 방문자들에게 다시 옥상정원의 수평창과 난간 너머로 자연과의 교류를 전하고 있다. 빌라의 구조는 기본적인 그리드의 격자 레이아웃에 중간 중간

기둥을 설치하여 벽체가 구조에서 자유롭도록 했다.

빌라 사보아는 솜씨 있게 다룬 내부 공간과, 뚜렷하고 이론적인 외부형태 모두 수많은 건축가에게 주택 설계의 이상으로 평가받고 있다. 기둥이란 구조체가 독립적으로 생기고 구조체였던 벽체가 내력벽체가 아닌 그저 칸막이로 변하면서 모든 변화가 시작되는 근대건축을 이 건축물은 상징적으로 압축하여 근대건축의 5원칙으로 설명하고 있다.

빌라 사보아는 근대건축의 모더니즘 양식의 형태로서 단순한 육면체 박스이지만 많은 이야기를 담으려고 하였다. 인간의 척도 즉 휴먼스케일에 대한 연구와 사람의 심리와 행동양식, 그에 따른 건축적 형태로서 건축어휘를 만들어 내었다. 모더니즘의 개념에 따라 건축물의 장식을 위한 장식은 배제되고 가장 기능적이고 구조적이며 합리적인 건축어휘 즉 형태와 디테일을 개발하여 적용하였다. 여기에는 자연적인 빛이 새로운 장식처럼 형태와 함께 어우러지도록 의도하였다.

실내의 욕실은 개방적으로 방 가운데 위치하고 있으며 천창으로 햇빛이 그대로 들어오고 잠시 누울 수 있는 베드가 안마의자 형태의 타일로 된 인체공선을 따른 형태로 욕실 내에 건축으로 제공되어 있다.

- 5가지 원칙

- 필로티 : 상부의 하중을 전달하기 위하여 필요했던 1층의 벽체가 필로티로 인해 없어지고 평면이 자유로워졌다. 필로티로 처리된 1층의 일부 영역을 주차장, 통로, 테라스와 같은 옥외공간으로 조성하였다.
- 옥상정원 : 건축물로 인하여 줄어든 지상의 녹지면적은 평지붕 위에 옥상정원을 설치하여 보완하였다. 이것은 도시에 자연을 담으려는 시도이며, 하늘과 만나는 공간을 연출하려는 것이다.
- 자유로운 평면 : 건물의 모든 하중을 기둥이 해결해줌으로써 내.외부의 벽이 하중으로부터 자유로워졌고, 벽이 하중을 지지하던 역할에서 해방되어 기능적인 요구와 공간의 특별한 아이디어에 따라 자유롭게 배치될 수 있다.
- 가로로 긴 창 : 개구부가 더 이상 내력벽의 일부가 아닌 만큼, 띠창을 수평으로 가로질러 놓을 수 있다. 전통적인 수직창과 두드러진 대비를 이루게 하고, 채광과 조망에 유리하며 개방감 넘치는 공간을 만들 수 있게 하였다.
- 자유로운 건물의 전면부 : 형식적인 요구에 따라 하중을 피해서 개구부를 배치하던 것으로부터 자유로워진 것을 강조하여 기능적으로 입면을 정교하게 완성해놓은 것이다. 개구부 개폐의 조절로 건축 내 · 외부의 연계를 조절할 수 있게 해 주었다.

10.5.3 슈뢰더 하우스, 게리트 토마스 리트벨트

위트레흐트(Utrecht)에 소재한 이 주택은 트루스 슈뢰더 슈래더(Truus Schröder-Schräder) 부인의 의뢰로 건축가 게리트 토마스 리트펠트(Gerrit Thomas Rietveld,1888~1965)가 설계하여 1924년 완성되었다. 실내장식, 조정이 가능한 유연한 공간 배치, 독특한 시각적 · 형식적 특징을 가진 이 작은 가정집은 1920년대 네덜란드의 예술가 및 건축가 단체 '데 스테일(De Stijl)'이 추구하던 이상을 표현한 근대 건축 운동의 상징적인 작품으로 여겨진다. 2000년 유네스코에서 세계문화유산으로 지정하였다.

〈그림 10.8〉 슈뢰더 하우스 (네덜란드, 1924)

주택가의 맨 끝에 위치한 슈뢰더 하우스는 아담하지만, 다채로운 집이다. 이 집은 리트벨트의 가장 중요한 작품 중 하나로서 완성되자마자 근대건축의 이정표가 되었으며 20세기 주택건축의 본보기 중 하나가 되었다. 이 집의 건축을 의뢰한 트루스 슈뢰더는 남편이 별세 한 후, 자신과 세 아이들을 위한 집을 만들고자 의뢰했다. 공간을 신축적으로 배치한 점, 시각적이면서도 형식적인 특색을 지닌 점이 다른 주택들과 비교되는 점이다.

한 가족이 살 만한 작은 주택으로서 실내장식이 되어 있는데, 공간을 신축적으로 배치하였고 시각적이면서도 형식적인 특색을 지니고 있다. 위층에는 비교적 작은 공간 안에 침실 · 거실 · 작업실 · 식당 등을 두었고, 아래층에는 현관 · 부엌 · 스튜디오 · 침실 등을 배치하였다.

색채의 효과도 다양하다. 흰색과 회색의 표면에 검은색 창문과 문틀, 그리고 데 스틸 특유의 3원색 등을 사용하여 몬드리안의 추상 회화를 입체적으로 만든 것과 같은 모습을 하고 있다.

트루스 슈뢰더는 1985년 세상을 떠날 때까지 이 집에서 살았다. 리트벨트와 슈뢰더는 놀랄 만한 공간의 예술작품을 만들어냈으며, 그 결과 주거 공간에 대한 우리의 사고방식을 바꾸어놓았다. 디자인과 공간 활용에 대한 그 과감한 접근 방식에 있어 슈뢰더 하우스는 근대 세계 건축의 발전에 있어 독보적인 위치를 차지하고 있다.

10.5.4 타운 하우스, 필립 존슨

필립 존슨(Philip Johnson,1906~2005)의 타운하우스(Town House)는 폭은 6.9m, 길이는 29.6m인 직사각형에 육면체 형태이다. 뉴욕의 East 52번가 에 있으며 '집을 순례하다'라는 책자에 소개되기 이전까지는 다른 책자에서 그리 소개된 적이 없지만 분석하면 할수록 보석 같은 존재임이 드러나는 주택으로서 특히 건축전공 초기 사례분석의 기본이라고 할 수 있다.

1950 년도에 지어진 이 주택은 안도 다다오의 스미요시 주택보다 시대를 앞서므로 아마도 어떤 영향을 주었으리라고 추정만 할 수 있다. 가장 극적인 대비는 이 주택의 중정 즉 빈 공간의 설정과 그 공간을 건너서 뒷 쪽의 침실로 가는데 징검다리를 건너가는 설정이다. 건물 폭보다 넓은 7.6m 의 외부공간을 건너가는 이 설정은 다양한 상상력으로 채울 수 있는 공간이라고 말할 수 있다.

〈그림 10.9〉 타운 하우스 (미국, 1950)

본래 마차의 차고였던 대지는 전면 폭이 7.5미터, 안쪽으로는 30미터나 들어가는 좁고 긴 직사각형 형태로, 양쪽 면이 이웃 건물들에 의해 좁게 둘러싸여 있다. 정면 폭이 좁고 안쪽으로 깊이 들어간 건물은 일조와 채광, 통풍을 확보하기가 어렵기 때문에 거주성을 높이기 위한 새로운 방안이 필요했다. 그 새로운 방안은 중정의 사용이다.

바닥, 벽, 천장 등은 흰색을 기조로 한, 두부를 잘라낸 듯 한 간결한 박스형의 공간이므로 원래는 집이라기보다는 갤러리 같은 공간이었다. 이 건물의 역사를 모르는 사람이 본다면 이 곳이 거주를 위한 집으로 만든 장소라고는 전혀 생각하지 못할 것이다.

이 집에는 매력적인 아이디어가 곳곳에 숨어 있다. 예를 들어 현관 홀과 거실을 구획하면서 동시에 시선 차단을 겸한 칸막이용 수납장은 현관문을 열었을 때 도로에서 실내가 보이지 않게 하며, 주방 설비의 접이문을 전부 펼쳤을 때 독립된 공간을 만들어내는 벽 역할을 하도록 되어 있다. 침실에는 중정의 연못 속에 고정된 징검다리를 건너서 들어간다. 이러한 아이디어로 거실과 침실 사이에 심리적으로도 충분한 거리가 생겨 사생활을 철저히 보호할 수도 있게 되었다. 그리고 징검다리 밑에는 밤에 수면을 비추는 조명이 설치되어 있다.

10.5.5 글래스 하우스, 필립 존슨

필립 존슨(Philip Johnson,1906~2005)은 자신의 집으로 글래스 하우스(Glass House)를 설계했다. 글래스 하우스는 뉴욕에서 한 시간 거리에 위치해 있으며, 작은 언덕 위에서 호숫가를 내려다보고 있다. 존슨은 이 집에서 맨하튼까지 출퇴근을 했으며, 숨을 거둔 장소도 바로 이곳이다. 설계하는데 3년이 넘게 걸려서 글래스 하우스가 완성됐다고 한다.

〈그림 10.10〉 글래스 하우스 (미국, 1949)

이 주택은 외부벽체가 유리뿐인 건축물로서 욕실을 제외하고는 내부 벽체도 없는 하나의 공간으로서 개방형 평면을 가지고 있다. 그러므로 건축물이 아닌 철학, 시, 또는 조형물로 이해하여야 할 것이다. 특히 유리벽으로 집안이 훤히 들여다보이는 유리 집에서 어떻게 살 것인가 하는 원초적인 질문은 이 집이 끝없이 넓은 대지를 포함하여 대지의 숲과 자연이 함께 어우러진 전체 대지의 일부분인 주택으로 다시 보아야 할 것이다. 이는 빌라 사보아 역시 넓은 대지위의 하얀 상자로서 거기서 대지를 다시 돌아보게 되는 옥상의 수평창의 의미와 역할을 다시 새겨야 할 것이다.

글래스 하우스의 긴 직사각형 형태의 하나의 공간은 유리와 철로 지어졌다. 유리박스를 떠올리게 하는 이 집은 자연의 흐름이 그대로 관통하는 듯한, 투명한 공간이 특징이며 자연과의 조화를 잘 이루고 있다. 내부공간을 살펴보면 공간 분할을 위해 벽을 사용하지 않은 점이 다른 집들과 구별되는 점이다. 집 중앙에 자리 잡은 원통과 가구들이 공간의 분할을 완성해준다. 이 원통은 침실과 서재, 거실과 식당 사이의 공간을 분리해주는 역할을 한다. 이 원통 안의 한쪽 면에는 욕실을 설치하여 시선을 차단하고, 반대쪽을 면에는 개방형 난로가 설치되어있다.

10.5.6 스미요시 주택, 안도 다다오

오사카 중심부의 스미요시 주택(Sumiyoshi Row House)은 아직 남아있는 목조주택들의 중간부분에 자리 잡고 있다. 주택가의 가운데 있는 이 주택은 폭 3.3m, 길이 14.1m의 그리 크지 않은 주택이다. 당연히 치수는 벽체 중심선 기준이므로 실내공간을 더 좁은 것이 건축적 기본 지식이다. 3m 남짓의 폭이란 문짝 세 개가 집의 폭 정도라는 의미이므로 바로 공간적 상상이 가능할 것이다. 또한 옆집의 전통적인 일본주택들 사이에 끼어있으므로 옆으로의 창문은 아예 불가능하므로 집 중앙에 상부로 트인 중정부분이 중요한 역할을 하고 있다. 그 빈 공간의 4.7m 중정을 건너가는 2층의 다리는 이 집을 마치 거대하게 보이도록 하는 착각을 유도하고 있다.

〈그림 10.11〉 스미요시 주택 (일본, 1976)

참고로 르 꼬르뷔지에의 유명한 마르세이유의 아파트인 위니테 따비따시옹은 방이 침대 두 개 정도의 폭이고 그 방 두 개가 한 세대의 폭이다. 세계적인 걸작 건축물은 결코 크기에 있지 않고 거기에 담긴 건축적 철학에 있다는 단순한 사실을 유념할 필요가 있다.

스미요시 주택의 오사카 지역은 그리 춥지는 않기에 방과 방 사이 2층 다리가 외부로 노출되어 있는데 이 주택의 의도는 그 가운데 중정에 빛과 바람, 또한 비 등의 자연을 담는 그릇을 제공하고자 하는 의도이다. 사각형에서 출발한 육면체 하나를 셋으로 나누어, 즉 건축적 표현으로 분절하여, 양쪽은 방으로 사용하고 가운데는 빈 공간으로 만들고 거기를 자연을 담는 그릇으로 만들고 거기에 그 공간을 건너가는 다리를 설정하였다는 점은 마치 무대장치와도 같은 시적인 표현으로 이해할 수 있다. 입구 현관 상부에 천창을 설정한 점이나 옆집과의 사이에 채광용은 아닌 작은 창을 바닥 쪽에 설치한 점은 통풍을 위한 바람 길을 만들어준 건축가의 섬세한 배려이자 기술적인 배려까지 포함된 점에서 역시 걸작임을 보여주고 있다.

그는 이 주택을 설계하면서 도시의 좁은 공간 속에 풍요로운 공간을 만들고자 하였다. 박스형태의 단순한 형태이지만 가치 있는 공간들을 지닌, 폐쇄되었지만 빛에 의해 극적인 느낌을 주는, 이미지들을 도출하고자 하였다. 하지만 비가 오면 방에서 방으로 이동할 때 우산을 써야 한다. 이것만 봤을 때는 문제라는 생각을 가질 수 있다. 그러나 이 집에 사는 사람은 빛과 바람만으로 생활을 다양하게 연출할 수 있다고 한다. 안도 다다오(Ando Tadao,1941~)는 이 집에서 자연과 더불어 다양하게 변화하는 생활공간을 마련하는 데 의미를 두었다.

주택의 특징은 도로 쪽에서 봤을 때 콘크리트 덩어리라는 점과, 방에서 방으로 옮길 때 중정의 외기에 노출될 수밖에 없는 공간구조이다. 가장 큰 특징은 중정을 이용한 공간 구성이라는 점이다. 중정을 구심점으로 공간이 구성되어 있고, 이 중정은 생활공간으로 중심이며, 모든 방은 중정에서 진입이 가능하다. 이러한 구성으로 중정은 네 개의 모든 방의 사생활을 보장할 수 있다.

안도 다다오는 건축을 하는 자세로 젊은 사람들이 건축의 대가를 뛰어넘을 마음가짐이 되어 있어야 한다는 자세로 기르던 개의 이름을 일본의 건축 대가인 단케 겐조 (丹下健三) 로 짓고자 하였으나 직원들이 반대하자 이름을 르 꼬르뷔지에로 지었다는 일화에서 도전정신과 유머감각을 엿볼 수 있다.

안도의 첫 작품인 이 주택은 1979년 일본건축학회상을 수상하였지만 살기에는 불편한 집으로 보인다. 콘크리트 슬라브 그 자체인 집으로 단열 측면에서는 의도적인 단점이 많은 집으로 냉난방이 필요 없는 주택을 제안한 것으로 설명하나 단열이 미흡한 것은 사실로 설명된다.

10.5.7 리고르네토의 집, 마리오 보타

스위스 건축가 마리오 보타(Mario Botta,1943~)의 대표적 주택 작품으로 스위스 티치노 지방의 전통민가 모습을 본 딴 리고르네토 주택(House at Ligornetto)이다. 붉은 색과 흰색이 교차하는 가로 줄무늬가 인상적인 이 집은 티치노 지방의 주변 집들과 조화를 이룬다. 마리오 보타는 작품을 설계할 때 장소성을 면밀하게 생각하는 건축가라고 알려져 있다. 장소성이라는 단어 안에는 대지의 주변 환경뿐만 아니라 대지가 지닌 문화적 배경이나 역사적 배경이 함축되어있다. 즉, 마리오 보타는 대지가 지닌 역사와 전통을 중요시한다고 한다.

〈그림 10.12〉 리고르네토의 집 (스위스, 1976)

집의 접근로는 대각선 진입이다. 잔디 사이로 나있는 좁은 길로, 입구에서 건물까지 비스듬하게 뻗어있다. 비스듬하게 뻗은 접근로를 걷다보니 건물이 입체적으로 보인다고 한다. 방문객들이 자신의 집을 감상하길 바랐던 마리오 보타의 마음을 엿볼 수 있다. 하지만 사실 우리의 전통사찰에도 비스듬히 접근하는 사례는 많다.

이 집은 3층의 규모이며 스위스 지방의 생활양식에 따라 1층에는 현관이나 창고를, 2층에는 낮 시간대에 주로 이용하는 거실이나 주방을, 3층에는 밤 시간대에 주로 이용하는 침실을 배치했다. 마리오 보타는 이 집을"테라스나 주차장까지도 전통적인 스위스 민가의 방식을 따르고 있기 때문에 결국에는 이 집은 평범한 집"이라고 말하고 있다.

집의 내부구성은 같은 크기의 두개의 정사각형 건물이 1층에서는 사이공간을 형성하고, 2층과 3층에서는 그 사이공간을 기준으로 개인공간과 공동공간을 명확히 분리했으며, 다리를 이용해 두 건물을 연결했다. 특히, 거실 상부의 창은 폭이 1미터 정도로 크지는 않지만 높이 낸 창으로 들어오는 빛을 거실로 보낼 뿐 아니라 거실의 분위기를 서재에, 서재의 분위기를 거실에 전하는 기능을 하고 있다.

참고문헌

1) 공간과 생활 교재 편찬 위원회. 공간과 생활. 계명대학교 출판부,1993

2) 나카무라 요시후미. 집을 순례하다. 사이. 2011

3) 나카무라 요시후미. 다시 집을 순례하다. 사이. 2012

4) 대한건축학회. 주택디자인. 기문당. 2010

5) 이승헌. 하우징 디자인 핸드북. 예경출판. 2011

6) 리차드 웨스턴. 건축을 뒤바꾼 아이디어 100. 시드포스트. 2012

7) 임석재. 우리 건축 서양 건축 함께 읽기. 컬처그라퍼. 2011

8) 문화재청. http://www.cha.go.kr

9) 슈뢰더 하우스. http://centraalmuseum.nl

10) 네이버 지식백과. http://terms.naver.com

11) 네이버 캐스트. http://navercast.naver.com

12) 필립 존슨. http://philipjohnsonglasshouse.org

13) 한스타일 홈페이지. http://www.han-style.com

14) 국가한옥센터. http://www.hanokdb.kr

15) 구례 운조루. http://www.unjoru.net

16) 낙수장 홈페이지. http://www.fallingwater.org

17) Great Buildings Collection. http://www.greatbuildings.com

18) 강릉 선교장. http://www.knsgj.net

19) 안동 하회마을. http://www.hahoe.or.kr

20) 문화재청 헤리티지채널. http://www.heritagechannel.tv

제 11 장

미래의 생활공간

11.1 생활여건 전망

11.1.1 도시화와 생활양식 변모

우리나라는 인구 증가율이 점차 둔화되어 2020년에 약 5,000만 명이 될 것으로 전망되고, 지속적인 출산율의 저하와 평균수명의 연장으로 인구고령화가 급속히 진전되어 고령사회(65세이상 인구비율이 14% 이상)로 접어들 것으로 예상된다.

도시화율은 농촌인구의 지속적인 도시유출로 인해 꾸준히 증가하여 2020년에는 95% 수준에 도달할 것으로 전망된다. 그러나 그 동안의 도시화가 인구의 양적 집중과 경제활동의 양적 팽창이 중요하였다면, 앞으로는 도시에 밀집된 인구와 활동의 질적 속성이 보다 중요하게 변화될 것으로 전망된다.

도시화가 더욱 진전되면 농촌인구의 도시집중과 시가화지역의 양적 확대가 나타나는 팽창도시화(산업화)의 단계에서 도시인구의 농촌회귀와 시가지의 질적 변화 및 정보관리기능의 강화가 나타나는 성숙도시화(탈산업화)의 단계로 전환된다.

이 단계에서는 도시가 경제력이 강조되는 '생산의 장'에서 쾌적성이 강조되는 '생활의 장'으로서 역할이 중요해질 것이며, 또한 폐쇄적 · 획일적 사회에서 개방적 개성적 사회로 변화하게 될 것으로 예견되고 있다.

또한 지금까지의 도시가 생산인구 · 지원에 의해 지배되는 선적 확대형의 도시였다면, 미래의 도시는 지식 · 정보에 의해 지배되는 면적 광역형의 도시로 변모하게 될 것이다.

전근대사회	근대사회	미래사회
• 전통성(Tradition) • 생존의 장 • 폐쇄적 사회 • 완력(인구) • 점적 고정형 도시	• 경제성(Economy) • 생산의 장 • 획일적 사회 • 경제력(생산인구 · 자원) • 선적 확대형 도시	• 쾌적성(Amenity) • 생활의 장 • 개성적 · 개방적 사회 • 능력(지식 · 정보) • 면적 광역도시

〈그림 11.1〉 도시화의 변천과정

11.1.2 생활양식의 변모

앞으로 우리사회는 계속적인 인구 증가와 산업구조의 변화 및 도시화의 진전에 따라 고령화 · 고학력화 · 고밀화의 사회를 형성하는 것과 병행하여 소득수준의 향상 및 국제화와 관련한 국가기능의 다변화, 국민생활의 다양화 등 이른바 3고3다(三高三多)의 시대가 도래할 것으로 전망되고 있다.

특히 소득수준의 선진국화는 '생활의 질'과 사회복지적 측면에 대한 관심의 영역이 더욱 확대될 것으며, 생활편익시설에 관한 수요의 고급화, 다양화에 대한 욕구증대와 아울러 소비지향적 대중사회를 형성하는 등 국민생활의 다양화가 전개될 것이다.

이러한 수요의 증대는 정보시스템의 보급과 대중화로 더욱 확산될 것이며 기술혁신이 선도하는 문화 속에서 쾌적 · 신속 · 능률지향적인 새로운 서비스 수요를 창출함과 동시에 물리적 생활환경의 변화와 함께 생활양식의 현대화를 촉진하게 될 것이다.

한편 도시의 절대적 인구의 증가와 핵가족화의 확산으로 인한 주택수요증대, 소득 증대에 따른 소비 패턴의 다양화, 노동시간 단축에 따른 여가활동의 대중화 그리고 교통통신수단의 발달에 따른 도시활동범위에 확대로 인하여 새로운 생활공간의 변화를 초래하게 될 것이다.

11.1.3 활동공간의 확대와 다양화

CIAM(근대국제건축회의)그룹이 주창했던 도시의 4대 활동공간, 즉 ① 살고, ② 일하고, ③ 쉬며, ④ 이동하는 공간 가운데, ①~③의 공간이 사람을 주인으로 하는 공간이라면, ④의 공간은 기계를 주인으로 하는 설비공간이라 할 수 있다. 그러나 앞으로는 이러한 도시민의 활동기능이 매우 다양해지면서 그 활동들이 이루어지는 공간도 크게 확대되고 또한 영역의 구분도 불분명해질 것으로 전망되고 있다.

먼저 제1의 공간인 주거공간의 경우, 과거의 단순한 주거생활공간으로서 뿐만 아니라 내일을 위한 에너지 축적을 위한 소위 레크리에이션 또는 놀이 · 휴식이라는 활동도 주거에 포함되고 있다. 특히 노동시간의 단축에 따라 여가시간이 늘어나게 되면서 도시의 주거공간 속에도 보다 적극적인 레크리에이션 기능이 더욱 확대되고 있으며, 최근에는 직장과 주거의 근접을 통한 교통수요 감소를 목적으로 주거환경을 해치지 않은 생산기능도 포함되고 있는 추세를 보이고 있다.

제2의 공간인 생산공간의 경우, 과거와는 달리 농촌과 도시의 경계가 모호해지고 있다. 기존 도시에 가까운 농촌에서는 24시간의 생활구조와 자가용차의 보급률은 도시와 비슷하고, 소득도 도시의 저소득층보다 상회하는 경우도 있다. 더구나 대도시의 경우는 광역화하면서 농촌지역이 도시영역에 포함되고, 또 도시지역 속에도 농업적 생산기능을 적극 보존하는 추세에 있다.

제3의 공간인 여가공간의 다양화이다. 과거에는 도시의 사교공간은 술집 · 다방 · 영화관과 같이 서로 잘 알고 있는 사람들이 서로 만나는 건축적 공간을 의미하였다. 그러나 오늘날의 여가공간은 서로 모르는 사람들이 모여 사귀고 즐기는 축제 · 의식(儀式) · 항의집회 등과 같은 다양한 활동을 제공할 수 있는 가로 · 광장 · 공원 등의 보다 큰 스케일의 공공적인 옥외공간(outdoor space)이 보다 중요한 도시공간인 것으로 이해되고 있다.

제4의 공간은 살고, 일하고, 사귀는 생활공간을 뒷받침하는 기계 · 설비 공간으로서 도로 · 상하수도 · 전기 · 통신 · 철도 등과 같은 이른바 도시의 기반시설이다. 그런데 오늘날의 도시 활동은 새로운 여러 가지의 교통수단이 등장하고, 컴퓨터의 보급확대와 각종 첨단통신시설이 공급됨에 따라 이러한 커뮤니케이션 기능이 제역할을 발휘해야만 비로소 가능해지게 되었다. 한편 이러한 기반시설들은 지상토지공간의 부족, 시설의 효율적인 관리, 생활환경의 안전성 확보 등을 위해 점차 지하공간으로 옮겨지고 있는 추세이다.

11.1.4 도시공간의 기능과 구조

교통 및 정보 통신기술의 발달은 도시의 산업 및 주거의 입지, 토지이용과 교통의 흐름, 그리고 궁극적으로 도시의 공간구조와 사회구조에 큰 영향을 미칠 것이며, 이에 따라 미래도시의 공간이용패턴은 지금과는 전혀 다른 공간이용패턴으로 바뀌게 될 것으로 전망하고 있다.

첫째는 도 · 농 통합의 광역공간체계가 형성될 것이다. 일반적으로 도시공간의 비대화와 과밀은 평면적인 확대에 의해 돌파구르 찾게 된다. 도시의 심각한 주거상황은 지가가 싼 도시 근교지역으로의 이주를 부추기게 될 것이며, 도시와 근교농천지역 간의 교통이 편리해지면서 도시의 농촌 잠식은 가속화되어 광역적 공간체계가 형성될 것이다.

둘째는 도시공간의 입체적 · 복합적 이용이 더욱 활성화될 것이다. 지금까지 도시공간은 토지이용의 특화 또는 순화를 도모하기 위해, 이른바 지역제(zoning)에 의하여 도시의 토지용도를 구분하여 규제하고 있다. 그러나 앞으로 전통적인 평면적 토지이용 분리의 개념은 초고층화 · 지하화 등 샐로운 유형의 입체적 복합용도 개념으로 점진적인 변화를 가져오게 될 것이다.

끝으로는, 정보통신기술의 발달에 의한 가상공간(cyber space) 등장에 다른 공간과 거리의 변화이다. 즉 인터넷을 통한 홈쇼핑 · 재택근무 · 가상카페 등에 의해 우리들의 공간경험과 공간인식이 과거의 사람들과 다를 수밖에 없다.

이제 도심(CBD)이라는 특정 공간에 대한 물리적 집적이 굳이 필요한가에 대한 문제를 제기하는 단계에까지 이른다. 컴퓨터와 통신망 속에서 존재하는 새로운 형태의 공간, 이른바 사이버 도시공간이 도시민의 생활에 지금보다 훨씬 더 큰 영향을 미치게 될 것이다.

〈표 11.1〉 21세기 도시 패러다임의 변화 전망

구 분	과 거	미 래
도시기능	• 기능존중의 도시 • 경제의 양적 성장 중시 • 자연을 훼손하는 개발방식 • 기능 · 형태의 획일성 • 안전 · 편리 · 효율의 강조 • 관광명소의 상품화 • 자본 · 시설중심	• 인간중심의 도시 • 생활의 질적 향상 중시 • 자연과 공존하는 개발방식 • 기능 · 형태의 다양성 • 건강 · 매력 · 활력의 강조 • 도시전체의 상품화 • 지식 · 정보중심
도시공간구조	• 단일기능의 단핵구조 • 평면적, 확대위주의 도시개발 • 직주분리(zoning) • 고밀개발 • 중앙집중형 교통망체계	• 복합기능의 다핵구조 • 입체적, 네트워크형 도시개발 • 직주근접(mixed land use) • 저밀 · 압축도시(compact city) • 방사순환형 교통망체계

(출처 : 김철수, 현대도시계획, 기문당, 2008, p.319)

11.1.5 새로운 생활공간 수요

국제화시대라고 하는 오늘날, 현대도시에 흘러드는 다른 나라의 문물의 교류 · 교환의 지역적인 확대의 속도는 과거의 역사에서 유례를 찾아 볼 수 없이 빠르다.

세계 각지의 건축이나 교량 · 정원 · 공원 그밖에 도시의 형태에 대한 정보가 넘쳐서 자유자재로 복재할 수 있는 것이다.

사람들의 의식주 전반에 걸친 생활양식도 동서양의 정충이라고 하는 정도가 아니라 세계의 문화가 한데 뒤섞인 그야말로 각양각색의 형태로 나타나게 될 것이다.

또한 미래도시에 있어서는 인구의 고령화에 따라 노인을 위한 의료시설, 복지시설 혹은 사회문화시설의 필요성이 크게 높아질 것이다. 또 노인을 대상으로 하는 주택 · 공원 · 묘지 · 종교시설 등의 공간수요가 크게 늘어날 것이며, 도로나 계단 등 거리의 디테일도 건장한 사람들을 위해서가 아니라 신체 장애인을 비롯하여 어린이 · 노인 등과 같은 사회적 약자들을 배려하는 사회적인 공평성이 실현될 것이다.

또한 지금까지의 공업형 사회에 반해, 앞으로는 인간과 자연, 사람과 사람의 생명적인 교류와 교환을 중시하는 정보형의 도시로 변모되어 갈 것으로 보인다. 결국은 사람의 생과 사의 드라마가 연출되어 나갈 주요한 무대로서의 21세기 도시는 시끌시끌하고 천박스러운 것이 아니라 성숙된 문화적인 분위기가 있는 도시형태로 변모하게 될 것이다.

11.2 생활공간 변화

11.2.1 문명발달과 공간극복

문명(civilization)이라는 것이 물질과 에너지와 정보를 생산 · 축적 · 운반 · 전달하는 기술에 의해 유지되고 진전된다. 특히 문명의 발전은 사람과 물자를 이동 · 운반하는 길(道)과 공간적 · 물리적으로 떼어놓을 수 없는 관계에 있다.

'길을 트다'라는 말은 문명의 출발점을 의미하였다. 길을 트는 것은 공간(거리)극복의 첫걸음이기 때문이다. 예를 들면 로마 제국이나 중국의 대제국의 융성과 관련되어 잘 알려진 대도로나 가장 큰 동서세계를 연결하는 지구적인 규모를 가진 실크로드가 있고, 또한 19세기 이후 철도나 고속도로가 건설되어 결실을 맺은 것도 있지만 그것들은 바야흐로 거대공간의 극복으로서 인류문명의 전체를 상징하고 있다.

그러나 길을 트는 것은 결코 육상에 한정된 것이 아니다. '해상의 길은 물자를 일시에(한척의 배로) 대량의 물자를 신속하고 인위적인 방해로부터 안전하게 운반할 수 있다. 선박이나 대형화하고 방위 측정용 기계나 항해술이 발달되면서 해상의 길로 운반은 점점 융성하게 되었으며, 이런 운반으로 가능해진 물자의 교역은 당연히 정보와 문화의 교류도 동반하게 되었다.

또한, 20세기가 되자 인류는 육상의 길과 해상의 길에 이은 제3의 길이 열였다. 말할 필요도 없이 그것은 공중의 길, 즉 항공로이다. 이 새로운 길로 인해 그때까지 수평방향으로 지구표면에서 행해졌던 공간극복이 입체화되게 되었다.

길을 사용해서 공간을 극복하는 주체는 전과 다름없이 인간이다. 왜냐하면 자동차나 기차, 선박, 항공기 등은 물론 인간 그 자체는 아니지만, 그것들을 조종하는 것은 인간이고, 더 중요한 것은 그것들이 인간과 함께 공간을 이동한다는 것이다.

11.2.2 정보통신수단의 발달

인간이 스스로 이동하지 않고(길을 사용하지 않고) 공간을 극복하는 것이 정보전달수단이다. 길 대신 정보전달의 매개가 되는 것은 빛 · 소리 · 전파 등이 있다. 흔한 예로 가까운 거리의 정보전달을 위해서는 소리나 몸짓, 손 따위의 소리를 사용한 통보(通報)같은 것이 일상적으로 사용되고, 좀 더 원거리에서는 봉화라든지 발광신호가 옛날부터 주로 신속을 요구하는 군사정보에 유효했다라는 것을 우리는 역사에서 알고 있다.

그러나 이런 직접적으로 시각이나 청각에 의존하는 정보전달은 아직 여러면에서 제한이 크고, 공간극복을 충분히 다할 수 없다. 이 점에서 비약적인 진보를 가져온 것은 전파의 사용이다. 특히 20세기 후반에는 전자공학 기술이 놀랄만한 발달을 이루자, 그것을 사용한 정보전달은 적어도 지구평면이라는 공간을 거의 완전하게 극복하고 지표상의 거리를 거의 제로로 해 버렸다고 해도 결코 과언은 아니다. 그리고 이점에서 T.V가 이룬 공적은 지극히 크다. 지금 우리는 지구의 반대 측에 있는 나라에서 일어난 사건을 거리 리얼타임으로 T.V를 통해 보거나 듣기도 하는 경험을 거의 일상적으로 하고 있다.

그리고 최근에는 소위 뉴미디어를 사용하면 가정에 있으면서 온갖정보를 입수할 수 있기 때문에 관청이나 은행에 일부러 가지 않아도 업무를 볼 수 있고, 정보를 조작하는 것만으로 비즈니스가 이루어진다. 이제 먼 거리를 만원 버스에 몸을 부딪치면서 사무실로 출근하는 것도 불필요하게 되었고, 학교에 가지 않고도 학생이 교사의 가르침을 배울 수 있게 되었다. 이른바 '원격교육(distance education)'이라 불려지는 것이 그것이다.

그리고 가족 모두 외출하고 밖에서 사람이 없는 집에 전화를 걸어 지령을 하고, 집에 돌아오면 이미 밥도 지어져 있고, 목욕물도 데워져 있는 것 같은 것도 얼마든지 가능한 시대가 된 것이다.

11.2.3 새로운 생활공간 구축

가. 지하공간

지하공간이란 지표면 아래 수직 또는 수평으로 흙이나 암석을 굴착하여 만든 공간으로서, 미국지하공간협회(AUA)의 정의에 따르면,'경제적 이용이 가능한 범위 내에서 지표면 아래에 자연적으로 형성되었거나 인위적으로 조성한 일정 규모의 공간자원'으로 규정하고 있으며, 이 공간자원 내에 일정 목적의 시설이 설치될 때 이를 지하시설 또는 지하시설공간이라 정의한다. 또한 다양한 편의시설의 제공 및 도시공간의 효율적 이용을 위하여 개발되는 심도 깊은 지하의 공공환경을 지오프런트(geofront)라고 한다.

도시의 지하공간 개발목적은 크게 두 가지로 구분할 수 있다. 첫째는 도시공간 이용의 효율화를 통한 도시문제의 해결을 도모하는 것으로서, 이러한 개발은 지상에서 사용할 수 있는 토지확보의 어려움과 그로 인한 땅값의 상승, 도시의 무분별한 확장, 교통문제로 인한 인적 · 물적 흐름의 어려움 등과 같은 이유들이 그 배경이 된다. 둘째는 지상의 개발억제를 통한 환경 등을 보전하기 위한 것으로서, 지상의 환경 및 경관의 보존, 역사적으로 보존의 가치가 있는 시설 및 장소의 보존, 그리고 국민의 안보 및 군사 등의 차원에서 이루어지고 있다.

〈표 11.2〉 지하공간의 개발목적과 대표적인 시설

구 분	개발목적	대표적인 시설
도시문제의 해결	도시기능의 정비	초고압 송전소 · 공동구 · 열공급시설 · 지하철 등
	토지의 고도 이용	지하변전소 · 하수처리시설 · 지하정수장 · 지하도로 · 지하주차장 등
	편리성 · 쾌적성의 확보	지하보도 · 지하상가 · 레저시설 등
지상개발의 억제	지하특성의 적극 활용	지하스튜디오 · 지하공장 · 식료저장고 · 연구 및 실험시설 · 문화시설 · 정보통신시설 등
	자연환경 및 경관보존	지하발전시설 · 석유류비축시설 · 방재 · 저수관련시설 · 도시공공환경시설 등
	역사적인 장소 보존	문화재보호시설
	안보 · 군사적 보호	공공대피시설

우리나라에서 지하공간 활용은 개별 건물의 지하주차장을 비롯하여 지하상가 · 지하보도 · 공공 지하주차장 등의 공공시설, 지하차도 · 지하철 · 공동구 등의 도시기반시설, 그리고 지하유류 비축시설 등의 저장시설과 같은 다양한 사례들이 있다. 그러나 아직까지는 면적(areal)인 형태로 이루어지지 못하고, 점적 또는 선적인 개별적 형태의 개발수준에 머무르고 있다.

나. 초고층 건축

현대문명에서 가장 첨단기술에 의한 다른 새로운 인공공간 구축의 예로는 고층건물을 들 수 있다.

30층(약 100m) 이상 건물은 기계의 도움을 빌리지 않으면 갈수 없는 곳, 그것만으로 이미 자연공간이 아니라고 말할 수 있는 것이다. 그것 뿐만 아니라, 안전상의 필요로 이 빌딩은 일종의 밀폐공간이고 창이 있어도 그것은 열 수 없다. 큰 창은 있기 때문에 지하가와 달리 자연광을 받아들이는 것이 충분히 가능하지만 바깥 기운(氣運)을 접하는 것은 거의 불가능하다. 따라서 공조설비로 거의 항온 항습이 유지되고 있다. 또한 여기서의 인간은 당연하지만 자연의 기상조건에서 완전히 차단된다. 사람들은 창밖에서 비바람을 바라볼 뿐이다.

따라서 지진이나 바람에 대한 완벽한 구조해석 등의 기술적 뒷받침이 가능해야 하며, 뿐만 아니라 건물내부에 자연환경적 요소의 도입을 통해 인간이나 사회의 심리적 문제와 주변 환경과 어떻게 조화시킬 것인가 하는 문제가 초고층건축 실현의 열쇠라고 할 수 있다.

그러나 좁은 국토공간을 감안해 볼 때 지상공간은 동물과 식물에 개방하여 자연과 공존하는 초고층건축의 개발은 오늘날의 평면확산적 도시를 인간은 물론 지구환경에 알맞은 입체적 도시개발의 발상의 전환으로서 주목할 만하다.

다. 수변공간

워터프런트란 물(water)과 최전선(front)이 합쳐진 말로서, 물과 육지가 닿는 그 가장자리를 포함한 수변지구를 뜻한다. 이는 복잡한 도시문제 해결의 장, 새로운 산업 또는 사업육성의 장으로서 주목받고 있으며, 이에 따라 미래의 새로운 도시공간으로서 큰 의미를 갖게 되었는데, 워터프런트가 각광받게 된 배경은 다음과 같다.

- 도시화 · 국제화 · 정보화 등에 따른 정보서비스기능을 수용하는 업무 · 상업공간요구의 증가
- 다양한 사회의 요구에 부응한 다각적인 산업구조의 고도이용공간으로서의 인식
- 도시의 매력 있는 어메니티(amenity)요소의 요구
- 그날그날의 스트레스를 해소하려는 생활양식의 변화

오늘날 지역의 활성화란 단적으로 말하자면, 더욱 많은 사람 · 정보 · 돈을 모아 활력이 부족한 지역의 발전잠재력을 끌어올리는 것이다. 따라서 워터프런트가 갖고 있는 개방성 · 낭만성을 비롯하여 레저성 · 비일상성 · 자연성 등의 양호한 특성을 최대한으로 활용하여, 쇼핑 · 레스토랑 · 라이브하우스 · 호텔 등으로 대표되는 상업기능과 리조트기능의 양측면을 만족시킬 수 있다는 것이 워터프런트 개발의 가장 큰 장점이다.

〈그림 11.2〉 매력있는 워터프런트(시드니의 Darling Habour)

이와 같이 종전의 치수(治水)와 이수(利水)의 차원을 넘어 친수(親水)의 차원, 즉 공간 · 역사 · 문화 등의 물 환경의 자질을 살려서 비인간화하는 도시 가운데에서 물과 사람이 서로 접촉하게 함으로써 매력 넘치는 환경조성을 도모함에 워터프런트 개발의 목적이 있다.

11.3 미래 생활공간의 과제

11.3.1 자연환경과의 공생 · 조화

21세기를 맞이하면서 쾌적하고 지속적인 발전이 가능한 생활환경을 어떻게 발전시켜 나아갈 것인가에 대한 관심이 고조되고 있는데, 이는 우리의 생활가치와 생활양식이 다양하게 변화하고 이에 따라 생활환경애 대한 요구나 선호도가 변화하고 있기 때문이다. 21세기의 시민들의 생활가치관은 고도경제성장시대처럼 대량생산과 대량소비, 또는 물질적 풍요로움을 추구하는 생각에서 자아실현이나 문화와 교양을 지향하는 정신적 풍요로움을 중시하는 방향으로 변모하게 될 것이며, 또한 평균수명의 연장에 따른 생활시간의 증가와 함께 주 2일 휴가제의 도입 등으로 여가시간은 더욱 증대하는 경향을 보이게 될 것이다.

위와 같은 의식과 생활구조의 변화에 따라 생활공간의 측면에서도 상하수도나 폐기물처리시설 등 생활환경보전을 위한 기초적인 설비뿐만 아니라 생활에 즐거움을 주는 쾌적생활에 대한 요구가 점차 증대해 갈 것이며, 이에 따라 「자연과의 공생과 조화」가 더욱 요구되고 있다.

따라서 녹지와 생물 · 물 · 에너지의 세 분야의 상호관련성이 우선적으로 배려되는, 즉 도시생물과의 체계망(network)형성이나 생활공간의 조성을 종합적으로 고려하는 도시환경조성기법이다. 여기에서 제기되는 과제는 레크레이션계 · 방재체계 · 환경보전체계 · 는 물론 문화복지체계 등을 배합하는 과정에서 여러 가지의 생활환경체계 상호간의 관련성에 대한 고려가 매우 중요한 과제로 대두된다.

11.3.2 인간성 회복

미래의 생활공간 속에서는 인간성이 회복되어야 한다. 지금까지 생활환경이 인간행동패턴을 어느 정도 변화시켜온 것은 사실이지만 그것에도 한계가 있다. 그리이스와 로마시대에 비하면 도시는 크게 변하였어도 아직 인간에게 잠재해 있는 야성(野性)이나 기본적인 욕구는 조금도 변화하지 않았으며, 인간의 욕구가 변하지 않는 한 생활환경도 당연히 인간적이어야 하기 때문이다.

인간생활공간이 아무리 기계화 · 자동화된다고 하더라도 제어가 쉽지가 않다면 생활공간은 다이나믹하게 움직이고 성장에 대응할 수 있는 유기적인 시스템이 구축되어야만 한다. 유기적인 시스템이라함은 군집행동을 가능하게 해주는 도시시설(교통시설 · 상하수도 · 전기 · 가스 등)의 하나의 기능이 마비상태에 빠진다고 하더라도 사람의 신장이 하나가 제거되어도 다음 하나가 그 역할을 대신하듯이 그 시설의 또 하나의 기능으로 교체될 수 있는 가능성을 의미한다.

어떠한 기계적인 사고나 인간적인 과실에도 신속하게 자동적으로 대응할 수 있는 인공두뇌학(cybernetics)이 발달된다 해도 오늘날의 복잡한 대도시에서 과연 완벽한 자동제어가 가능할 것인가? 그리고 콘트롤이 잘 된다 하더라도 그것에 의해 개인이나 군집의 자유로운 활동에 장애요소가 된다면 과도한 기계화에 의한 인간성의 상실, 자연환경으로부터의 유리 등에 따른 간접적인 피해와 사회적 불안은 어떻게 보상될 것인가? 아마 이 문제는 오늘날의 교통혼잡에 비유할 바가 아닐 것이다.

단추하나로 복잡하고 거대한 생활공간을 컨트롤할 가능성도 희박할 뿐만 아니라, 또 그렇게 된다면 인간의 자유상실에 대한 문제는 더욱 심각해질 것이다.

11.3.3 생활공간의 개성화

영국의 처칠(W. churchill)이 일찍이「처음에는 사람이 환경을 만들지만, 나중에는 환경이 사람을 만들게 한다(We shape our buildings and they shape us)」라고 말했듯이, 생활공간은 사람들의 관습을 좌우하게 된다. 사람들은 다른 사람들과 다른 물건을 갖고 싶어하지만 오늘날 대량생산 체계 속에서 규격화는 불가피한 추세로 받아들여지고 있다. 집단의 형식화(formality)에 의해 규격화된 생활공간은 자칫하면 인간생활 자체의 기계화를 가져 오게 된다. 그러나 기계화된 규격화가 아니라 개인의 존재가 인정되는 표준화(standardization)는 개성화와 공존할 수 있다. 즉 생활공간이 모든 사람들의 기본적인 인격(personality)에 적합한 기능을 갖추고 그 공약수로서 규격화된 생산재료를 이용하여 생활공간의 표준화를 추구한다면 오히려 협동의식을 통해 사람을 인간적으로 만들어 주고, 전체적인 질서 속에서 개성화를 도모하게 하는 역할을 하게 될 것이다.

예를 들면 집단적인 주택단지 내에서 몇 개의 다른 주택형식을 채용한다든가, 건물의 배치에 약간의 변화를 주어 공간의 리듬을 창출한다든가, 개성있는 광장 · 휴식시설 등의 공유공간이나 특성있는 조각 · 분수 · 탑 등의 환경조형물을 설치한다든가, 또는 사람들의 개성에 따라 실내장식을 할 수 있는 융통성을 부여해 줌으로써 규격화되기 쉬운 주거공간을 보다 개성있는 생활의 장으로서 승화시켜야 한다.

즉 좋은 생활공간은 아름답고 개성있는 조형성, 인간의 소박한 생활욕구를 충족시킬 수 있는 기능성, 사람들의 다양한 행동을 수용할 수 있는 사회성 등을 고려하여 조성되어야 한다.

11.3.4 커뮤니티의 재편성

살기좋은 생활환경의 조성은 무엇보다도 그 지역사회 형성의 주역인 주민들의 인간관계를 원만하게 함으로서 가능해 질 수 있다. 그러나 우리나라의 도시에서는 급격한 도시화와 생활양식의 변화과정 속에서 인구이동의 증대, 자동차의 보급에 의한 생활범위의 확대와 통신수단의 발달에 따른 면대면(face to face) 접촉기회의 감소, 그리고 개인주의와 이기주의적인 사회풍조의 일반화에 따른 소위 공동생활체(community)의식과 기능의 약화 등에 의해 주민간의 친근감과 연대의식이 상실되어 가고 있어 도시가 사회활동의 장으로서의 근본적인 문제를 야기시키고 있다.

도시는 성별과 연령은 물론 직업 · 성장배경 · 성격 등이 서로 다른 온갖 사람들이 모여사는 곳이기 때문에 활동하는 범위나 생활습관이 모두 다르다. 그러므로 개개인의 일상생활 사이클을 효과적으로 질서화하는, 즉 도시민의 생활양식과 활동패턴의 변화를 고려한 커뮤니티의 재편성이 절실히 요구된다. 이를 통해서 자꾸만 상실되어 가는 인간성을 회복할 수 있을 뿐만 아니라 상호간의 접촉을 통해 이웃을 이해하고 협동함으로서 자기의 생활터전에 애착심과 긍지를 가지고 생활공간을 발전시키게 될 것이기 때문이다.

또한 커뮤니티의 재편성을 위해서는 도시공간 구성에 있어서 가장 기초적인 생활권의 단위라고 볼 수 있는 근린주구(neighbourhood unit)이론에 맞추어 일상생활에 필요한 행정업무시설 · 교육문화시설 · 사회복지시설 · 쇼핑시설 등을 근린생활권의 중심에 배치하고, 아울러 사람들의 자연스러운 사화적 접촉을 가능하게 해줄 수 있는 보행자공간이나 옥외휴식공간을 충분히 마련해 주어야 한다.

11.3.5 어메니티 환경 조성

어메니티(amenity)란 쾌적하고 매력적인 환경 또는 사람이 기분 좋다고 느끼는 여건 · 상태 · 정주 조건 등을 포괄하는 의미의 새로운 생활환경계획개념이라 할 수 있다. 생활환경의 측면에서 보면 물리적 공간에 대한 계획이나 사업 등과 그 입지가 만들어내는 쾌적하고, 아름답고, 즐거움을 나타내는 용어로 여기에는 다음과 같은 개념들을 포함하고 있다.

- 일상생활에서 경험할 수 있는 장소로부터 출발
- 향토의 역사 · 문화 · 전설 · 관습 · 풍습 관련
- 모든 계층 사람들의 사고와 감각 중시
- 자연환경과 생태적 환경보존 중시
- 지역성(locality) 있는 아름다움 창출

한편, 어메니티에 관련된 환경요소는 자연적 · 역사적 · 문화적 요소와 계획에 의해 새롭게 창출되는 도시적 요소로 나눌 수 있다.

- 자연적 · 역사적 · 문화적 환경요소 : 경관 · 희귀한 생물 · 특징있는 지형 · 조망 · 수면 · 문화재 · 사적 · 명승 · 기념물 · 역사적 건조물 등
- 도시적 환경요소 : 건축물 · 구조물(교량 · 탑 등) · 광고탑 · 간판 · 가로장치물 · 공공미술(public arts) · 식재 등

11.4 도시환경 디자인

11.4.1 매력있는 도시환경

본래 도시의 공공환경은 물적 요소와 정보교환, 이것을 목적으로 모여든 사람과 그들을 대상으로 한 서비스 등 다채로운 요소가 만나는 장으로 발달해 왔다. 이렇게 사람들에게 있어서 매력적이고, 흥미 있는 대상이 되는 공공환경의 요소를 환경의 흥미(interest)라 할 수 있다.

사람들이 환경에 대해 흥미를 느끼는 수준은 단순한 환경에서 보다 어느 정도 복잡해질수록 증가하지만 어느 수준 이상으로 복잡해지면 오히려 흥미가 감소하게 된다. 그러므로 사람들의 시각 · 청각 · 후각을 통해 관심과 흥미를 유발시키는 환경이라면 더 많은 사람들의 활동을 유인하는 매력있는 분위기를 만들어낸다. 그러나 오늘날 자동차의 발달은 도시공간 속에서 다채로운 흥미의 유발을 단절시키고, 오히려 축척된 흥미를 분산하여 도시환경과 만남의 기회를 소멸시키고 있다.

도시의 매력은 대부분이 옛것과 새것, 아늑함과 장중함, 어두움과 밝음, 그리고 사적인 것과 공공적인 것들이 함께 조화하는데 있다. 우리가 오래된 유럽의 도시에서 매력을 느끼는 이

유는 그렇게 넓지 않은 도로폭, 인간적 스케일(human scale)에 맞는 건물, 그리고 대부분 밀집된 주거지역과 널찍한 공공공간이 사람들에게 흥미를 제공해 주고 있기 때문이다.

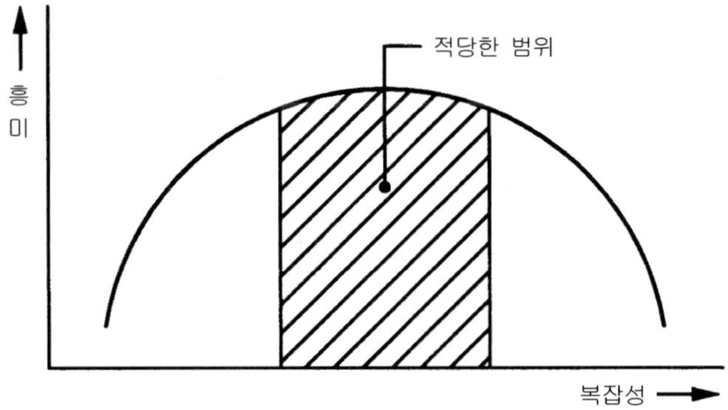

〈그림 11.3〉 환경의 복잡성과 흥미 관계

매력있는 도시환경을 만들어 내는데 있어서 우선 물리적으로 아름답게 하는 것이 중요하지만 보다 강조되어야 할 것은 결국 도시에 대한 이미지나 감각의 문제이다. 즉 인간적인 척도를 가지면서 창조력 · 상상력이 보다 발휘될 필요가 있다.

미국의 린치(K. Lynch)는 환경평가의 보편적인 차원을 활력(vitality) · 감각(sense) · 적합(fit) · 접근성(access) · 관리(control)라는 다섯 가지의 기본적인 요소를 제시하고 있다. 이 가운데서도 도시공간 · 환경에 있어서의 매력 있는 감각을 구성하는 내용은 여러 갈래에 걸쳐 있으나 린치의 이론을 근거로 하여 제시하면 시간요소 · 자연요소 · 디자인된 요소의 세 가지로 정리할 수 있다.

먼저 제1의 시간요소는 하루의 시간이나 계절 변화, 그리고 역사적인 시간이 가져오는 매력이다. 특히 역사적인 시간이 만든 환경의 매력은 많은 사람들에게 감명을 준다. 제2의 자연요소는 식물과 동물 · 물이라는 것이 가져다주는 매력이며, 이와 함께 바람과 비라는 기후도 또 환경에 매력을 주는 요소이다. 제3의 디자인된 요소는 공간이나 색채의 구성 등에 의해 인간이 만들어낸 것이고, 그 디자인의 좋고 나쁨이 환경의 좋고 나쁨을 크게 좌우한다. 인간은 한 장의 종이 위에 연필과 붓으로 깊은 아름다움을 연출할 수 있다. 이 인간이 가지고 있는 힘은 매력 있는 도시환경을 만들어내는 데 아주 중요하다.

11.4.2 도시환경의 토털디자인

환경디자인이란 인간생활에 관련되는 수많은 전문분야간의 유대를 통해서 바람직한 생활을 영위할 수 있는 환경을 창조하고 정비하는 종합적인 계획 · 설계활동이라 할 수 있다.

지금까지 우리나라에서 도시환경에 대한 디자인은 주로 건축적 관점에서 이루어져 왔다고 할 수 있다. 그러나 선진 외국의 경우는 도시의 공공환경디자인(public design)과 그 정비에 있어서는, 도시공간을 다루는 공학분야로서 도시계획(설계)을 비롯하여 건축 · 조경 · 토목 · 교통 · 환경공학 등이 있고, 디자인분야로서 인더스트리얼 디자인 · 인테리어디자인 등이 있으며, 또한 인간의 활동을 지지하는 분야로서 경제 · 사회 · 심리 · 생리학 등의 영역이 관련되는, 이른바 토털디자인(total design)이라는 개념으로 접근한다는 점을 이해해야 한다.

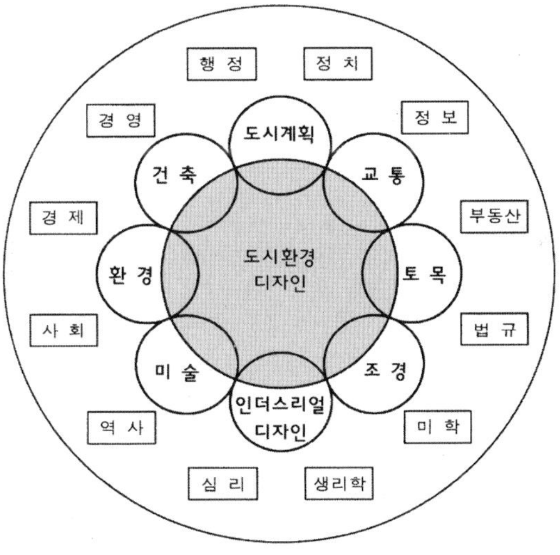

〈그림 11.4〉 도시환경디자인 관련분야

참고문헌

1) 공간과 생활 교재편집위원회, 공간과 생활, 계명대학교 출판부, 1993.

2) 김철수, 도시공간계획사, 기문당, 2009.

3) 김철수, 도시공간의 이해, 기문당, 2006.

4) 김철수, 현대도시계획, 기문당, 2010.

5) 오민근 외 옮김, 커뮤니티플래닝 핸드북, 미세움, 2008.

6) 임승빈, 조경이 만드는 도시, 서울대학교 출판부, 1998.

7) Hayward, R., Making Better Places Urban Design Now, Oxford: Butterworth Architecture, 1993.